PROGRESS I

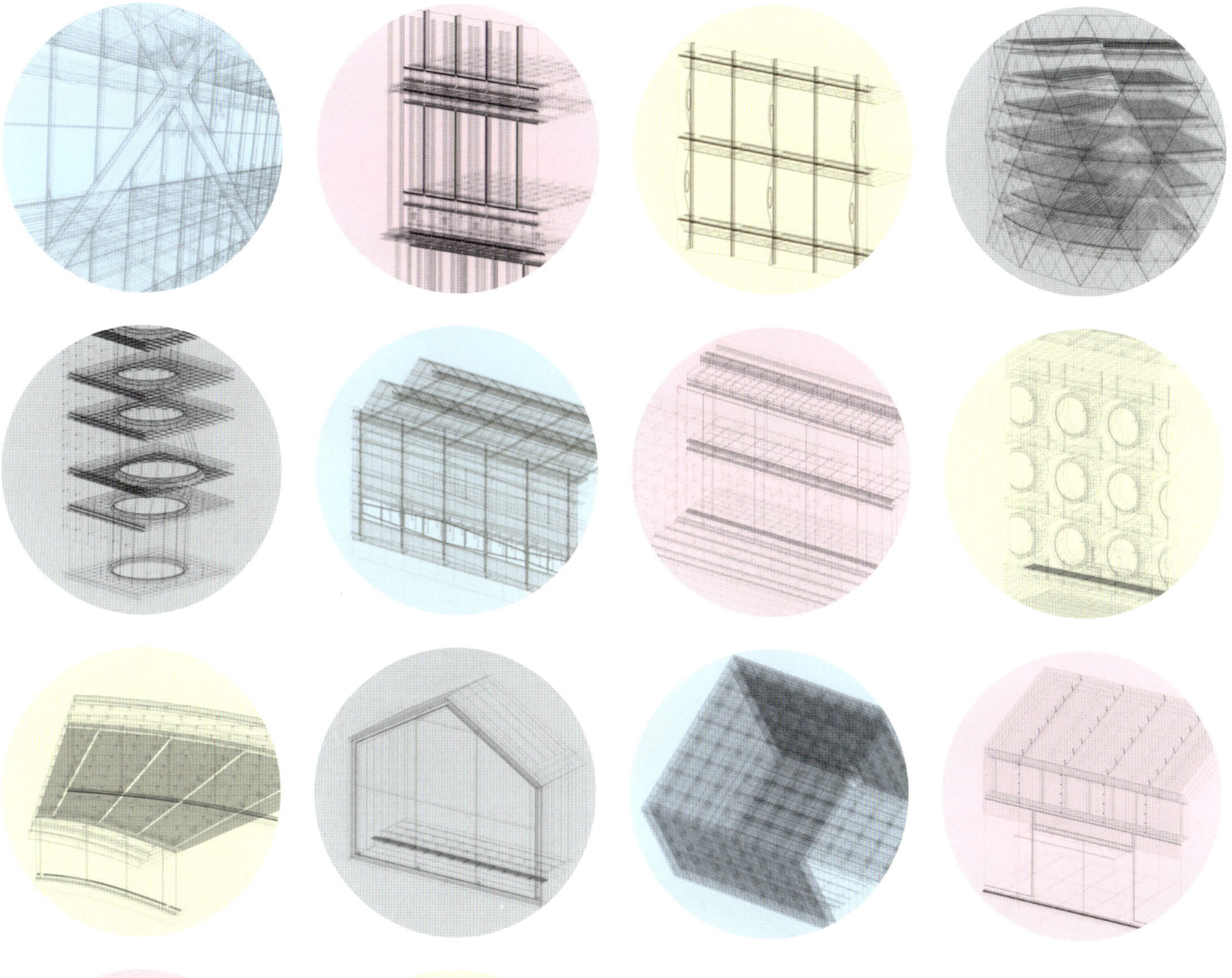

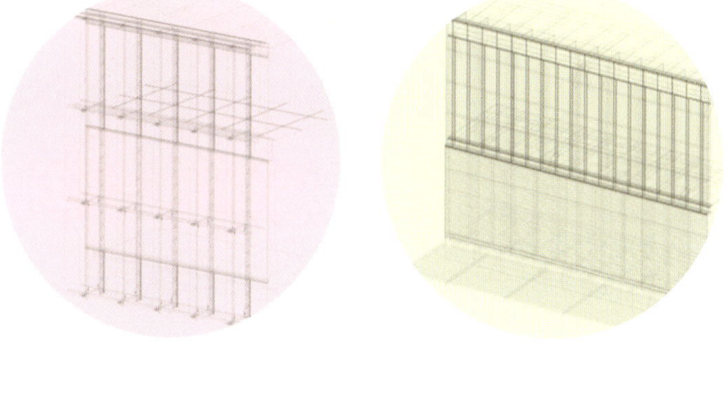

점진적 구현, 건축 I

규모의 구현

CMYK Studio 지음

Spacetime

CMYK

INTRODUCTION

CMYK STUDIO

우리는 지난 기간 건축학적 탐구를 위한 여러가지 시도를 했다. 하지만 충분히 깨닫지 못한 점이 있는 것이 분명하다. 이론적 학습이 아니라, 순수한 모습으로 물리적·역사적 감성을 담고 있는 과거를 정확히 알 수 없었다. 정기적으로 만나 한 주간 공부했던 내용으로 대화를 나누는 것, 그것에 대해 모여서 결과물을 만들어 내고, 우리 안에서 공유하는 것 만으로는 부족했다. 또, 책을 통해 건축가의 철학을 공부한다고 철학자가 되는 것이 아님을 깨닫기도 했다. 이제는 책상 위 도면에서 벗어나 집요한 탐구로 마음을 채울 때가 되었다. 1936년 르 꼬르뷔지에의 선언에서 그의 말처럼 '-학파', '-주의', '-이즘' 을 깨 부수고 판에 박힌 공식을 넘어서 있는 진실이 무엇인지 탐구하고 싶다. 앞으로 더 많은 시리즈로 작성 될 이 책은 여러 시도를 거치는 중에 만들어진 '탐구' 의 일부분이자 흐름이다. 대지와 건축물 그리고 그 주변을 살펴보는 과정을 되짚어 보기 위해 만들어진 이 책을 통해 우리 스스로가 한번 더 앞으로 나아가는 계기가 되기를 바란다.

Progressive
implementation 1
Architecture Construction Detail Progress <SCALE>

Spacetime Publishers

5F, 200 Hyeonjeo-dong, Seodaemun-gu, Seoul, Korea
T.82 0 3147-1212 F.82 0 3147-2626

Print in Korea

점진적 구현, 건축 1 〈규모의 구현〉
Progressive
implementation 1
Architecture Construction Detail Progress 〈SCALE〉

:: 2019년 5월 24일 1쇄 발행
:: 저자 CMYK
강인섭 · 배진성 · 지석현 · 이태율
:: 발행인 | 김기현 | 발행처 **Spacetime** · 시공문화사
:: 등록 | 1993.3.12 제 1-1493
:: 인쇄 | 예림인쇄사
:: 제본 | (주) 다인바인텍
:: 용지 | (주) 대림지업사

:: 03733 서울시 서대문구 독립문공원길 13 극동프라자 5층
:: 전화 02-3147-1212 · 2323 | 팩스 02-3147-2626
:: spacetime@korea.com | www.spacetime.co.kr
:: ISBN 978-89-5592-412-1

정가 40,000원

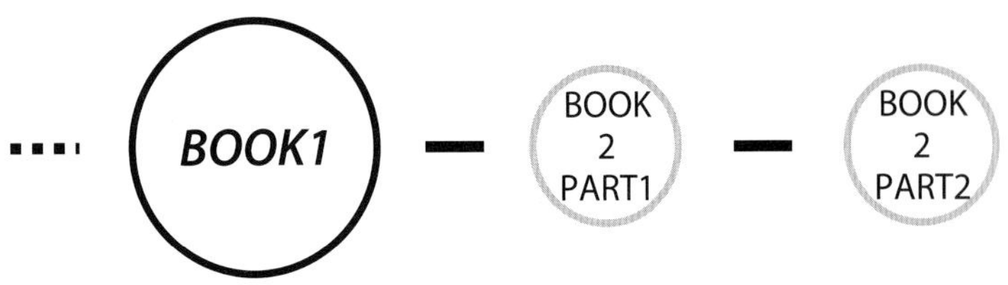

Progressive implementation I 에서는 규모 별로 분류한 14개의 사례를 통해 건축물이 만들어지는 과정을 살펴보며 부분의 집합에서 읽히는 뼈대의 구성을 파악하고자 한다. 구조체의 주요 구조부, 단열, 차수, 마감 구조, 외부 마감, 내부 공간의 부위별 마감과 접합 방식에 대해 순차적으로 살펴본다.

INTRODUCTION

주요구조부, 단열, 차수, 2차 구조, 외부 마감, 내부 바닥, 벽체, 천장의 마감….. 몇가지 위계를 설정하여 건축물에서 뼈대가 되는 주요구조체와 그 구성방식을 살펴 보는 탐구 과정에 집중하는 것이 공학적 관점만을 강조하는 것은 아니다. 사람, 자동차나 건축물이나 모두 뼈대가 필요하다. 형상 지탱을 위한 요소가 건축물에서는 주요구조체다. 그 뼈대에 살을 붙여 형태를 만들어 내듯 복합적 거주환경을 위한 구조, 단열, 차수가 근육이자 혈관이며 겉 피부가 마감재다. 여기서 서브스트럭쳐는 옷의 재봉선과도 같다고 생각해 볼 수 있다. 즉, 전체의 일부분, 일부분의 전체가 만들어 내는 것에 대한 종합적인 감상의 시작인 것이다. 너무나도 많은 세부디테일들. 모든 것을 전부 다룰 수 있었다면 더 명확히 느꼈을 수도 있다. 하지만 스스로의 기준으로 선택하고 분석해 본 이번 자료를 통해 건축물의 구성에 대한 큰 틀을 맛볼 수 있으리라 판단하고 진행했다. 사전작업을 통해 규모별로 분류한 14개의 사례들은 분명히 규모에 따라 선택되어진 저마다의 규모에 따라 선택된 고유의 구성 방식이 있음을 유추해 볼 수 있었다. 첫번째에서는 9단계의 개략적인 과정을 통해 외피부터 내부까지 요소 간 접합 방식을 탐구하며, 각 구성부재 간 맥락을 살펴보았다. 구조적으로는 재료의 레이아웃으로 만들어지는, 최종결과물로서의 건축물과 복합 구조체 일 수도 있으며, 건축학적으로는 도시의 흔적이자 거대한 풍경을 설명 하는 것일 수도 있다. 예상할 수 있을 만큼의 재료의 배치로 이루어진 건축물부터 무엇인가를 기념하고, 내세우고자 하는 의도가 담긴 특별한 건축 계획의 일환 일 수 도 있는 현대 도시의 건축물의 구성은 어떤 모습인지 살펴보고자 한다.

473,000m^2

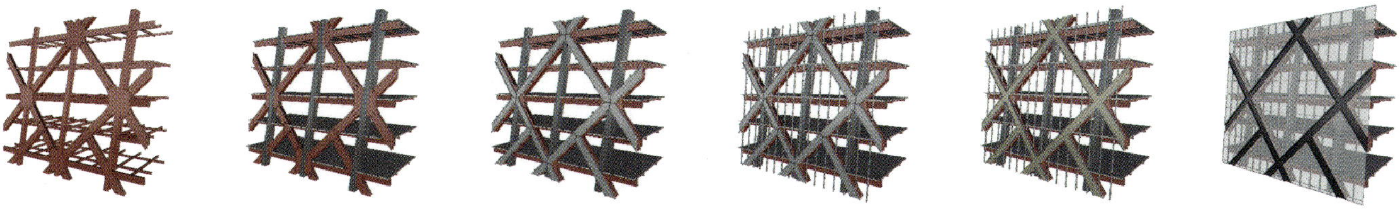

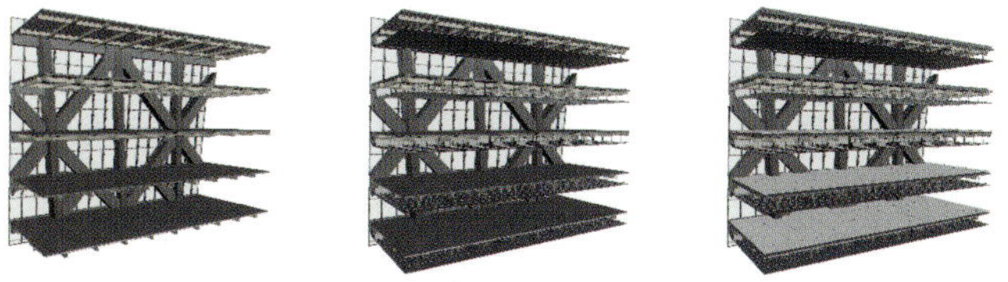

CMG Headquarters for progress

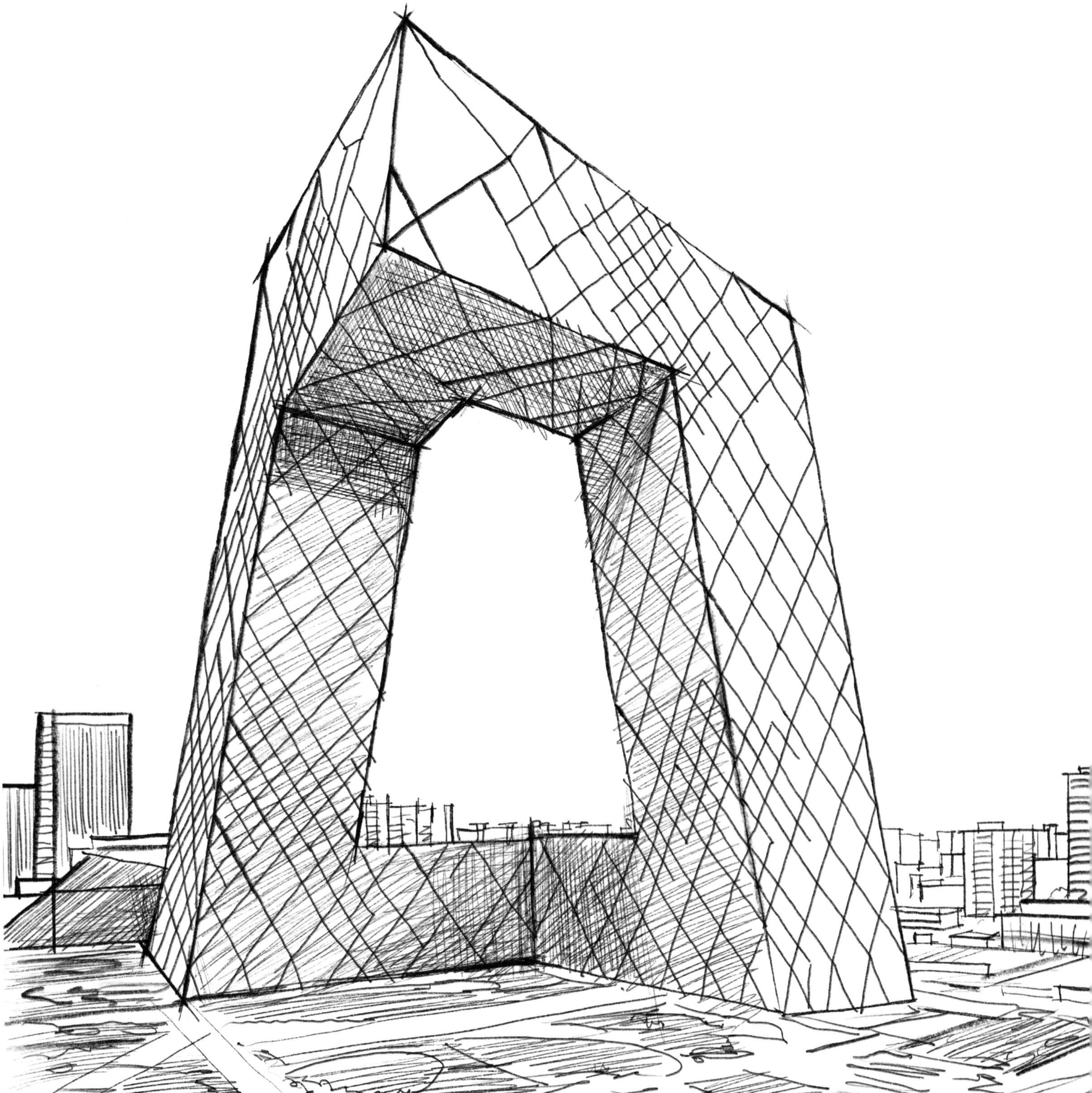

473,000 m²

Integrated

_CMG Headquarters

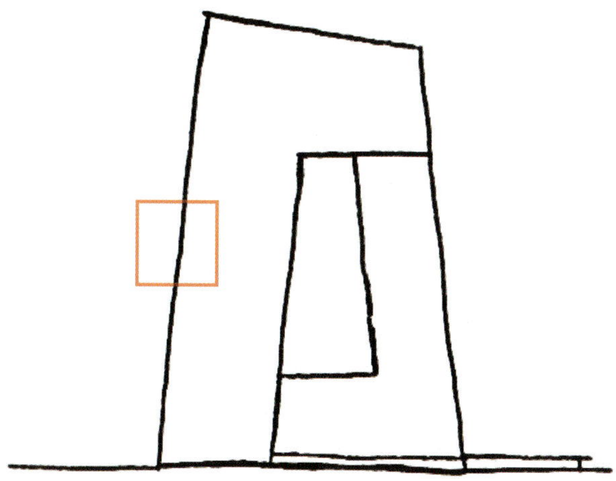

Project year	2008
Location	Beijing, China
Architects	OMA

Primary structre	S.R.C (Steel Framed Reinforced Concrete)
Insulation	Insulation Panel
Rainscreen	EPDM Sheet & Gasket Joint
Sub structure	Steel Plate & I-Beam + C-Channel
Exterior Skin	Glass Curtainwall & Steel Cladding
Interior Wall Finish	Paint finish
Interior Floor Finish	Access Floor system
Interior Ceiling Finish	Aluminum Panel

Built-up Element

CCTV H.Q. 이 거대한 건축물의 주요 구조부가 모두 쌓이면 243m의 높이가 된다. 시공성 향상과 정밀도를 높이고, 지면에서 부터 높은 위치까지 일정한 품질로 시공하기 위한 일환으로 'Built-up' 방식을 차용했다. 브레이스구조, 기둥, 절점들이 모두 이형의 각을 가진다.

1. TYP. 700 x 700 x 40 x 30mm
   Built-Up ST' L Column, Welded
   (빌트업 철골기둥, 용접접합)

2. TYP. THK 50mm Gusset Plate,
   Welded with Column, Bolted with Brace
   (거셋플레이트, 기둥과 용접접합, 브레이스와 볼트접합)

3. TYP. 600 x 1000 x 50 x 50mm
   Built-Up ST' L Brace, Welded
   (빌트업 철골 브레이스, 용접접합)

4. TYP. 300 x 800 x 25 x 24mm
   Built-Up ST' L Edge Beam, Welded
   (빌트업 철골 외곽보, 용접접합)

5. TYP. 160 x 300 x 10 x 8mm ST 'L Beam & Girder
   (철골보)

Construction Progress (Exterior)

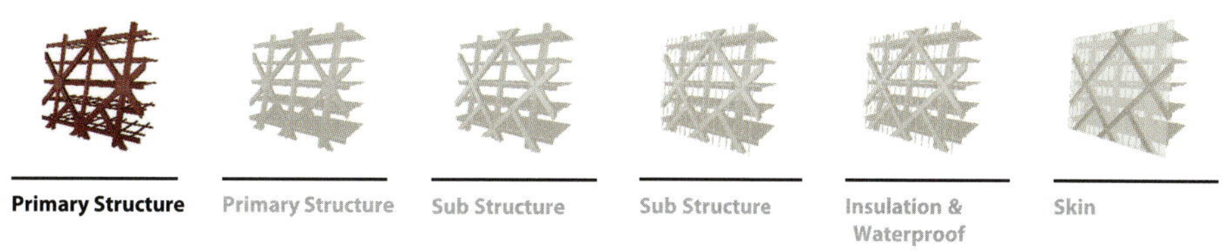

Concrete of SRC

본 프로젝트에 차용된 S.R.C는 강구조 부재 위에 콘크리트를 타설하여 철과 콘크리트의 구조적 장점을 취하는 공법이다. 이 공법의 사용으로 더 이상의 두께 증가 없이 내화 피복 성능을 원활히 확보할 수 있었다. 이미 피복제 역할을 하는 콘크리트는 압축력 보강을 하는 구조재로서의 역할도 겸하고 있다.

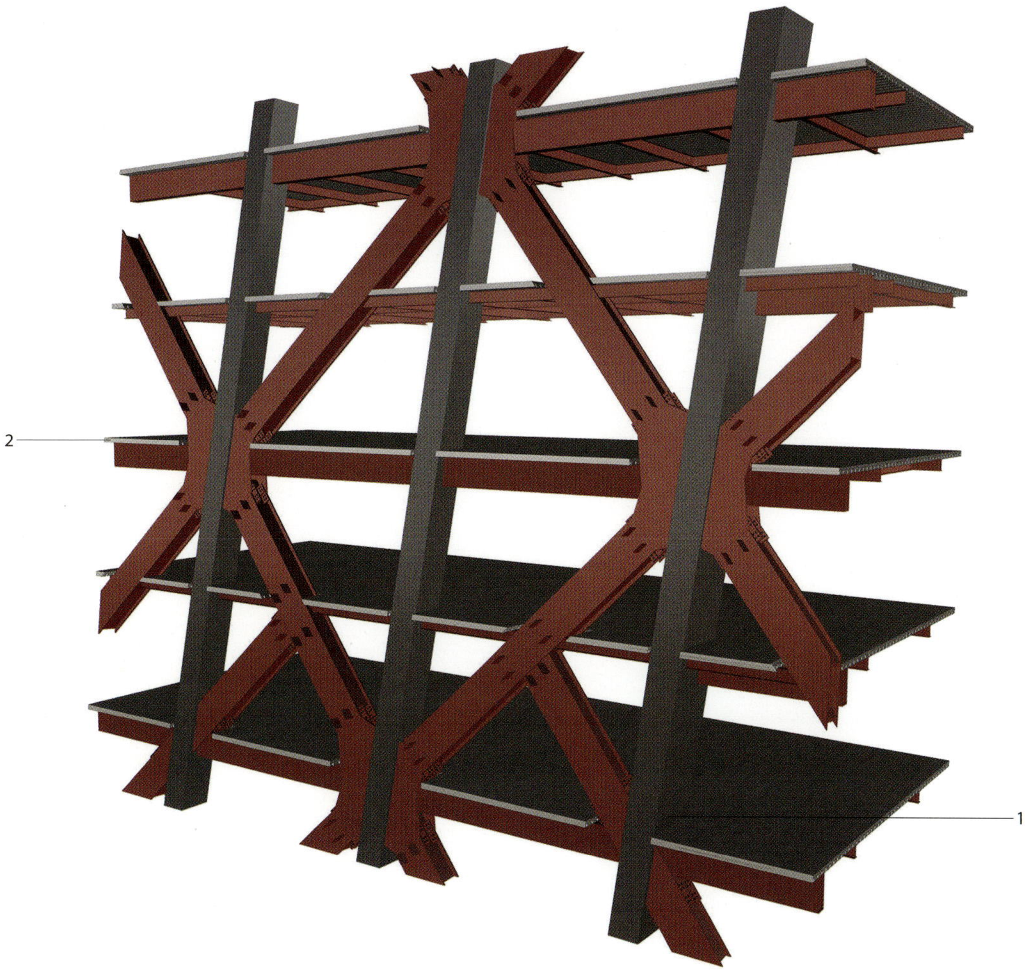

Construction Progress (Exterior)

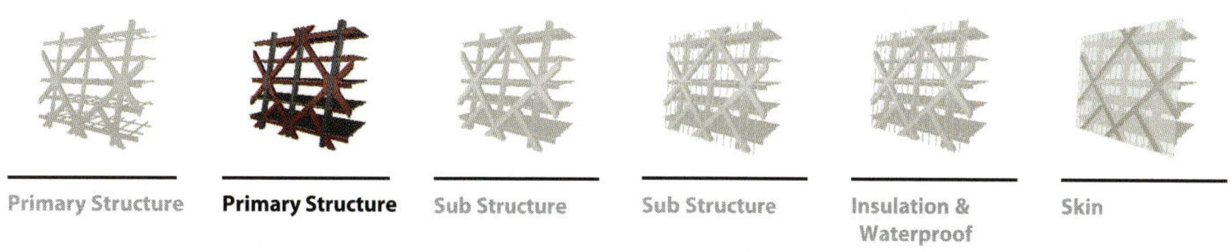

1. TYP. 1100 x 1100mm Reinforced Concrete to ST' L Column (SRC)
   (철골기둥에 철근정착 후 콘크리트 타설)
2. 150mm Deck Plate with Embedded Branch Bracket
   (데크플레이트에 지점브라켓 매설 후 콘크리트 타설)

Sub structure

Steel Element

복잡한 형상의 건축물에서는 구조 부재에 강재를 활용하는 것이 전부 콘크리트로 만드는 것보다 여러 측면에서 합리적일 수 있다. 주요구조체와 최종 마감재의 결합을 위한 서브스트럭쳐를 강부재로 제작하여 현장에서 조립하는 방식으로 사용되었다.

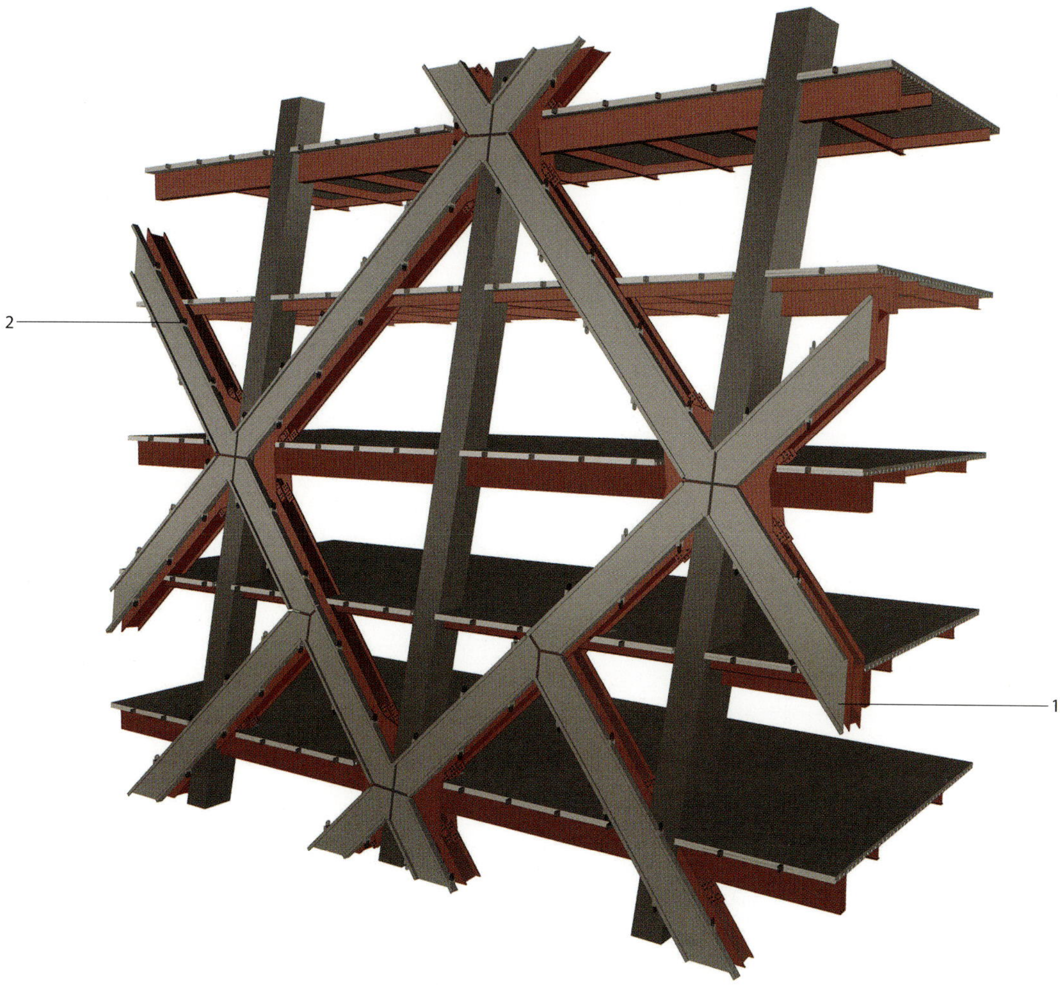

1. 1000 x 200mm Steel Cladding
   (스틸 클래딩)
2. Cladding Support Steel by Cladding Contractor, Coupled to Cladding
   (클래딩지지 및 연결재, 클래딩에 결합되어있음)

Construction Progress (Exterior)

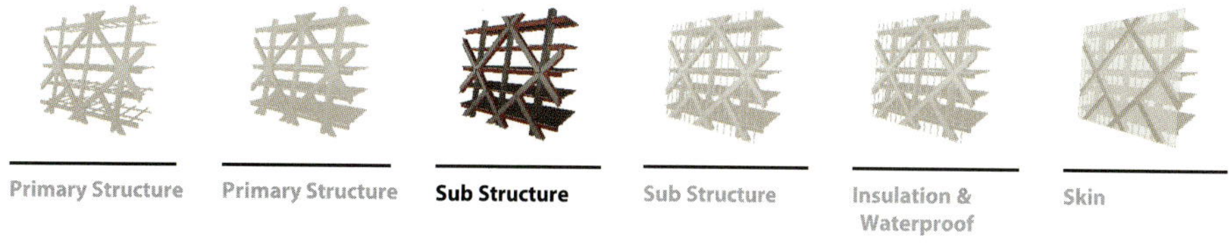

Sub structure

Vertical & Horizontal

의도하는 대로의 형상 실현과 각 부재 별 자중 극복의 차원에서 고려되는 구조적 합리성은 안전과 직결된다. 필요한 것은 차용하고 불 필요한 것은 삭제하는 것이 유리하다. 구조적 성능확보가 필요한 수직부재는 I-빔을, 각 수직 부재 간 접합을 위한 수평부재는 ㄷ-형강이 사용되었다.

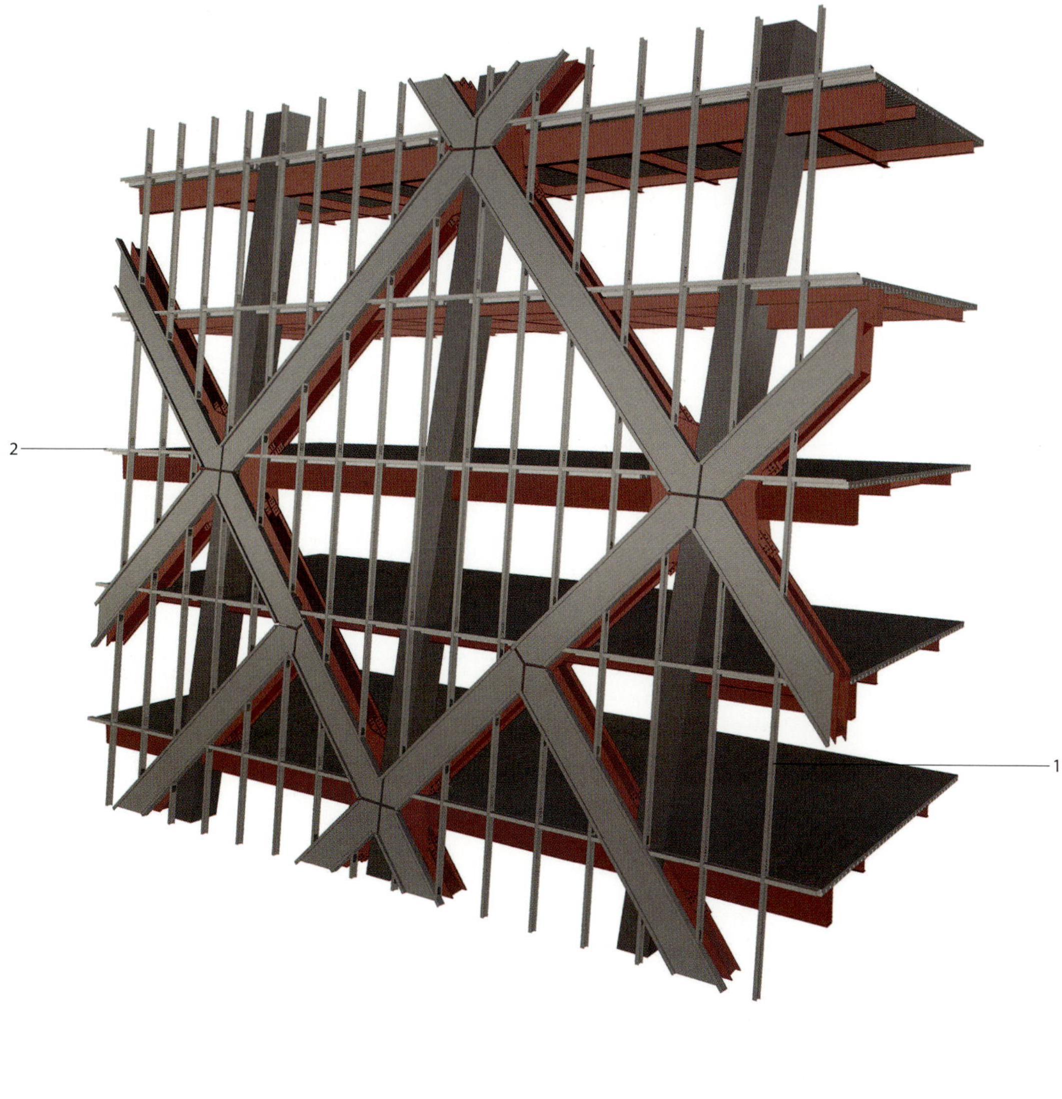

Construction Progress (Exterior)

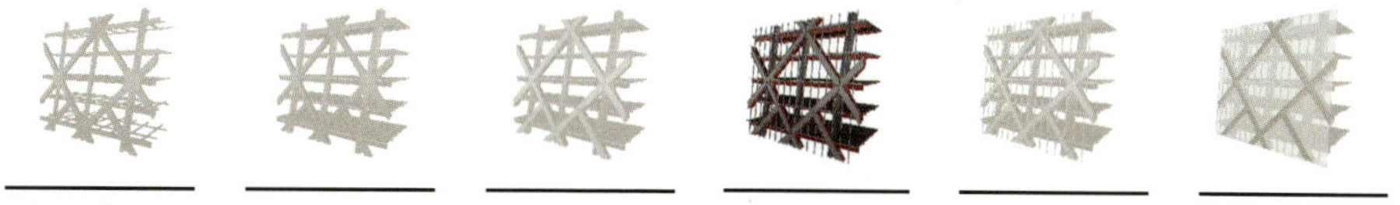

1. 100 x 200mm ST' L I-Beam, Vertical Elements
   (수직부재, 스틸 I 빔)
2. 100 x 200mm ST' L C-Channel, Horizontal Elements
   (수평부재, ㄷ형강)

Insulation & Waterproof

Unit Element

243m의 높이를 갖는 덩어리. 그것을 구성하는 조각들. 단열재와 차수재 역시 유닛화, 모듈화가 이루어졌다. 현장에서는 가공과 시공이 아니라 설치만 하는식으로 '건설' 된다.

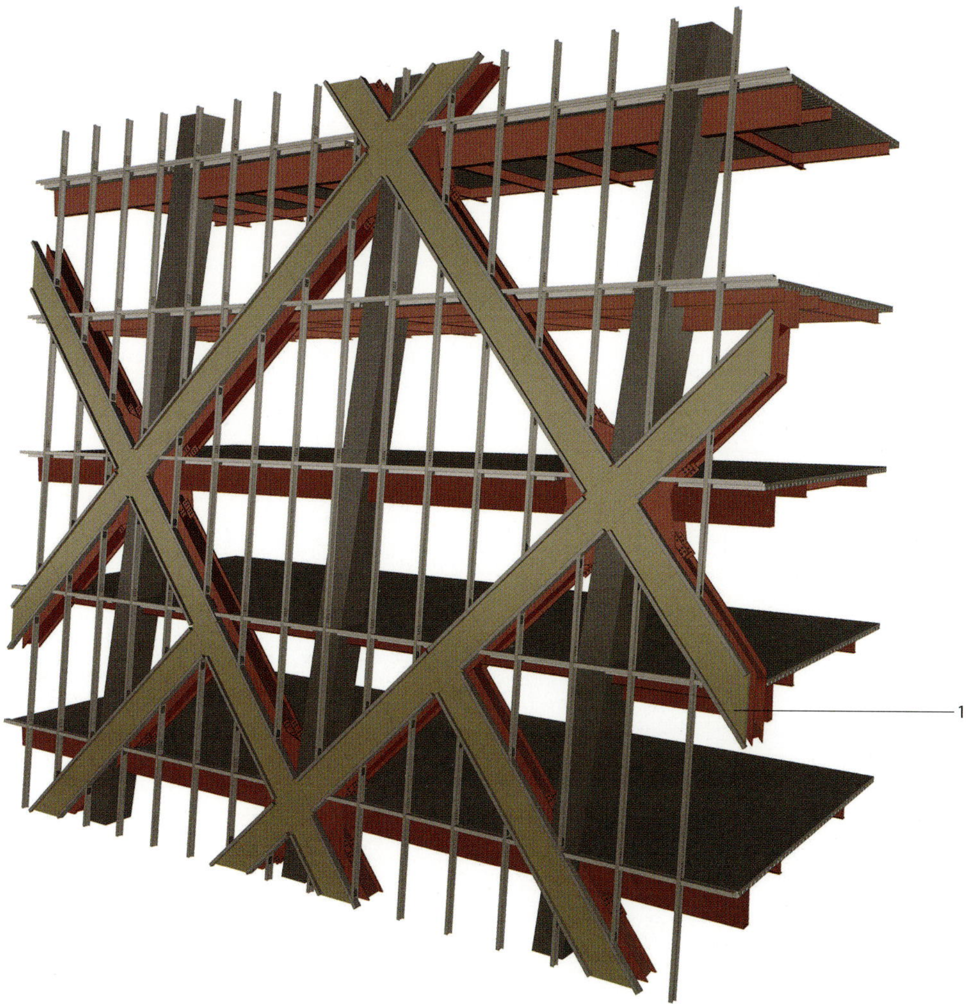

Construction Progress (Exterior)

1. Factory Bonded THK 80mm
   Exterior Graze Rigid Insulation
   (공장제작 외벽용 단열 판넬)
   Continuous Waterproof membrane
   with countersunk Fixings
   (겹쳐 이어진 방수시트)

Pre-Fabrication Panel

유닛 커튼월, 유닛 클래딩… 대부분의 부재들이 사전에 제작 될 수 있어야 한다. 243미터의 높이를 올라가는데 주요한 이슈가 되는 일정성능의 확보, 일정품질의 확보를 Pre-fab 패널형식으로 실현했다.

1. **12 x 16 x 12 Double Glazed Insulated Curtainwall Panel (Unit)**
   (단열처리된 이중유리 커튼월 패널 유닛)
   *Glazed Cladding Cassettes to by Independantly Removeable from Frame for Glass Replacement and Construction Sequencing
   (유리는 클래딩과 일체화 되어 전체를 교체할 수 있도록 계획되었다. 또한 유리와 클래딩 부재를 분리할 수도 있다.)
2. **Fully Panalized, Pressure Equalized, Drained, Steel Diagrid Cladding Consisting of Steel Outercladding**
   (패널화된 균일 압력값, 배수가 고려된 다이어그리드 클래딩)
   30mm Air Space
   (중공층)

Construction Progress (Exterior)

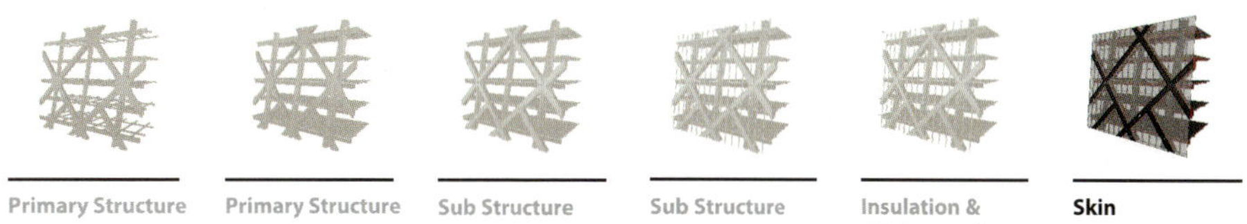

Sprayed Finish

사전제작 부재를 조립하고, 각 부재를 잇고 강화시키는 보강 브레이스에 내화 뿜칠 면마감 및 페인트 뿜칠방식으로 마감하였다.

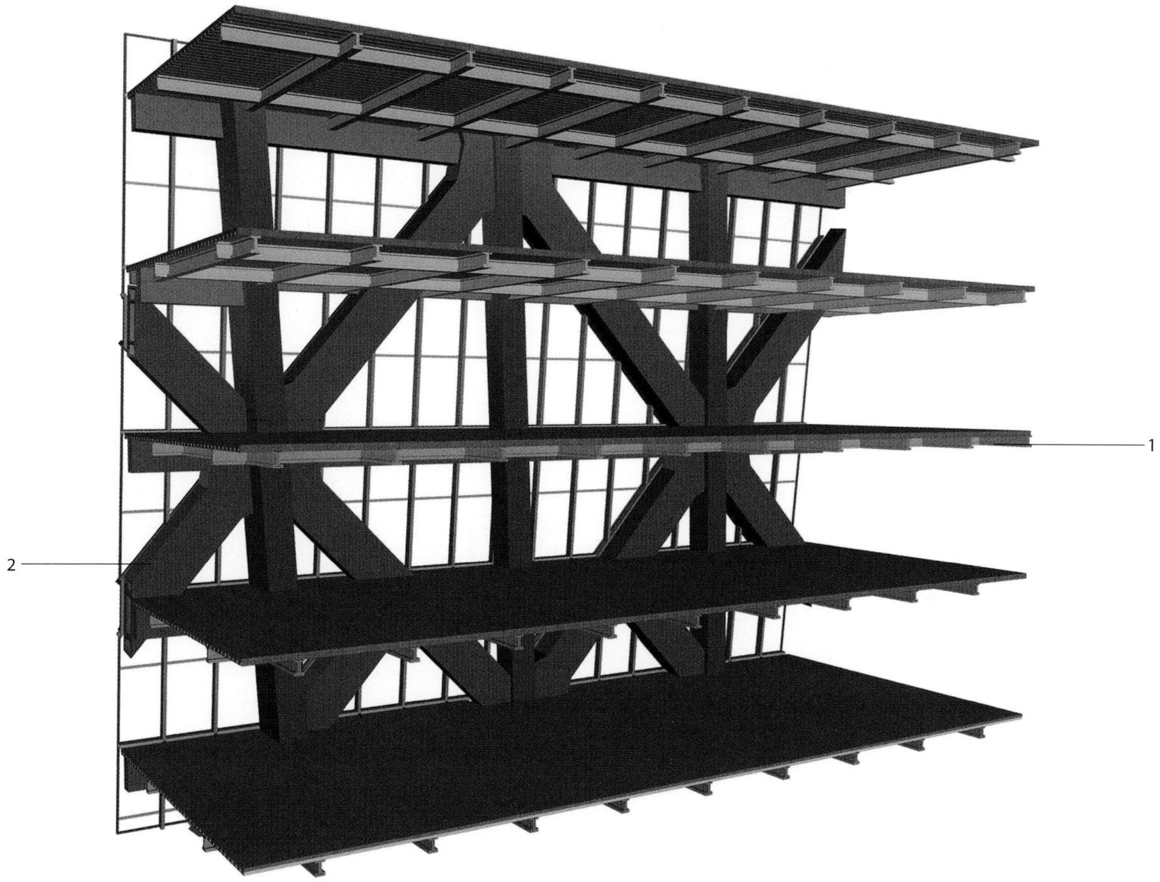

1. Sprayed Steel Fireproof
(철골 내화뿜칠)

2. THK 30mm Film Intumescent Fire Protection
(팽창성 내화피복)
Topcoat Coating
(탑코트 코팅)

Construction Progress (Interior)

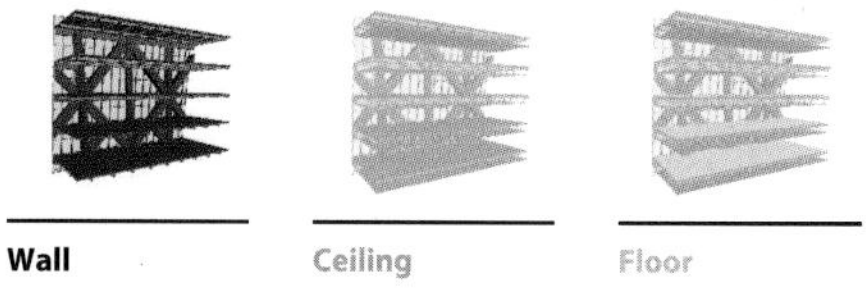

Front & Back

천장영역은 외장마감구간과 내측구간으로 나뉜다. 외장 마감 구간은 외부와의 시각적 관계가 고려되어, 꺾여 올라간다. 내측 구간은 오피스 및 각 용도의 특성에 따라 자유로이 구성 될 수 있는 천장 구조다.

Construction Progress (Interior)

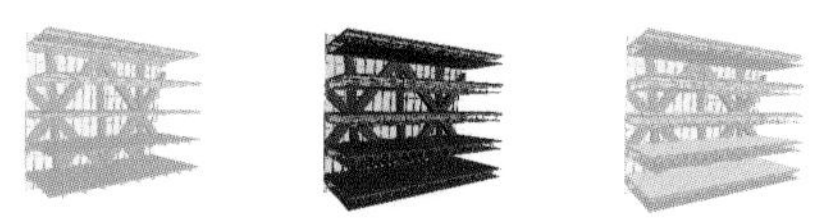

1. Continuous Aluminium Closure Panel ceiling
   (알루미늄 패널 천장)

2. Continuous Linear Air Diffuser Slot
   (선형 공조 디퓨저)

Floor Module

어떤 용도로도 사용될 수 있도록 실내 공간의 바닥은 엑세스플로어 방식이 사용되었다.

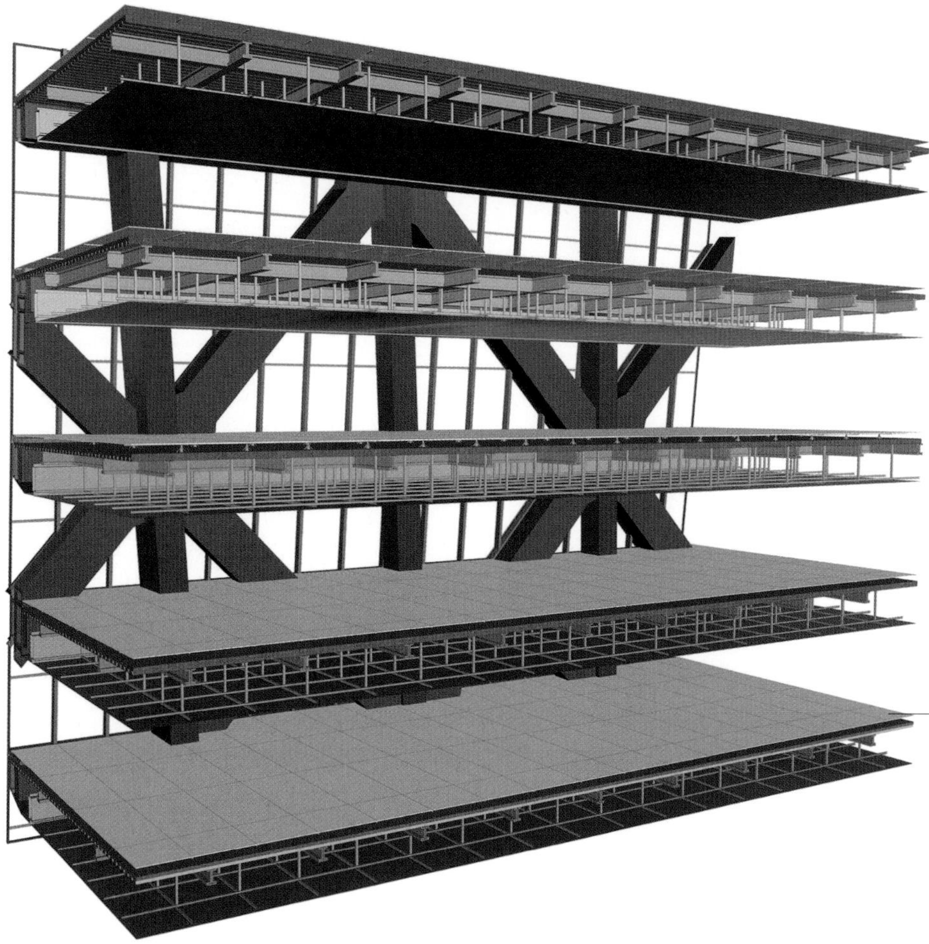

Construction Progress (Interior)

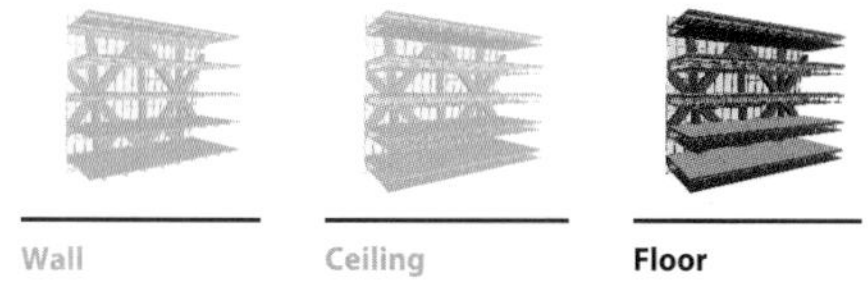

1. Moduled Ceramic Tile Access floor
   (모듈화된 세라믹 타일 엑세스플로어)
   Raised Floor System (Stringer, Screw, Pedestal)
   (엑세스플로어 시스템)

$188,902m^2$

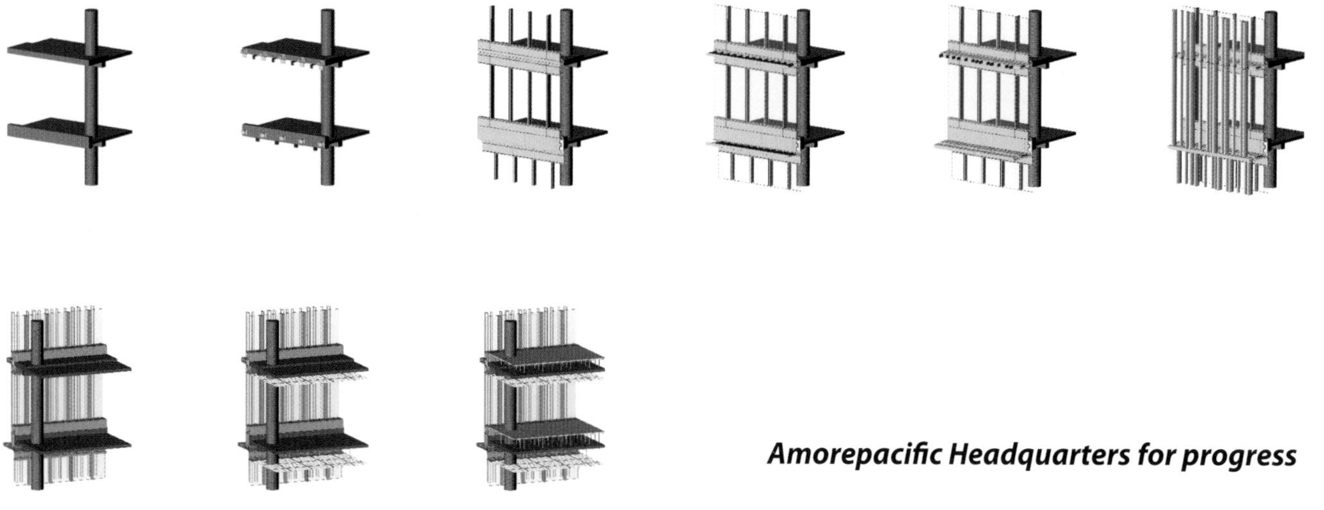

Amorepacific Headquarters for progress

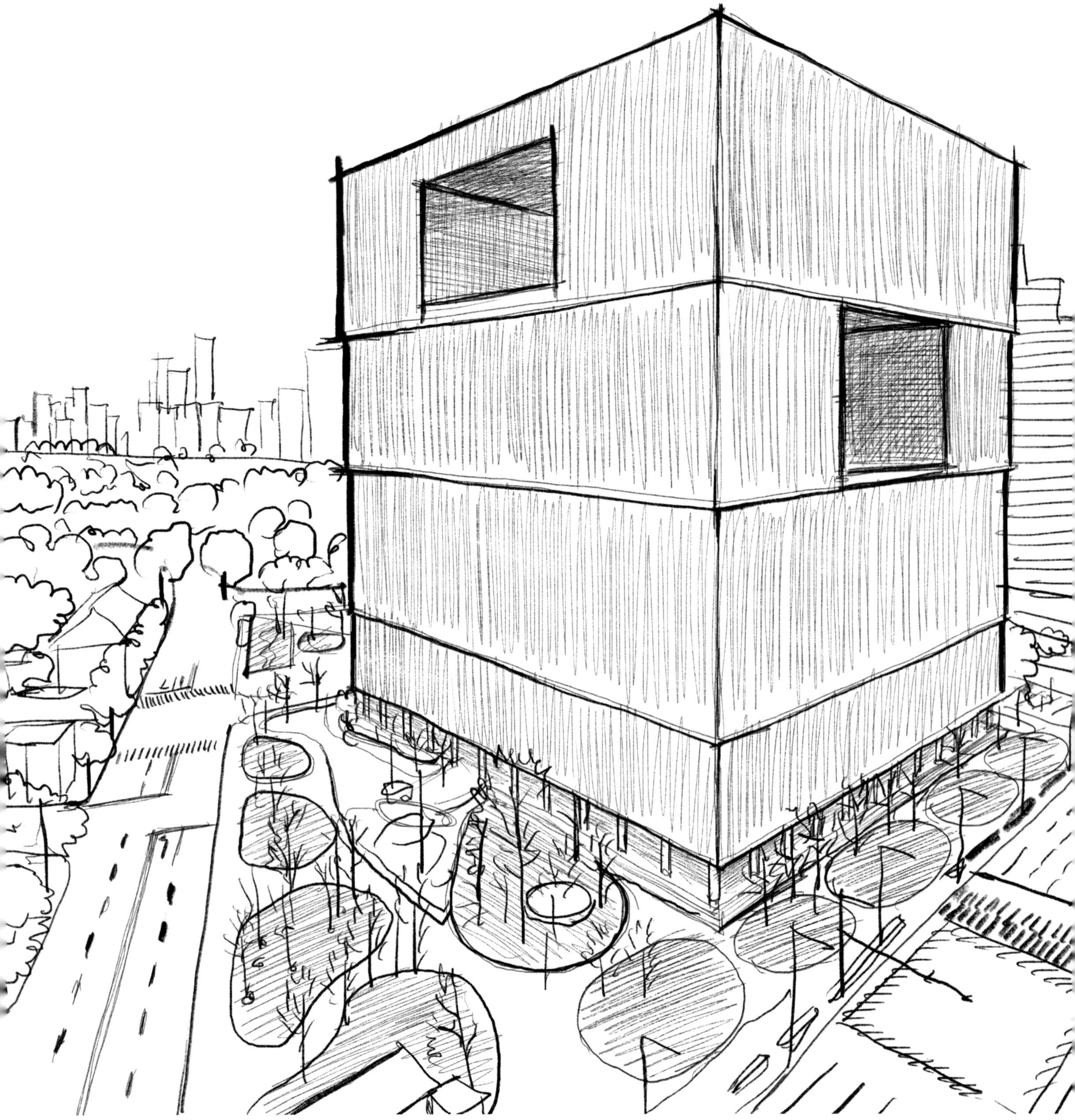

188,902 m²

Integrated

_Amorepacific Headquarters

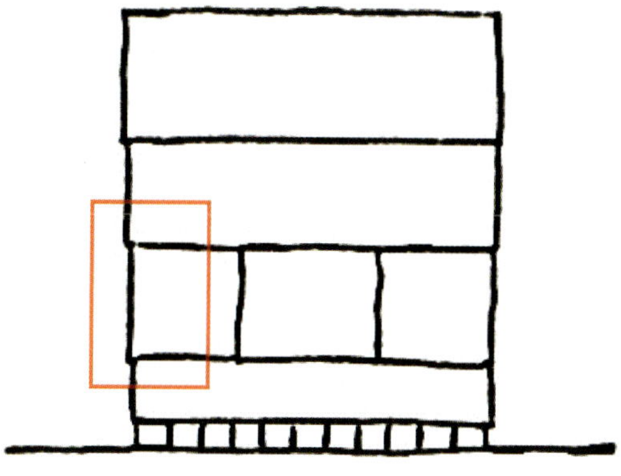

Project year	2017
Location	Seoul, Korea
Architects	David Chipperfield Architects

Primary structre	S.R.C (Steel Framed Reinforced Concrete)
Insulation	PF board & Insulation Spray
Rainscreen	AL.Sheet & Gasket Joint
Sub structure	Steel Plate & ST'L Pipe
Exterior Skin	Glass Curtainwall & AL Louver
Interior Wall Finish	Exposed Concrete
Interior Floor Finish	Access Floor system
Interior Ceiling Finish	Grid Steel Ceiling

Primary structure

All-Round Concrete

통상의 기둥식 건축물과는 달리 콘크리트가 구조 부재로 만 사용 되지 않았다. 콘크리트라는 재료가 주요 구조체 부터 마감재로의 사용까지 고려된 프로젝트이다. 때문에 바닥, 기둥, 보가 구조체이면서 곧 마감이 되는 구성이다.

1. TYP. Ø 750mm SRC Column
   (Steel Framed Reinforced Concrete)
   (SRC 구조 기둥)
2. TYP. 350 x 300mm Reinforced Concrete Beam
   (SRC 구조 보)
3. TYP. 160~300mm Reinforced Concrete Slab
   (철근콘크리트 슬래브)

Construction Progress (Exterior)

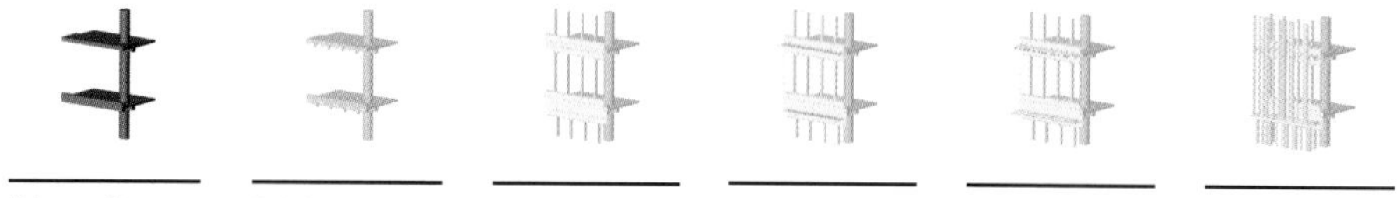

Hidden-Member

슬라브 끝단부에 볼팅 된 매립형 찬넬이 베이스 플레이트에 설치된다. 구조체 마감은 콘크리트를 노출해 두고 또 다른 부재가 붙는 형식이다. 건축물 외관에서 접합부재가 보이는 것을 최소화 하려는 계획 의도이다.

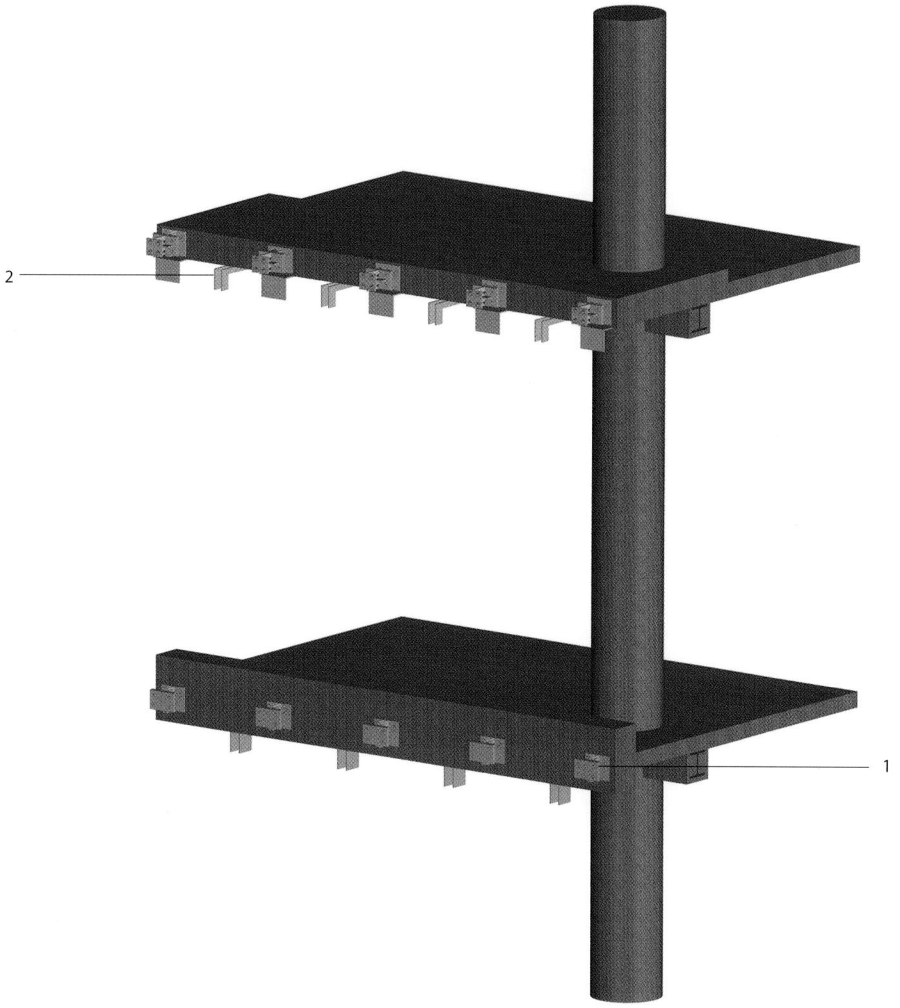

Construction Progress (Exterior)

1. Embedded Plate & Branch Bracket
   (Connected to Horizontal ST'L Pipe)
   (수평 스틸 각관에 연결된 매립형 플레이트와 지점 브라켓)
2. Embedded Plate & Branch Bracket
   (Connected to Vertical ST'L Pipe)
   (수직 스틸 각관에 연결된 매립형 플레이트와 지점 브라켓)

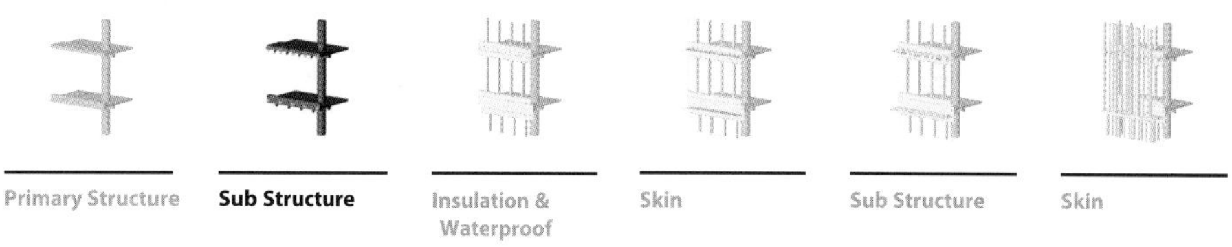

For the Next Step

슬라브 구조체에 설치된 찬넬과 플레이트, 그 플레이트에 설치 된 2차구조물, 2차구조물 위에 올라갈 입면 마감재의 순서다. 빛 조절을 위한 루버가 설치 될 2차구조물은 유지보수용 통로의 기능을 함께하고 있다. 루버의 자중 분산과 디자인 의도의 실현을 위함이라 유추 해 볼 수 있다.

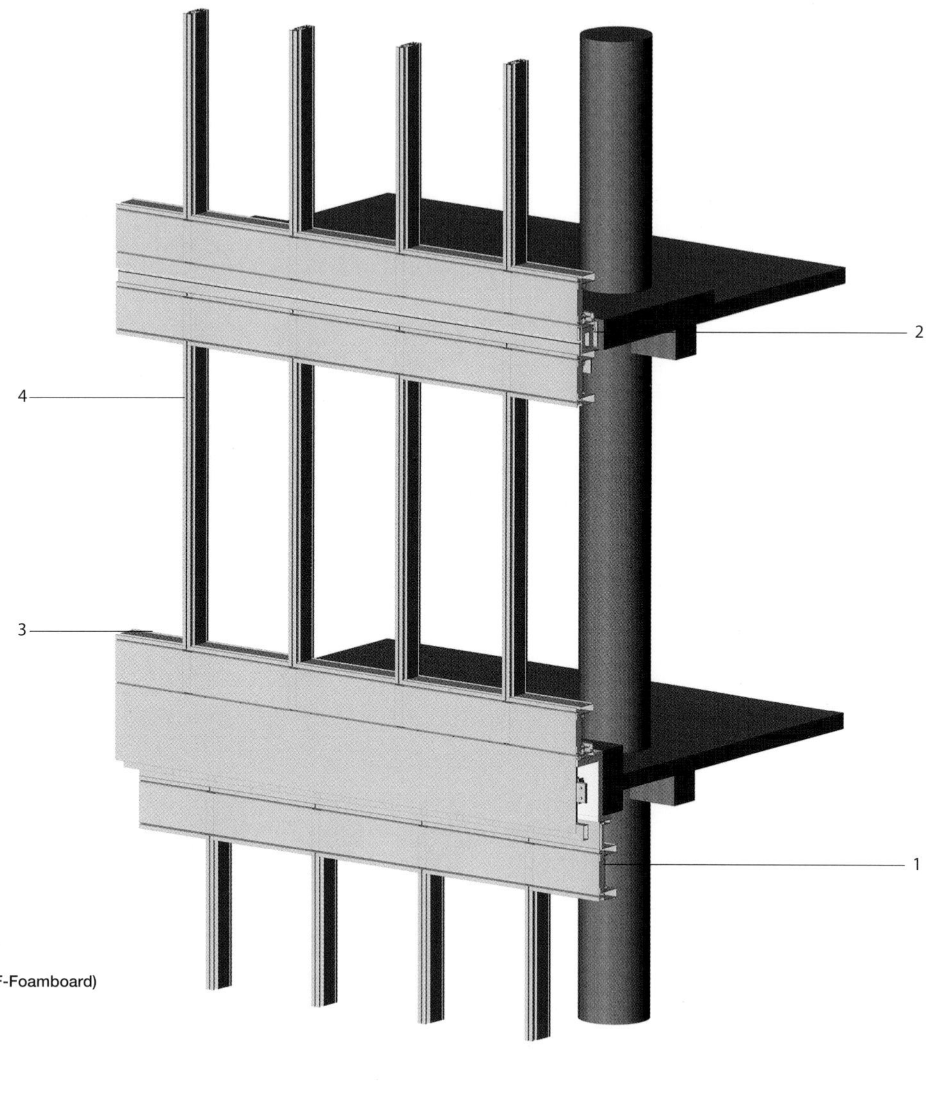

1. Electric Ventilation Motor Area
   (전동 환기 모터 영역)
   THK 90mm Insulation Panel (PF-Foamboard)
   (PF 보드 패널)
   Cylinder Motor
   (전동식 실린더 모터)

2. THK 3mm Aluminium Sheet
   (알루미늄 시트 접이)
   THK 30mm Insulation Panel (PF-Foamboard)
   (PF 보드 패널)
   Steel T-Bracket
   (스틸 T형 브라켓)
   Thermal Urethane Foam
   (우레탄 폼 충진)
   80 x 150mm ST'L Pipe (Horizontal)
   (수평 스틸 각재)
   100 x 300mm ST'L Pipe (Vertical)
   (수직 스틸 각재)

3. Aluminium Curtainwall Frame (Horizontal)
   (수평 알루미늄 커튼월 프레임)

4. Aluminium Curtainwall Frame (Vertical)
   (수직 알루미늄 커튼월 프레임)

Construction Progress (Exterior)

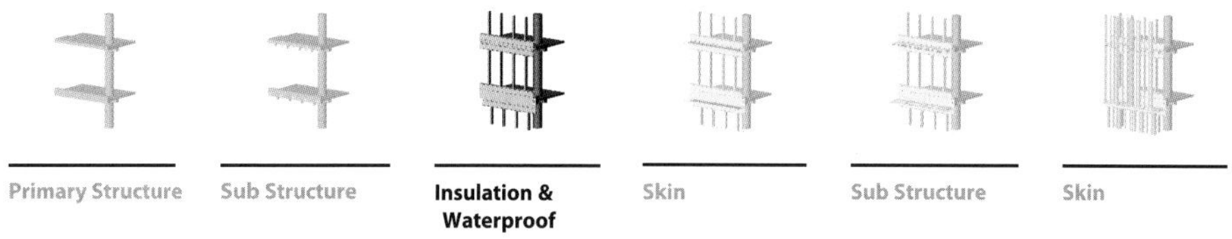

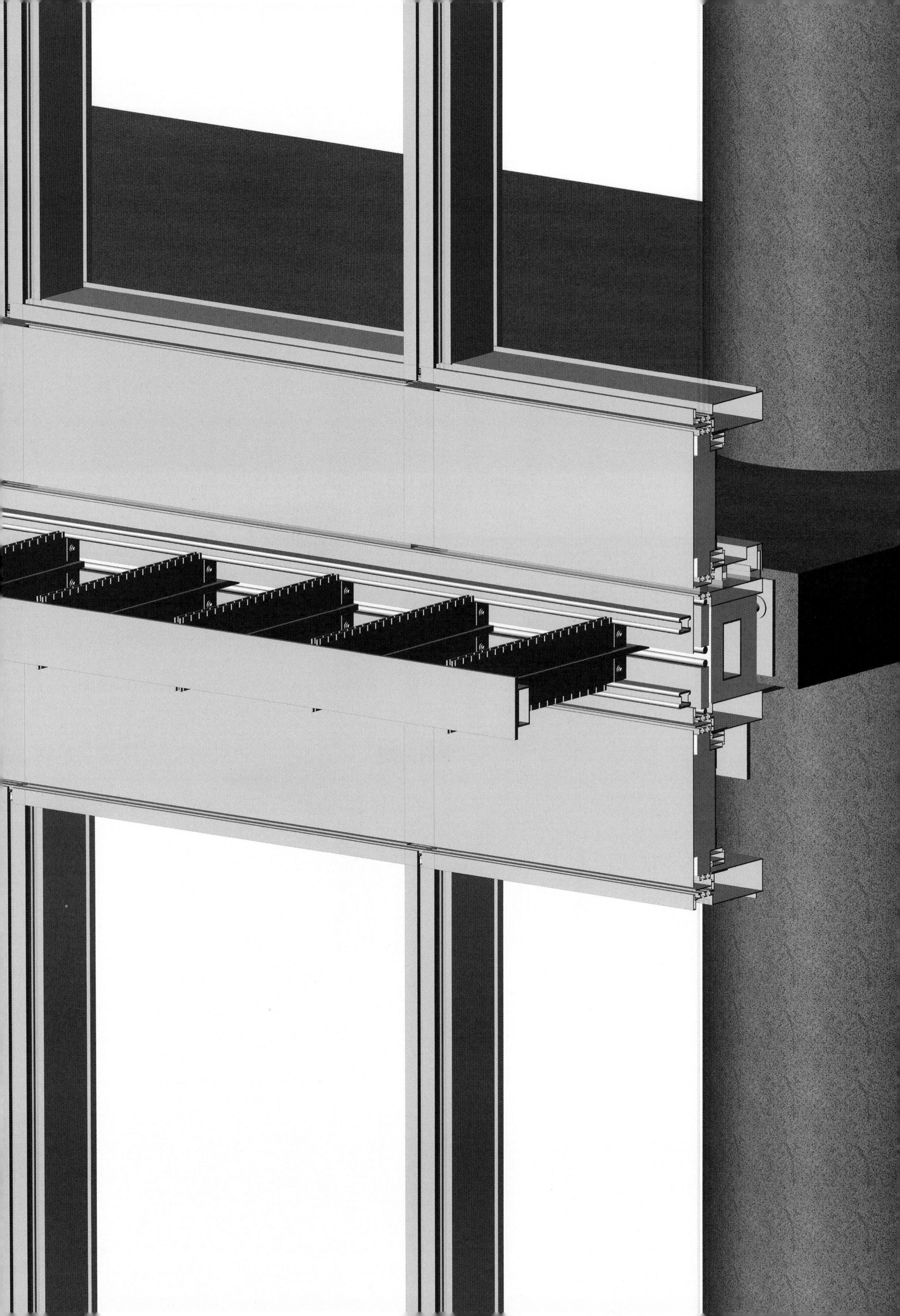

Rules

다양성을 위한 규칙. 규격화 된 것이 중요하다. 일정간격마다 설치되는 유리패널, 2차구조부와 마감재인 루버는 불규칙한 배치와 그에 따른 디자인 의도를 재료 디테일뿐 만 아니라 내부에서도 그대로 느낄 수 있다.

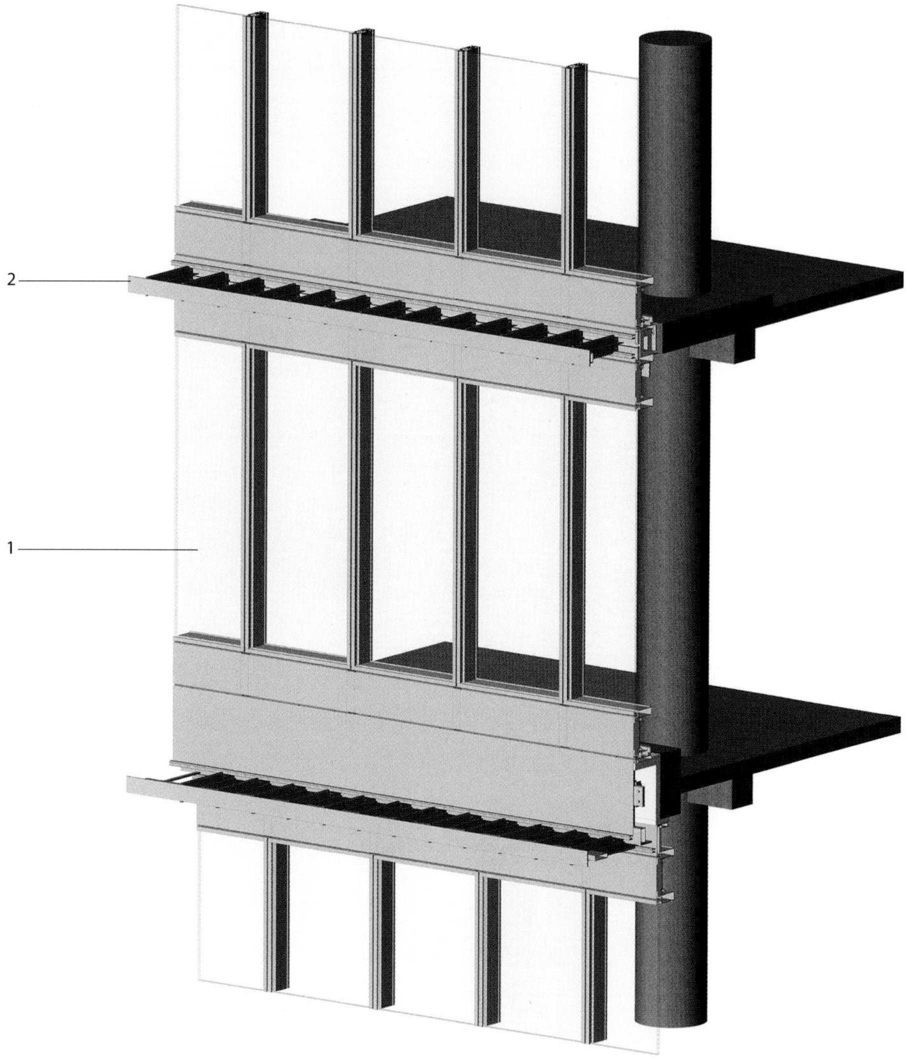

1. THK. 50mm Triple Low-E Glass (8+14+6+14+8)
   (로이삼중유리)
2. THK 12mm Stainless Construction
   (스테인레스 수평 구조재)
   100 x 50mm x 4.5T Stainless SQ' Pipe (horizontal)
   (스테인레스 수평 각재)
   THK 12mm Stainless Construction, catwalks area
   (스테인레스 수평 구조재, 캣워크 영역)

Construction Progress (Exterior)

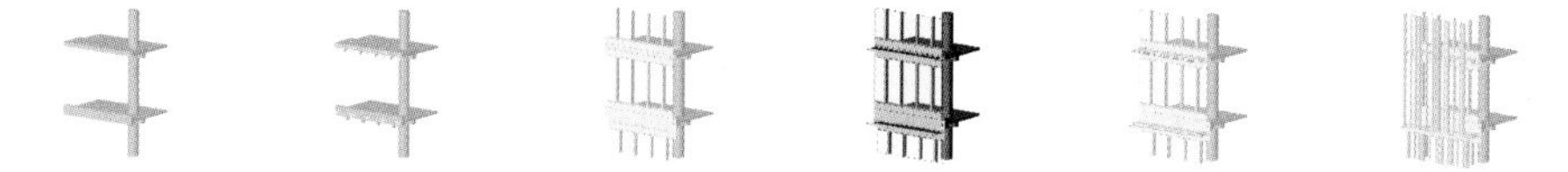

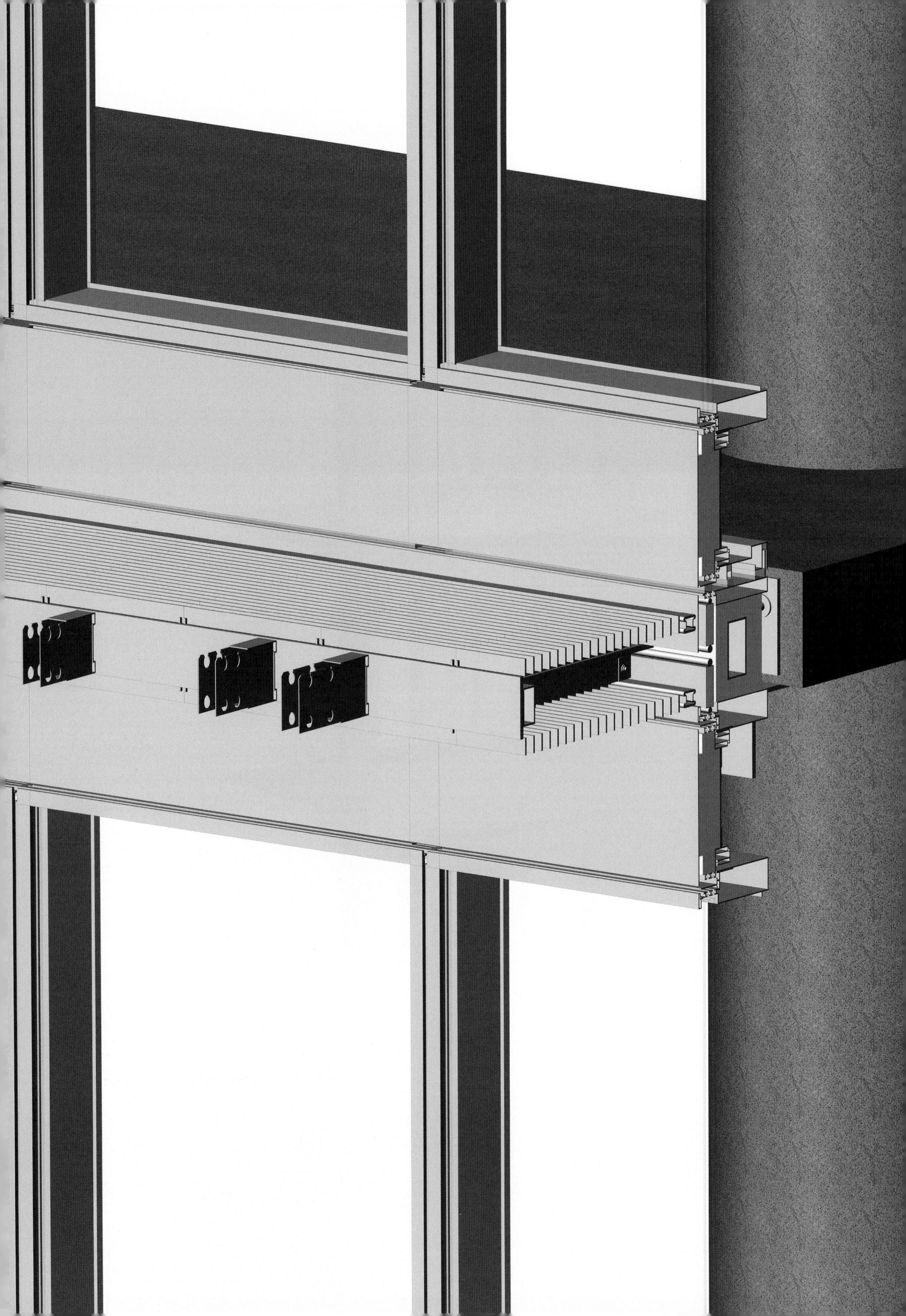

Preparing for

루버 설치를 위한 서브 스트럭쳐. 루버 설치를 위한 강재 파이프는 해당 부위의 구조적 성능을 충족하면서도 디자인 의도를 표현하는 배치로 설치되었다.

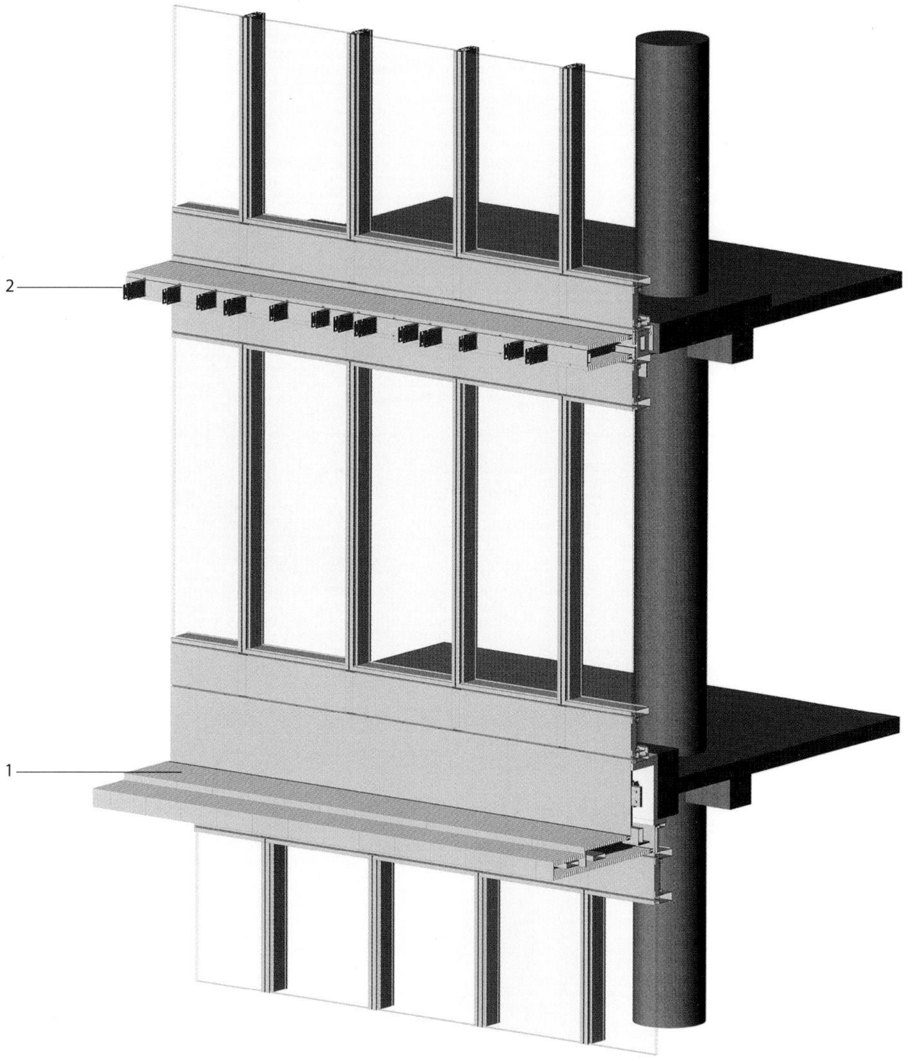

Construction Progress (Exterior)

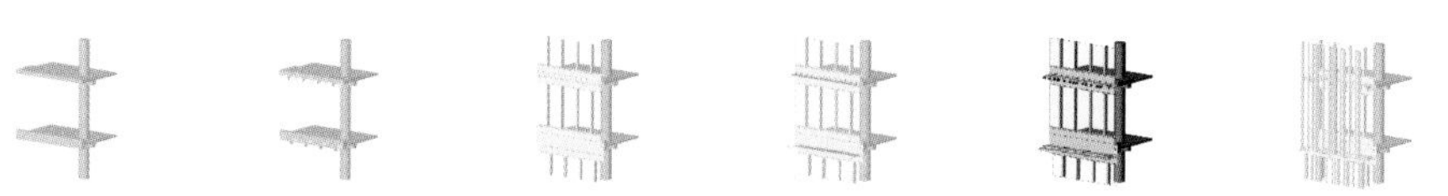

1. Catwalks Grille
   (캣워크 그릴)
2. THK 8mm Stainless Bracket (for Louver)
   (루버용 스테인레스 브라켓)

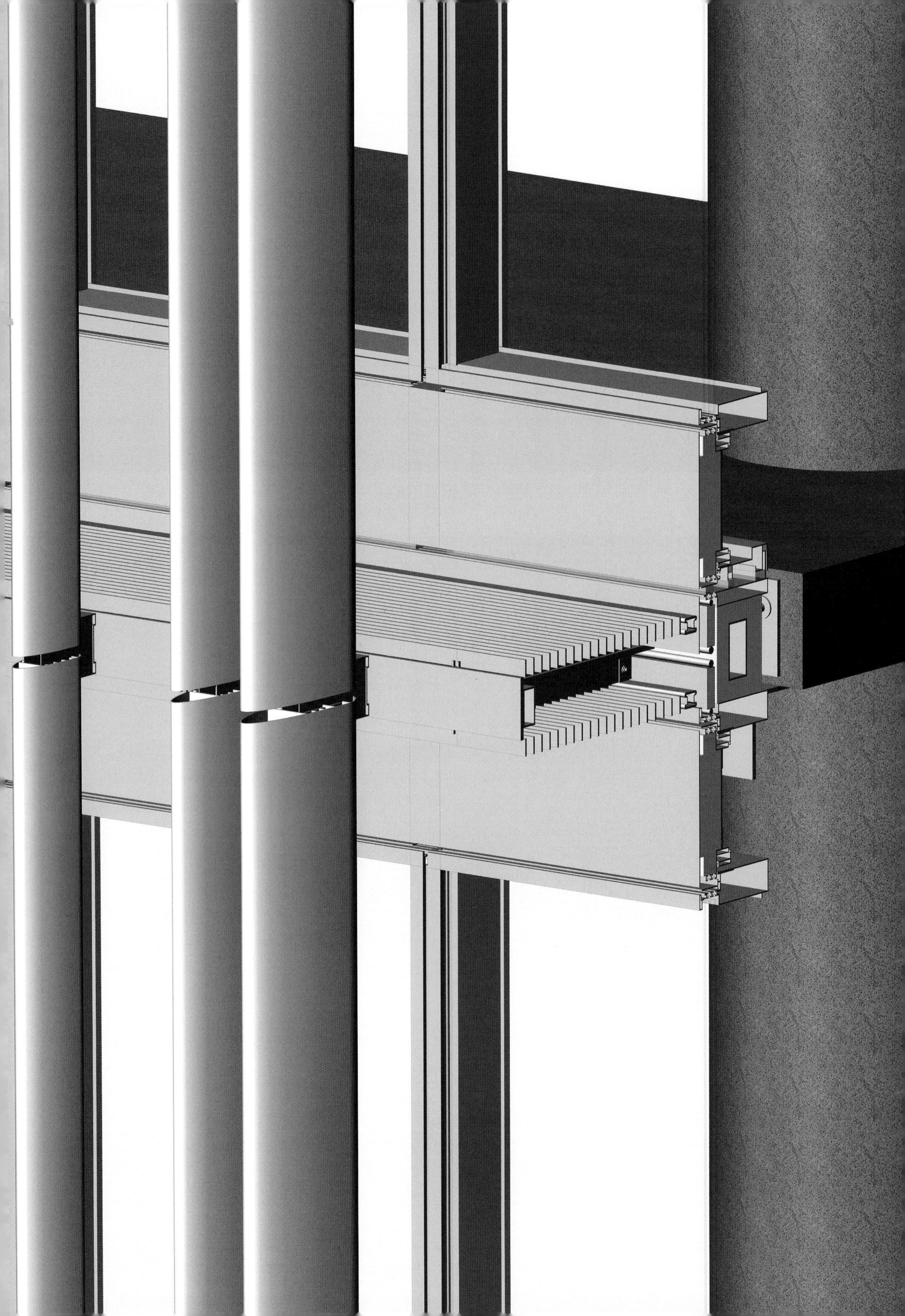

Moon Jar

조선백자 달항아리. 빛의 산란과 집중, 내부에서 외부로의 빛. 주인공이라기 보다, 소박한 아름다움을 표현하려는 건축적 언어로서 사용된 루버는 부재의 끝을 둥글게 가공하여 보다 부드러운 시각적 효과를 낸다. 2차 구조의 강재 파이프에 설치 된 루버 정착용 지점 철물에 알루미늄 루버가 설치된다.

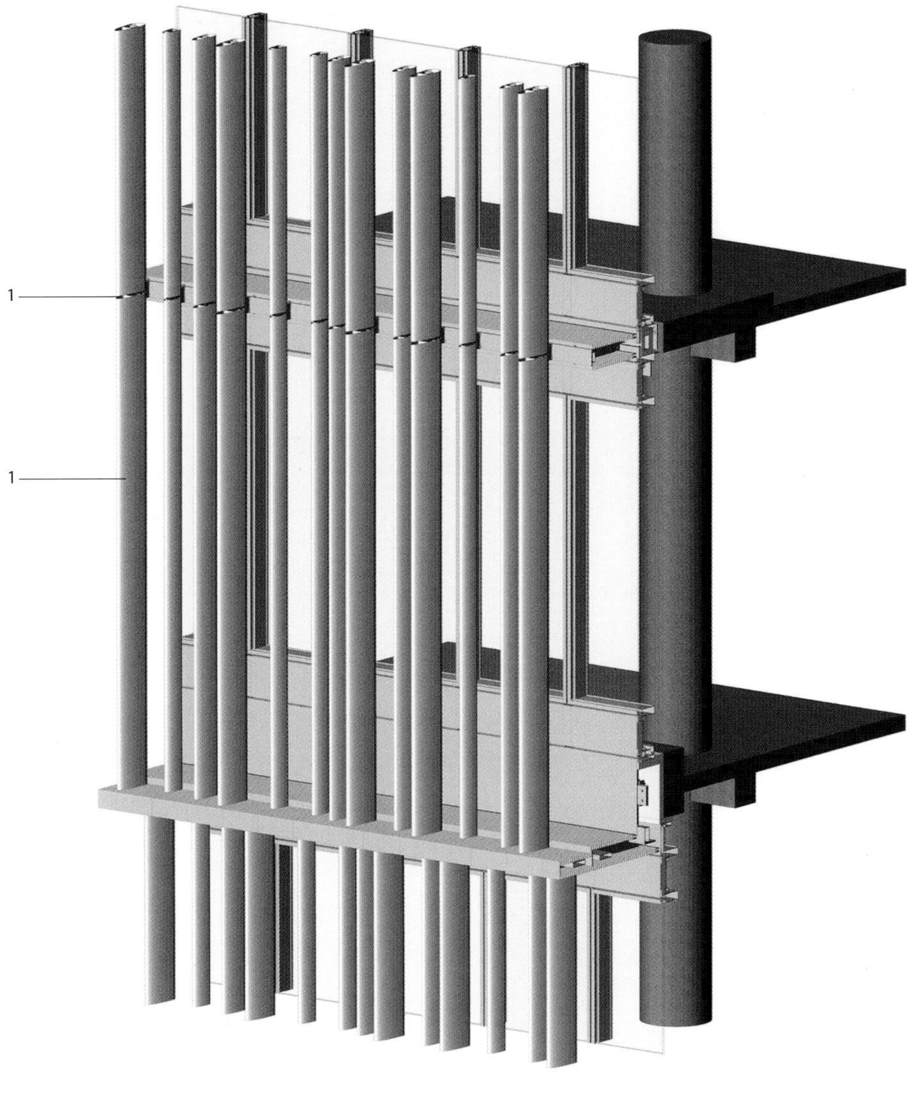

Construction Progress (Exterior)

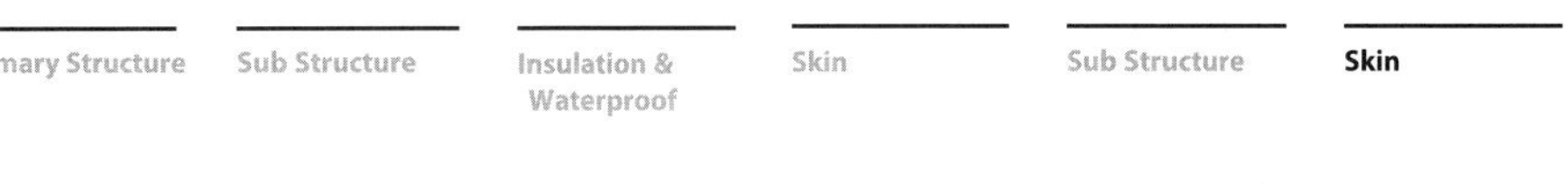

Primary Structure | Sub Structure | Insulation & Waterproof | Skin | Sub Structure | **Skin**

1. Aluminium Vertical fin (Louver)
   (알루미늄 수직 루버)
2. 100 x 100mm x 3.2T Stainless SQ' Pipe (for Fixing)
   (루버 고정용 스테인레스 사각 각관)
   170 x 80mm x 8T Stainless Plate (for Fixing)
   (각관 고정용 스테인레스 강판)

Interior Wall Finish

Exposed

내부의 벽체와 기둥은 구조물 그대로의 콘크리트를 노출면마감하였다.

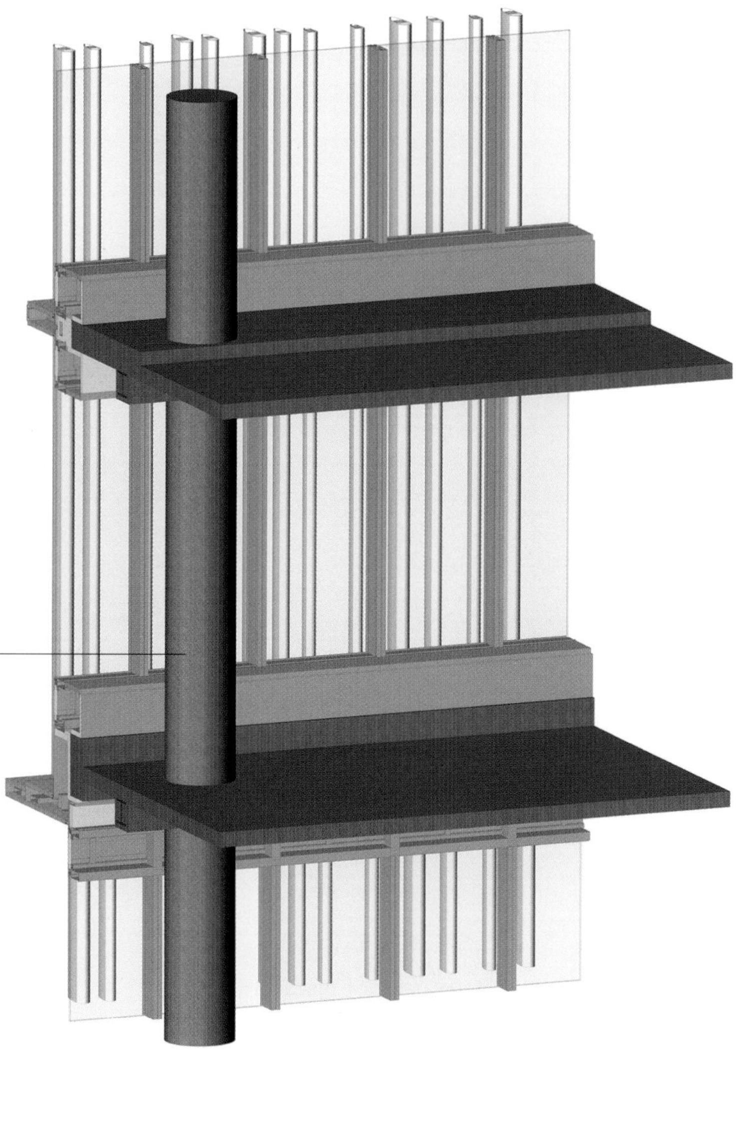

1. Exposed Concrete Screed Column
(노출 콘크리트 기둥 마감)

Construction Progress (Interior)

Regular

구조의 축 열에 맞추어 진 내부 천장 열은 규칙적인 격자(Grid)로 구성 되어 있다.

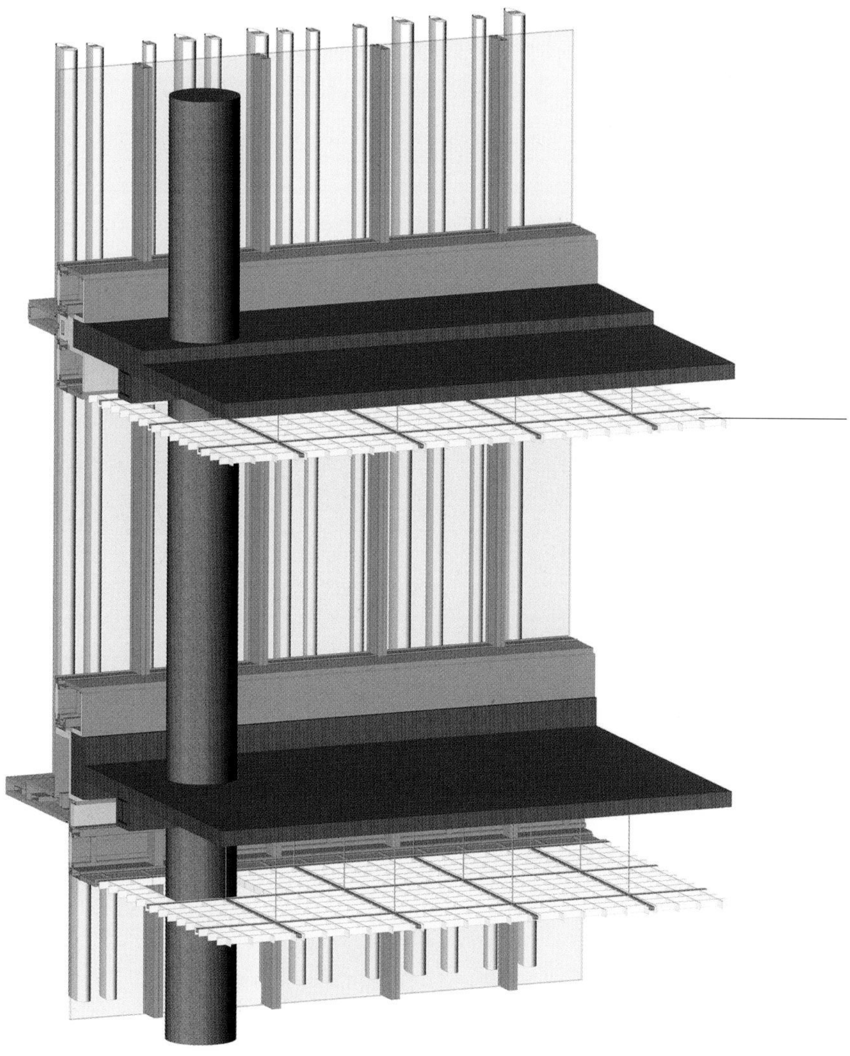

Construction Progress (Interior)

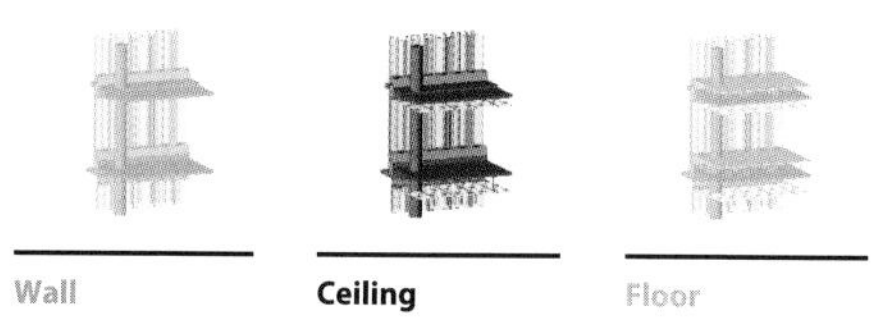

1. Suspended Ceiling, Open Metal Grilles
   (노출 격자형 철제 그릴 천장)
   Suspended Lighting, Part of bespoke Luminaire Familye
   (팬던트형 라이트에 맞춤형 조명부품 일체)

Diffuse of Light

빛의 산란을 느낄 수 있는 약 25x25cm의 격자형 씰링 그리드는 건축물의 평면을 축소한 듯 일정하게 평면 전체에 펼쳐져 있다.

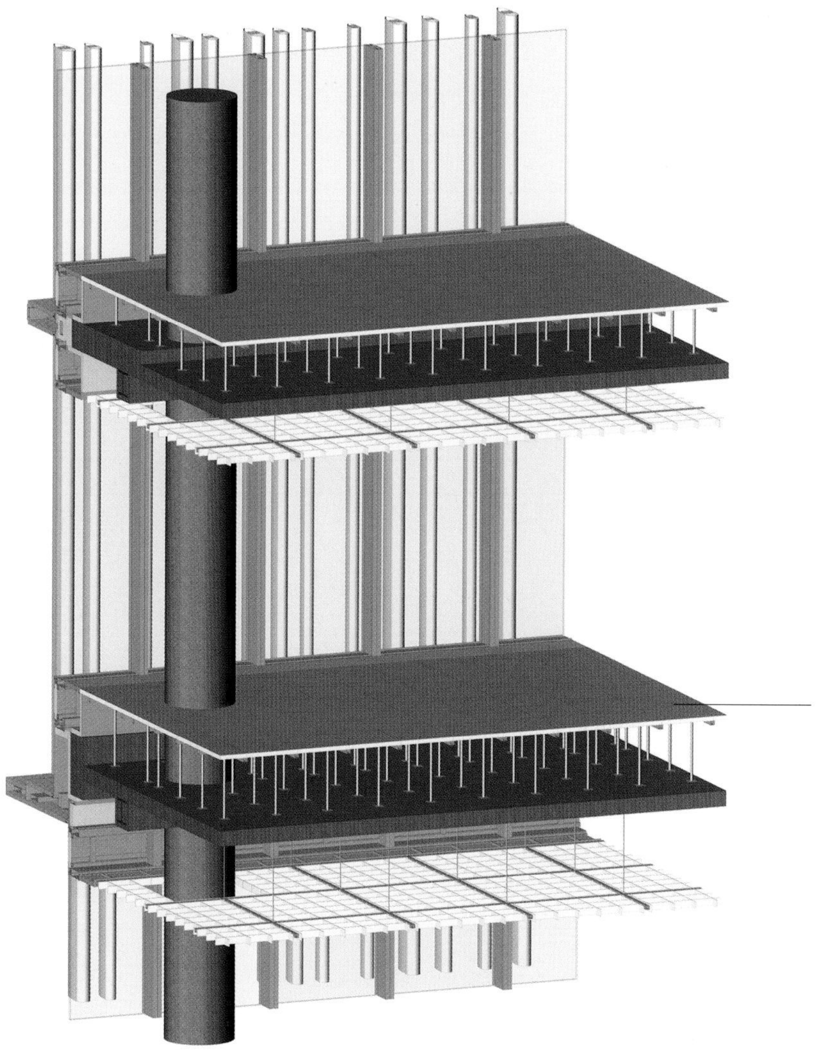

Construction Progress (Interior)

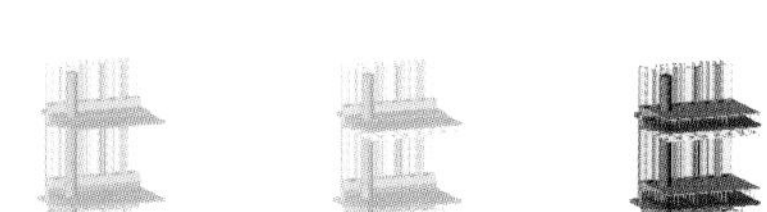

Wall Ceiling **Floor**

1. 600 x 600mm module Fabric Access Floor
   (패브릭 엑세스 플로어)
   Raised Floor System (Stringer, Screw, Pedestal)
   (엑세스플로어 시스템)

120,000m^2

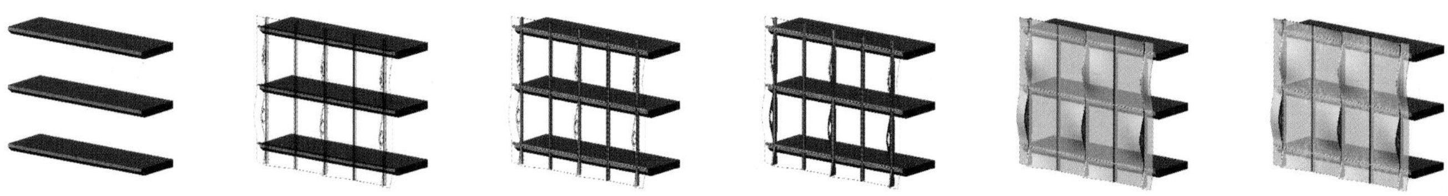

Elbphilharmonie for progress

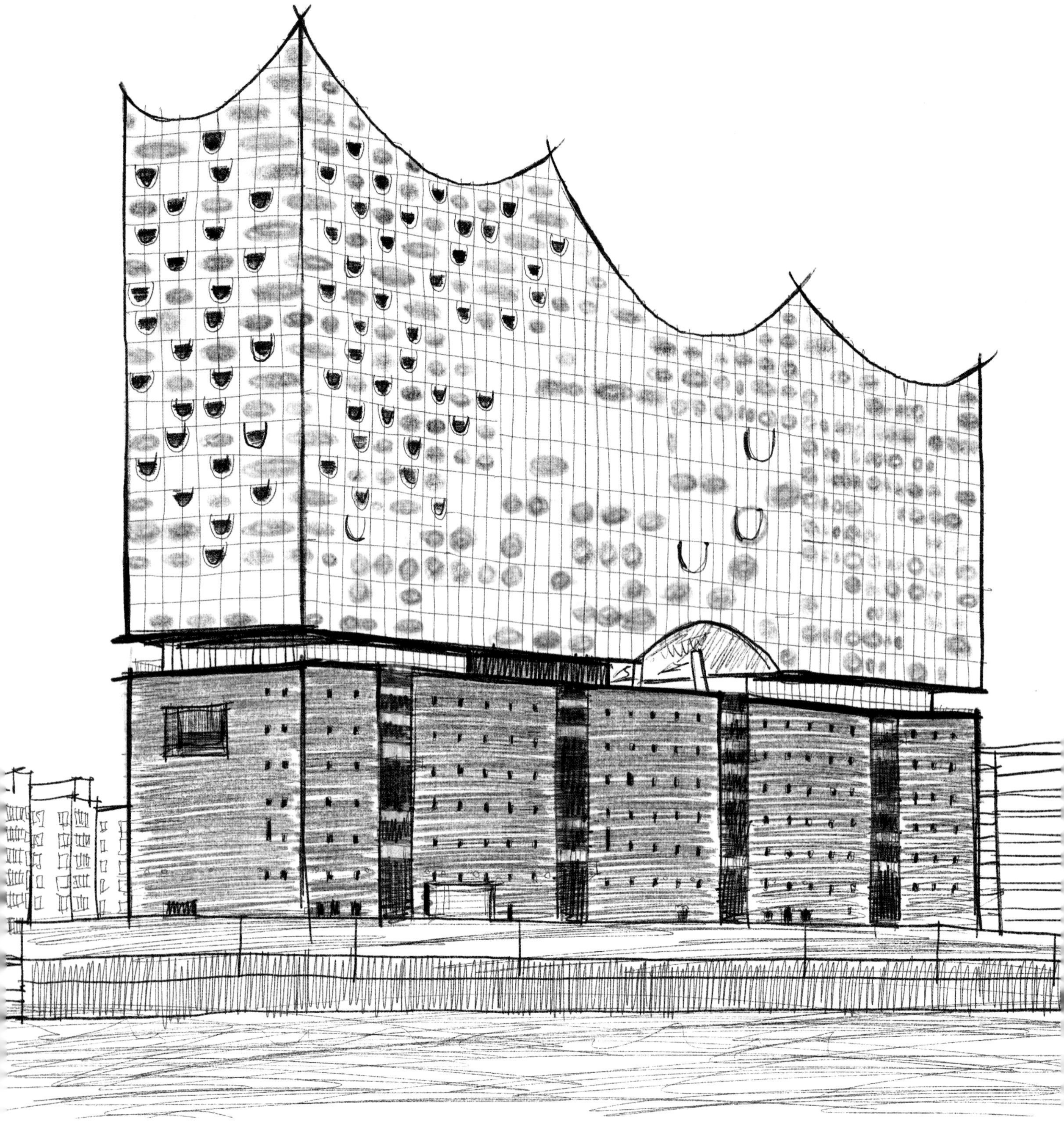

120,000 m^2

Integrated

_Elbphilharmonie

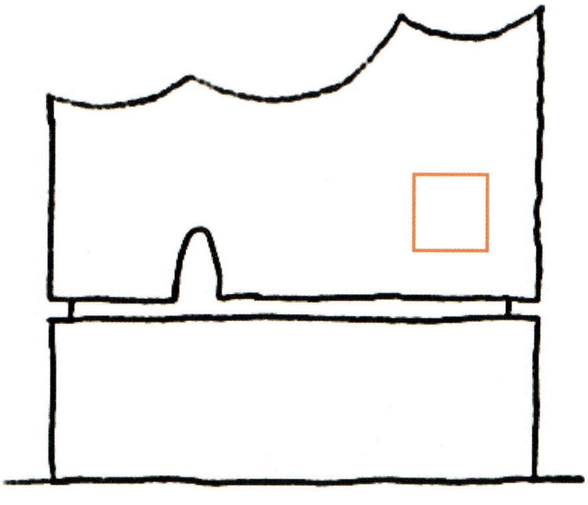

Project year	2016
Location	Hamburg, Germany
Architects	Herzog de Meuron

Primary structre	S.R.C (Steel Framed Reinforced Concrete)
Insulation	Insulation (in Curtainwall Frame)
Rainscreen	Gasket Joint
Sub structure	Embeded Channel + Curtainwall Frame
Exterior Skin	Curved Glazing Glass
Interior Wall Finish	Stainless Steel Cover
Interior Floor Finish	Wood
Interior Ceiling Finish	Aluminum Sheet

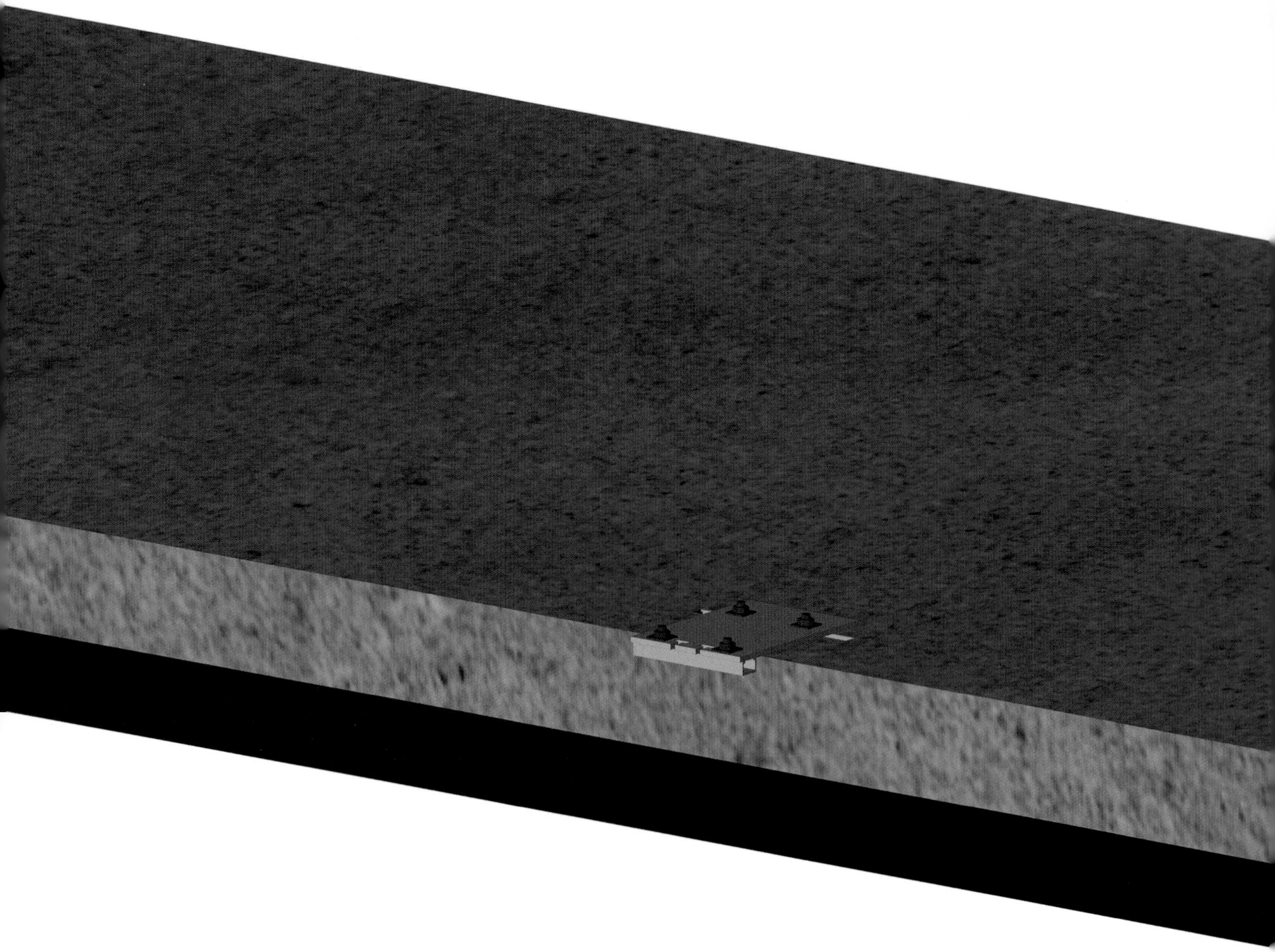

Embeded

외피 마감방식에서 선택된 구조 방식이다. 슬라브 바닥면에 콘크리트와 함께 캐스팅 된 임베디드 찬넬에 커튼월 시스템이 설치된다. 슬라브에 찬넬이 앙카링 되어 있는 구조보다 성능이 뛰어나나 캐스팅 찬넬은 위치를 변동할 수 없다는 점이 차이점이다.

Construction Progress (Exterior)

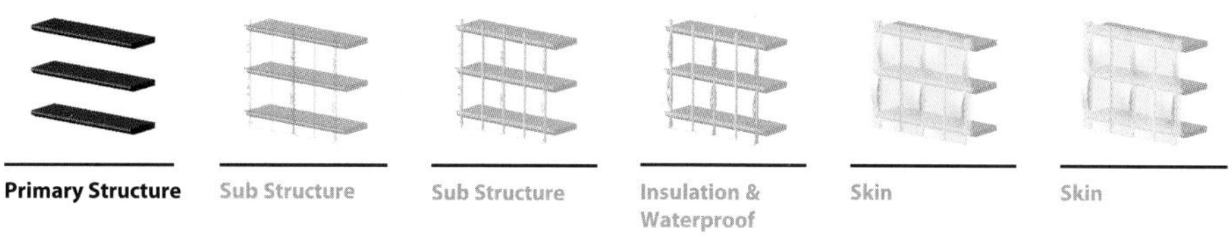

1. Reinforced Concrete Slab
   (철근콘크리트 슬래브)
2. Base Plate
   (베이스 플레이트)
3. ST'L Embedded Casting-Channel, Supporting Structure
   (매립형 캐스팅찬넬, 지지 구조재)

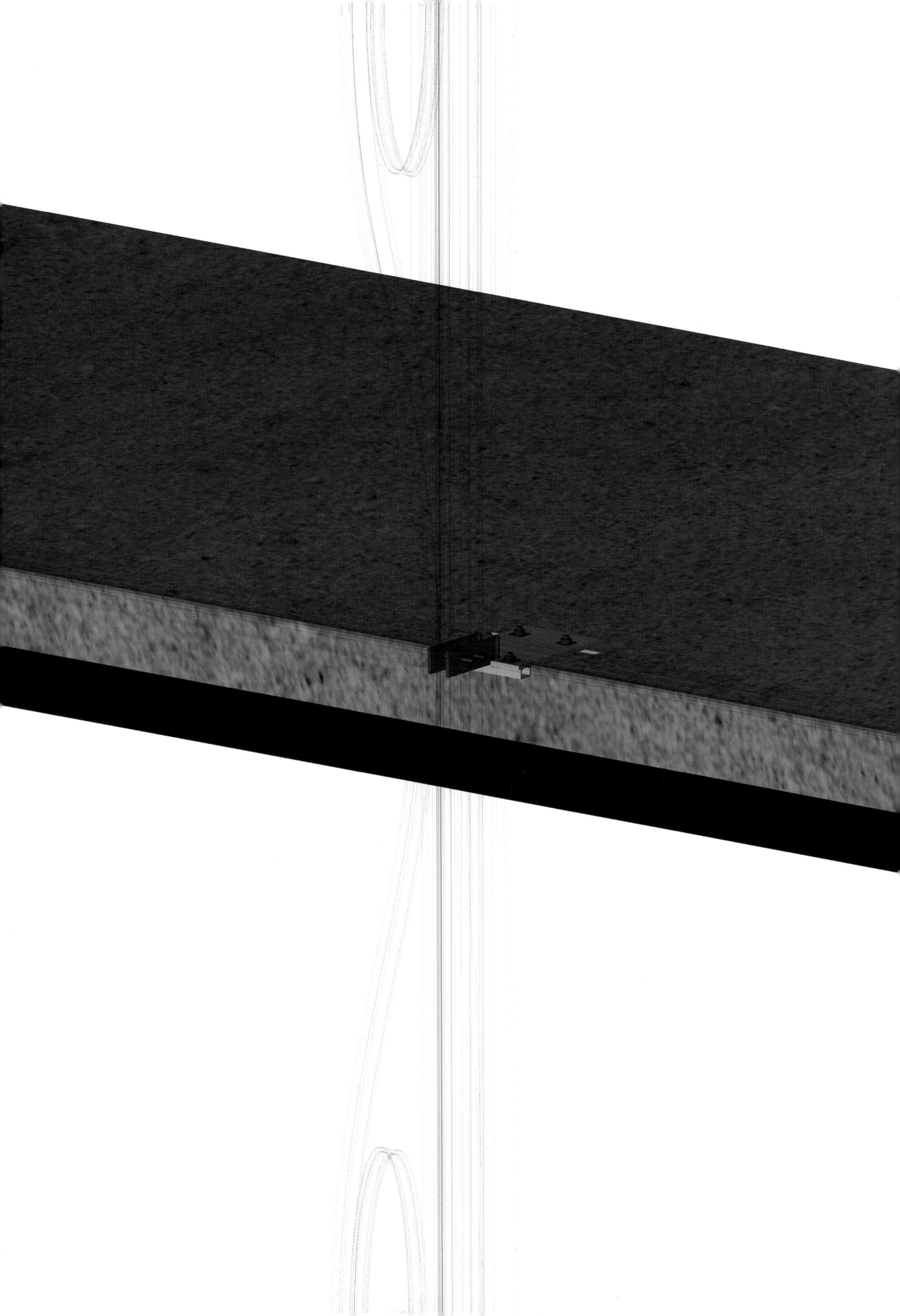

Sub structure

Setting Element

각 유닛 커튼 월을 슬라브의 베이스 플레이트의 상단에 결착하는 방식을 사용했다. 각 유닛의 프레임의 상단과 하단에 마련된 결합용 홈에 결착된다. 유닛의 상단부는 커튼월 프레임의 위치를 결정하고, 유닛의 하부는 유닛과 유닛 간의 위치를 서로 잡아주고 있다.

Construction Progress (Exterior)

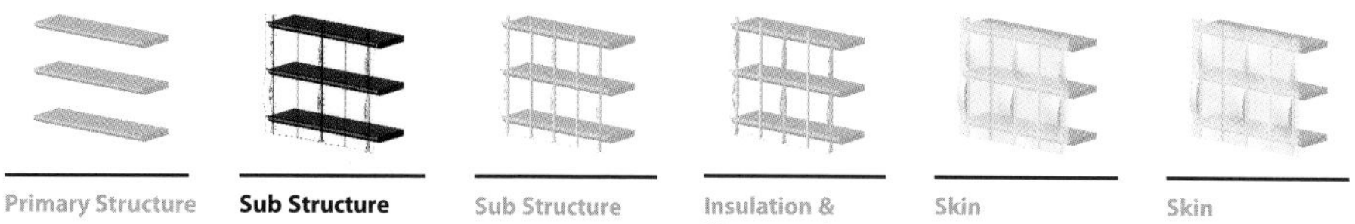

1. L-Channel Branch Bracket
(ㄴ형강 지점 브라켓)

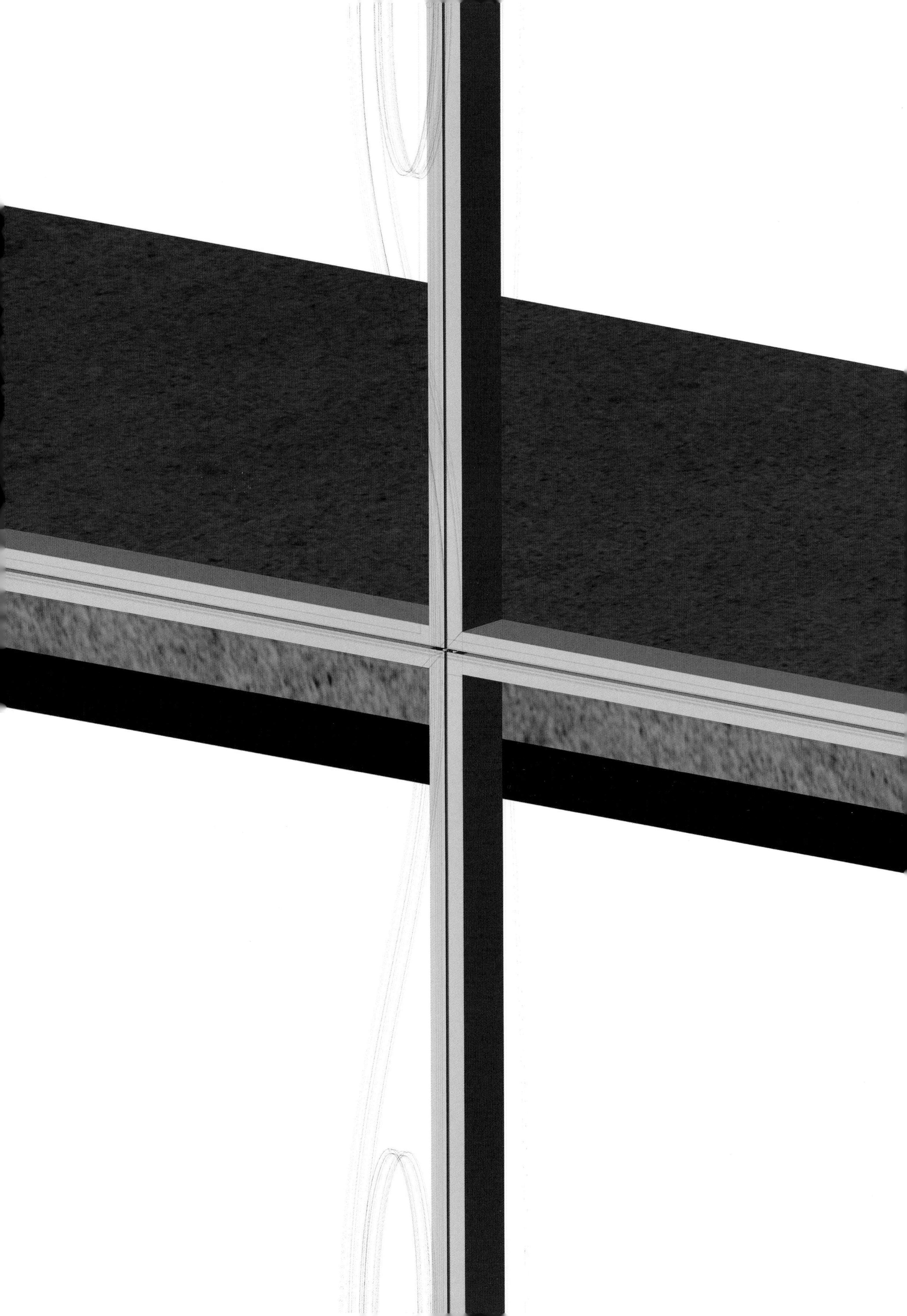

Frame

유닛 커튼월을 채택하였기 때문에 별도로 2차 구조 없이 마감했다. 본 프로젝트에 적용 된 유닛 프레임이 연속으로 배치 되면 각 유닛이 서로 맞물려 다시 하나가 된다.

1

Construction Progress (Exterior)

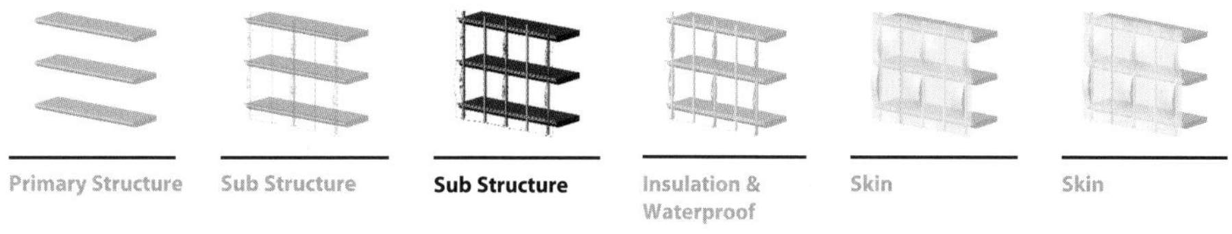

1. Sub Structure Unit Frame
   (서브 스트럭쳐 유닛 프레임)
   Aluminium Profile, black (Mullion)
   (알루미늄 프로파일-수직부재)
   Aluminium Profile, black (Transom)
   (알루미늄 프로파일-수평부재)

Reinforcement

각 유닛 커튼월의 고무재질 가스켓과 단열성능이 보강 된 프레임이 사전에 매립되어 있다. 유닛 커튼월간 접합 조인트 부분은 겹침이음으로 차수 성능이 보강되었고, 커튼월 프레임 간의 접합 구간에 한번 더 가스켓과 단열재가 시공되어 요구 성능을 충족시킨다.

1. 80mm Insulated Sandwich panel (insulation panel)
(단열재 패널–단열 샌드위치 패널)

Construction Progress (Exterior)

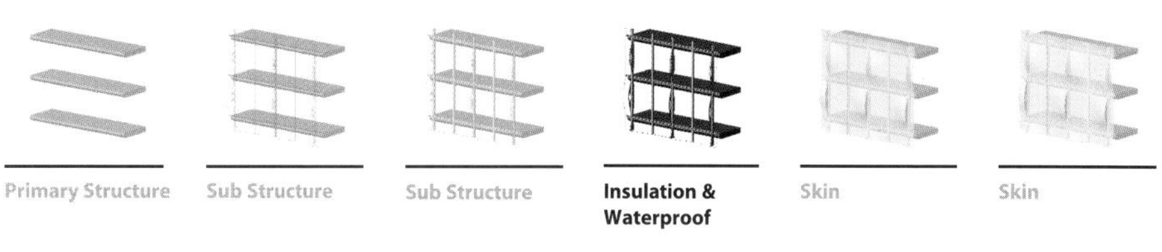

Curved Glazing

사전에 결정 된 크기의 각 유닛프레임에 맞추어 제작 된 곡면유리는 일정한 간격으로 배치되었다. 개구부를 배치 할 수 있는 오프닝 타입과 오프닝이 없는 타입이 사용되었다. 유리의 곡면부를 따라 만들어진 오프닝 있는 개구부에는 손으로 여 닫을 수 있는 창이 마련되어 있다.

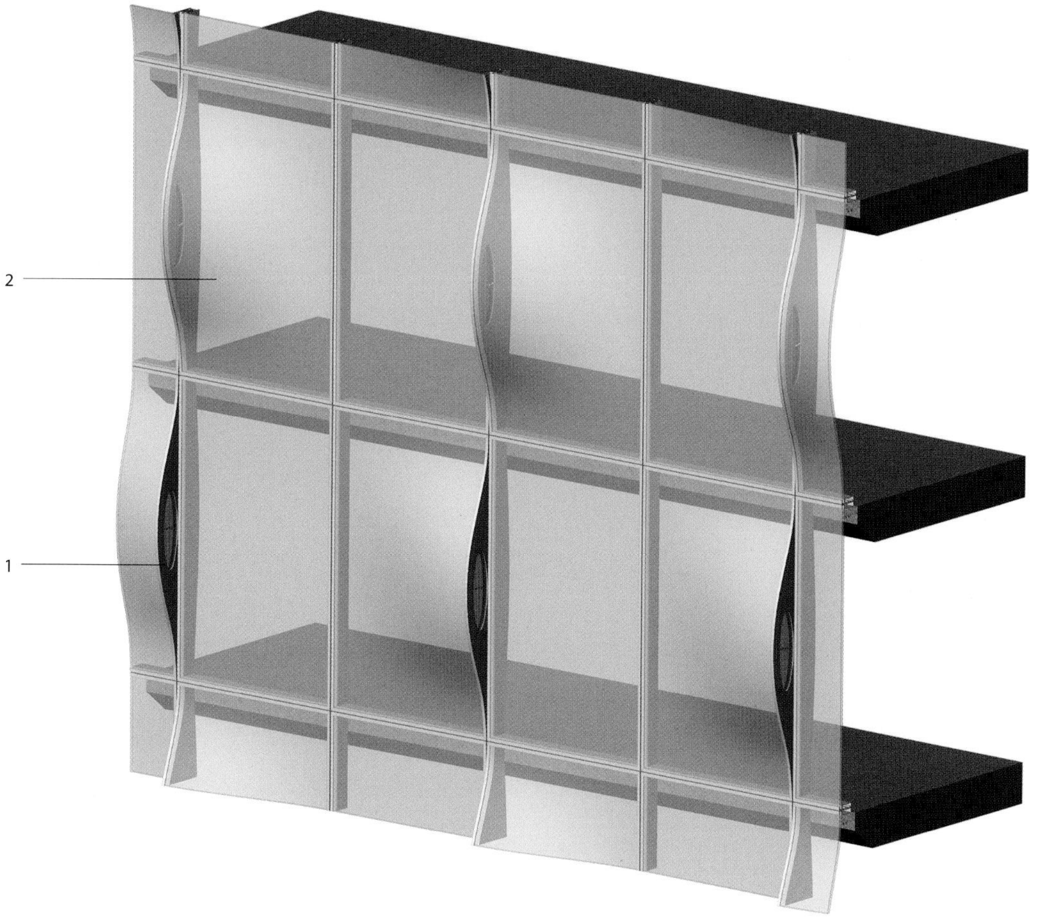

1. Aluminium cover (on insulated panel)
   (단열재 겉 알루미늄 커버–단열 샌드위치 패널)
   Manually operated sash (Ventilation flap)
   (환기구)
2. solar-protection/thermal glazing, warm-formed, flat or swell facing outward or inward (h=3,350mm, b=2,150/2,500mm, d=2x8+16+2x6 mm)
   (일사차단 유리–열차단, 열가공 절곡유리)

Construction Progress (Exterior)

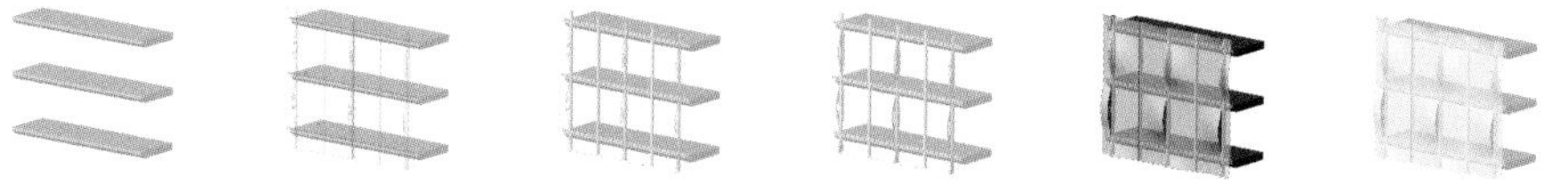

Screen Pattern

각 층 마다, 사용되는 용도에 따라, 사용자의 아이레벨에서 느낄 수 있는 패턴이 유리에 열 전사 방식으로 인쇄되어 있다. 보여지는 면과 가려지는 면의 영역을 흑과 백으로 표현했다. 공간의 영역이 전환되는 부분에서 회색으로 인쇄 된 패턴은 높이에 따른 사용자의 불안감 해소라는 측면이 고려되었다.

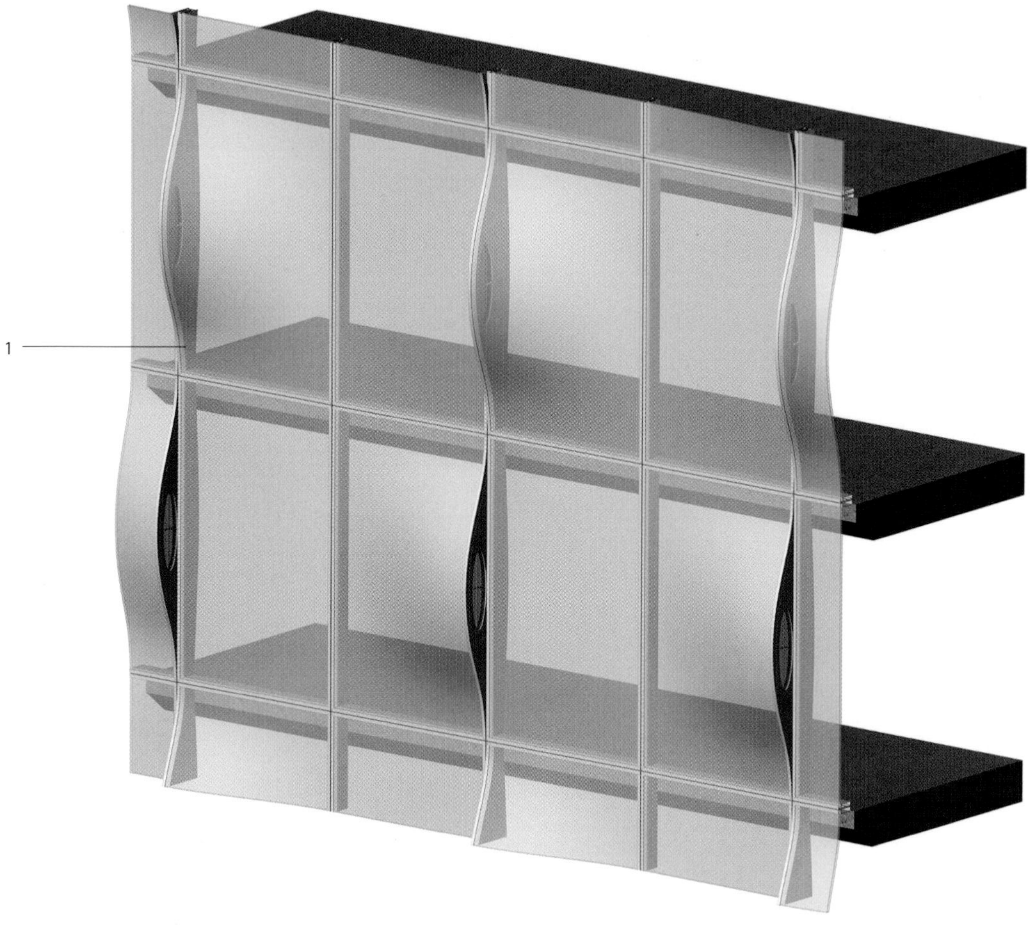

Construction Progress (Exterior)

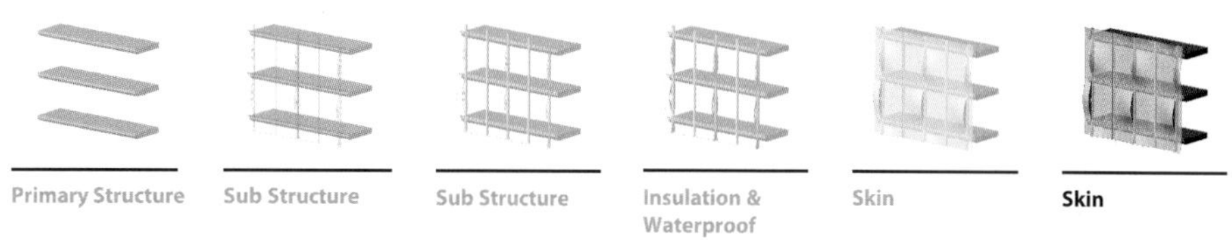

1. Silk screen and coating
(실크스크린 및 코팅처리)

Interior Ceiling Finish

Surface

곡면 천장의 단면 형상을 맞추기 위해 강재를 가공해 틀을 만들었다. 마감 재료로 석고 보드가 사용되었으며, 이 역시 곡면 형상에 맞게 설치 되었다. 내부 공간에서 석고 보드가 끝나는 부분이 커튼월 프레임의 상단부와 접하게 마감되었다.

Construction Progress (Interior)

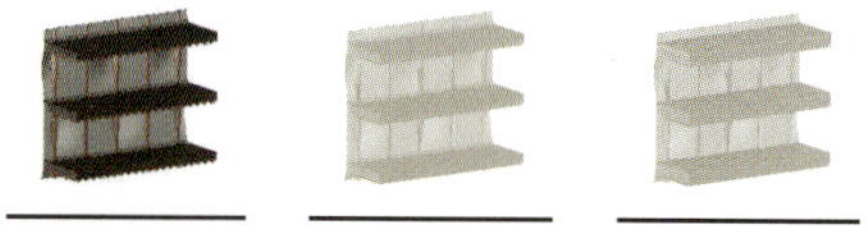

1. Ceiling Structure
(천장구조재)

Stainless Steel Cover

내부 공간에서 바닥부터 천장까지 연속되는 각 유닛 프레임의 양 옆 수직부를 스테인리스커버를 씌워 내부에서도 마감을 하였다. 광택 연마 처리가 된 커버는 거울처럼 주변을 계속하여 반사한다. 때문에 내부에서 외부를 조망할때에도 그 규모에 따른 거부감을 덜 수 있게 되었다.

Construction Progress (Interior)

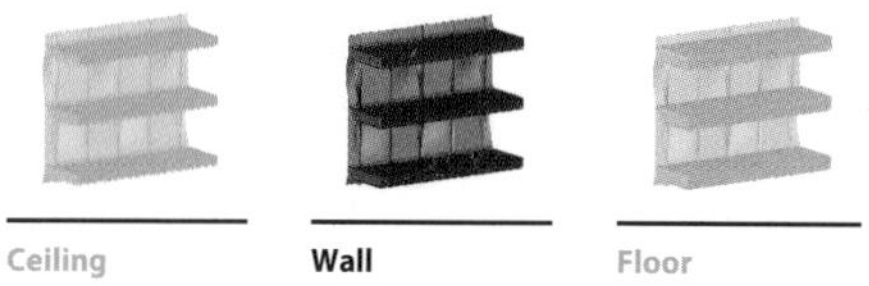

1. stainless-steel cover plate center post curved
   (중앙 포스트에 스테인레스스틸 커버플레이트 마감)

2. Suspended ceiling organic finishing plaster on plaster baseplate
   (플라스터 베이스 위 플라스터보드 유기질 페인트 마감)

Interior Floor Finish

Wooden

Foyer, 호텔의 내부 등 다수의 사람들이 이용 할 가능성이 있는 바닥은 30mm 두께의 오크목으로 마감되었다. 수직 증축 프로젝트임을 감안해 보았을 때, 자중을 줄이려는 노력으로 유추해 볼 수 있다. 건축물 외피에 면한 바닥부에는 흡기 그릴이 일정한 간격으로 배치 되어 있다.

1. 30mm oak planks
   (오크목 판자)
   70mm heating scree
   (난방코일 포함 면처리된 바닥 구조재)
   30mm rigid-foam thermal insulation
   (바닥 단열재)
   60mm rigid-foam thermal insulation
   (바닥 단열재)
   vapour barrier
   (방습층)

Construction Progress (Interior)

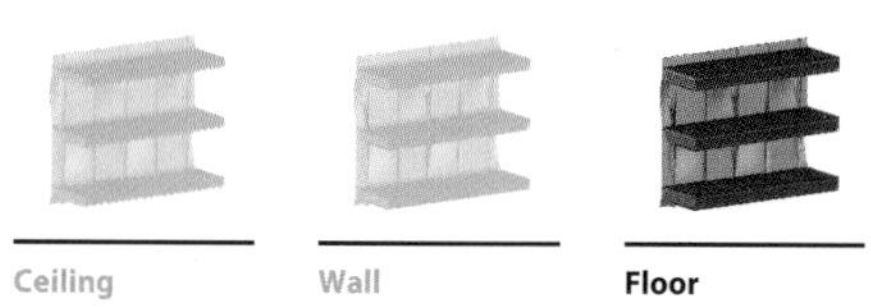

$76,400m^2$

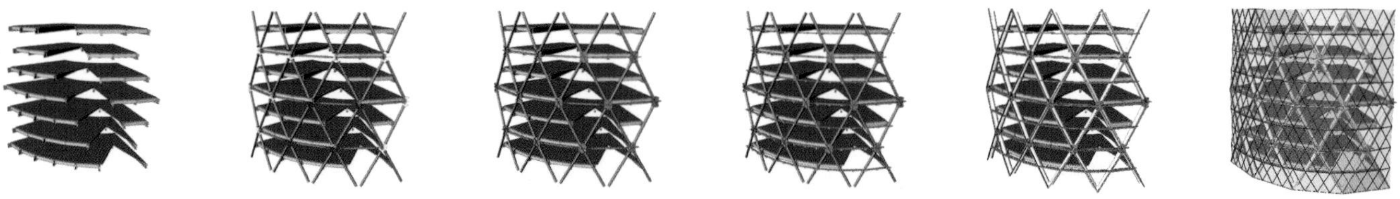

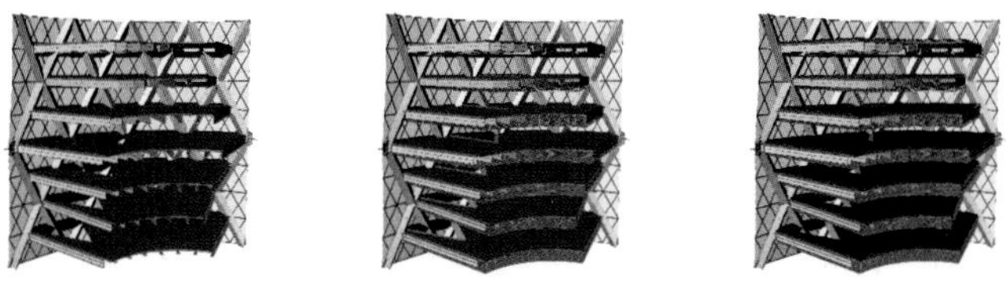

Swiss Re Headquarters for progress

76,400 m²

Integrated

_Swiss Re Headquarters

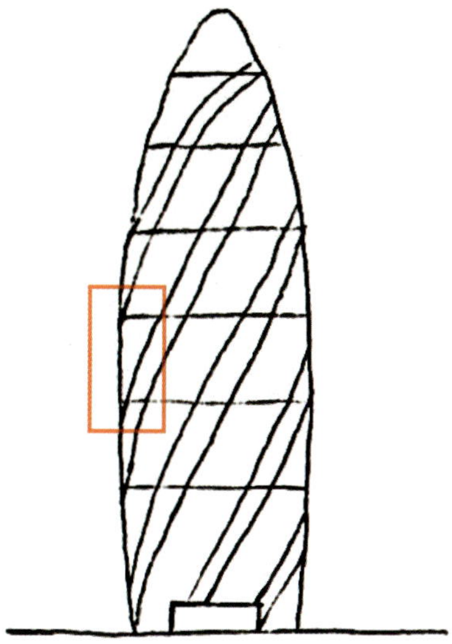

Project year	2003
Location	London, UK
Architects	Foster + Partners

Primary structre	Steel Structure
Insulation	Heat-Reflected Insulation
Rainscreen	Gasket Joint
Sub structure	Circular ST'L Pipe & Steel Plate
Exterior Skin	Glass Curtainwall & Steel Cladding
Interior Wall Finish	Aluminum Panel
Interior Floor Finish	Access Floor system
Interior Ceiling Finish	Aluminum Panel

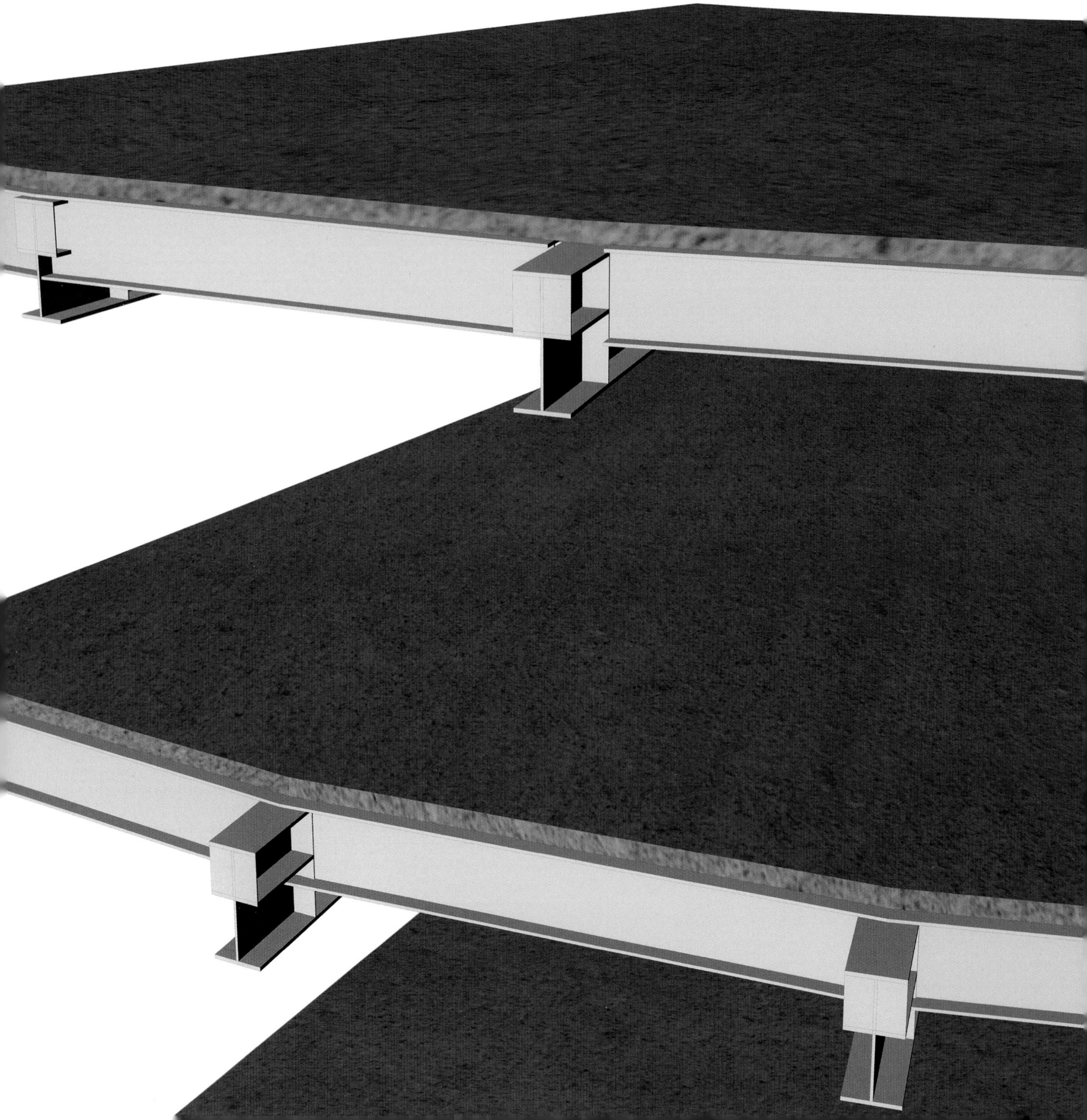

Primary structure

Wind-Considered

런던의 기후를 분석하는 것이 계획에 반영된 프로젝트이다. 풍동 실험의 데이터가 그대로 반영된 듯한 건축물의 형상에 알맞은 내부 구조 부가 만들어 졌다. 윈드-스파이럴이라 불리는 내부 슬라브의 오프닝 역시 건축물이 세워졌을 때 바람의 순환 방향 및 빛을 끌어들이는 아뜨리움의 역할을 할 수 있도록 계획 되었다.

Construction Progress (Exterior)

1. TYP. THK. 200mm Deck Plate Slab
   (데크플레이트 슬래브)
2. TYP. 260 x 640 x 25 x 20mm I-Beam (Edge)
   (I 형강 외곽보)
3. TYP. 400 x 900 x 30 x 20mm Built-Up ST'L Beam
   (빌트업 철골보)

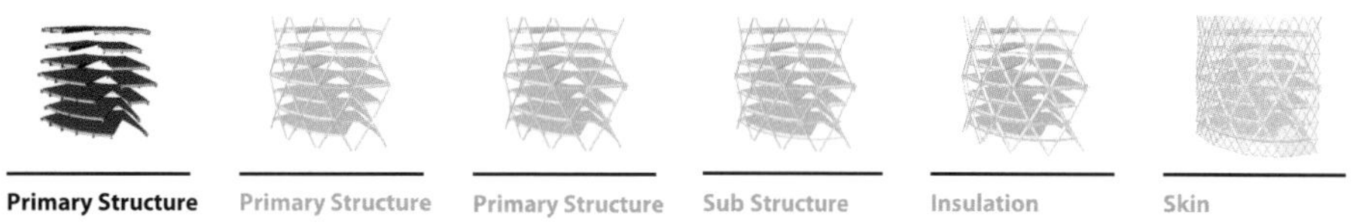

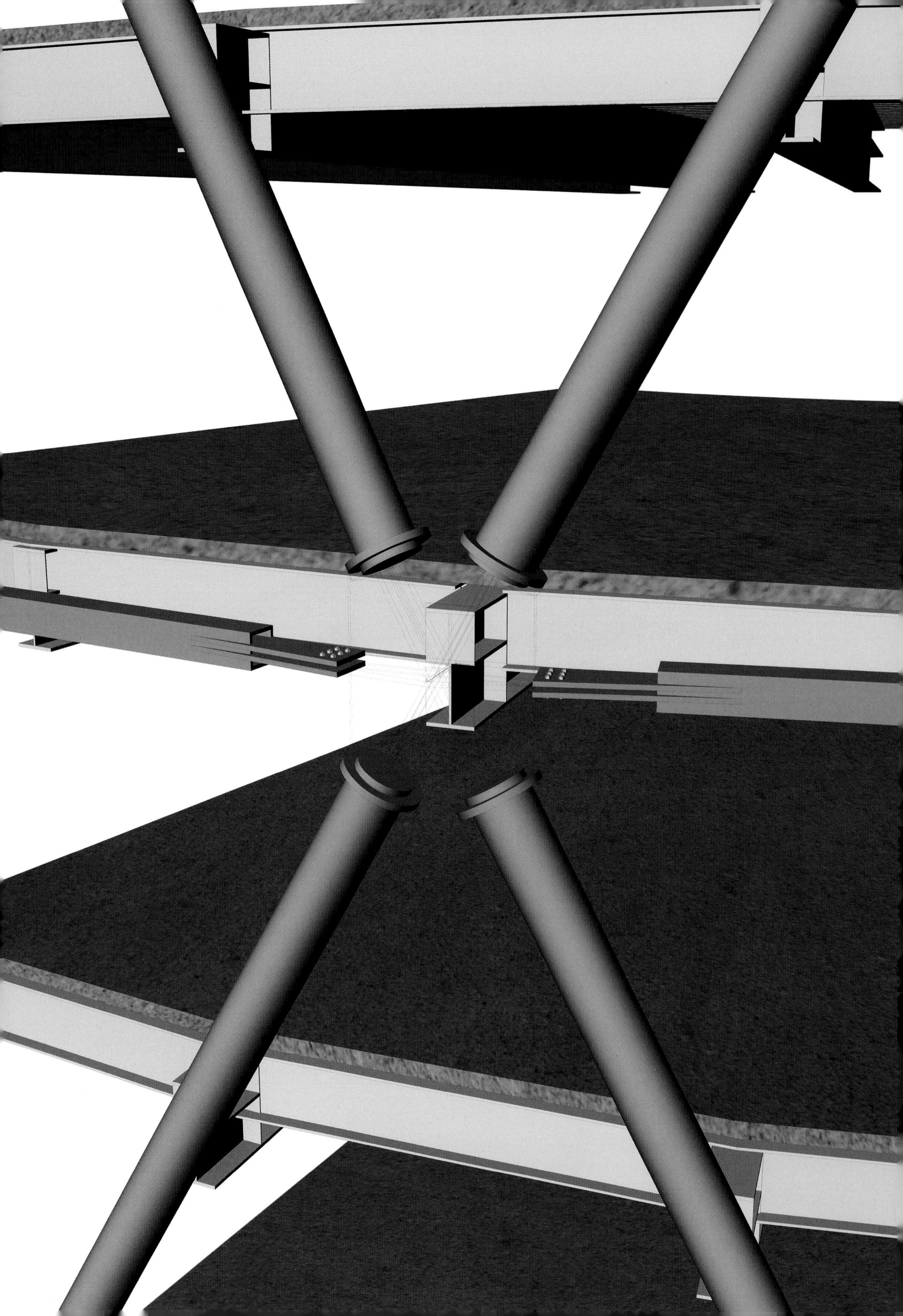

Plan Base Line

본 프로젝트의 다이어그리드 구조 형식은 건축물의 코어와 더불어 주요 구조부의 역할을 하면서 평면, 입면, 단면의 총체적인 계획 기준이 된다. 건축물 전체의 형상을 정의하는 역할을 하면서 동시에 각각의 강재부재가 수직하중을 분산시킨다.

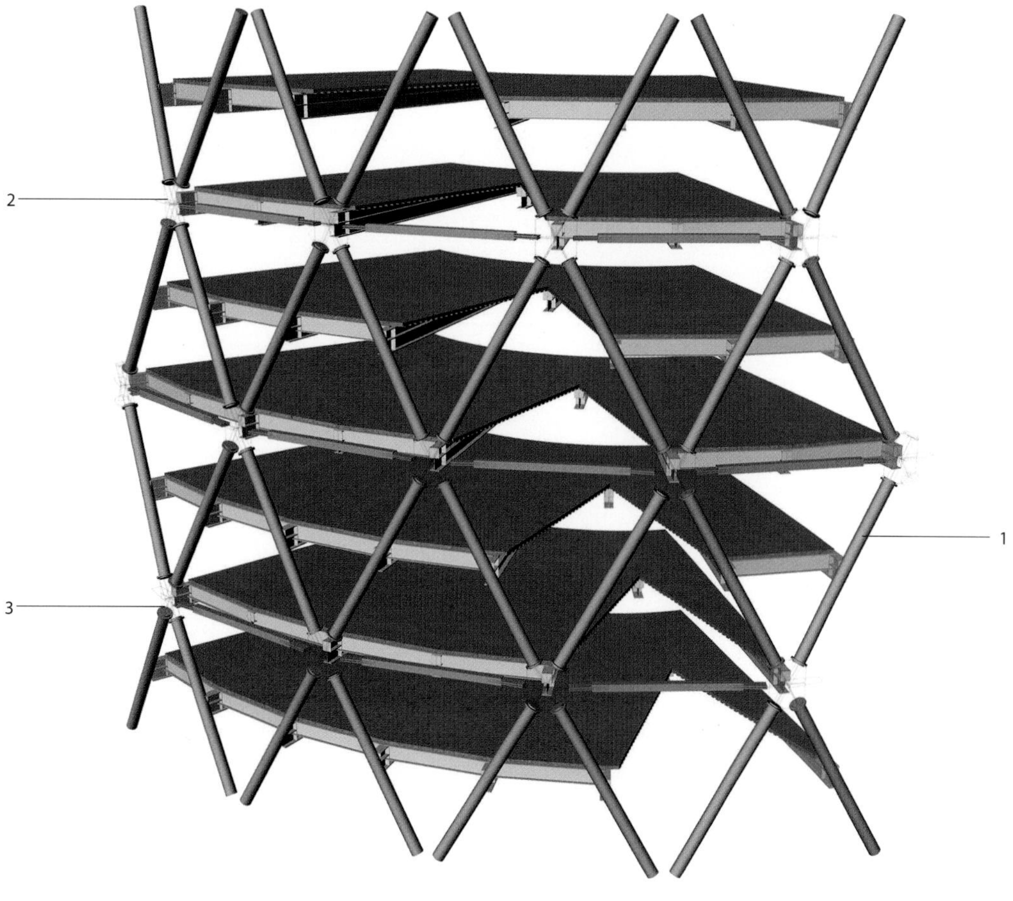

Construction Progress (Exterior)

1. TYP. Ø 500mm ST'L Pipe Brace Members
   (스틸 파이프 브레이스 부재)
2. TYP. 300 x 300mm SQ' ST'L Pipe Connecting Beam
   (스틸 각관 연결 보)
3. ST'L Plates (to Node Branch Bracket Members)
   (노드 지점부재에 연결되는 스틸플레이트)

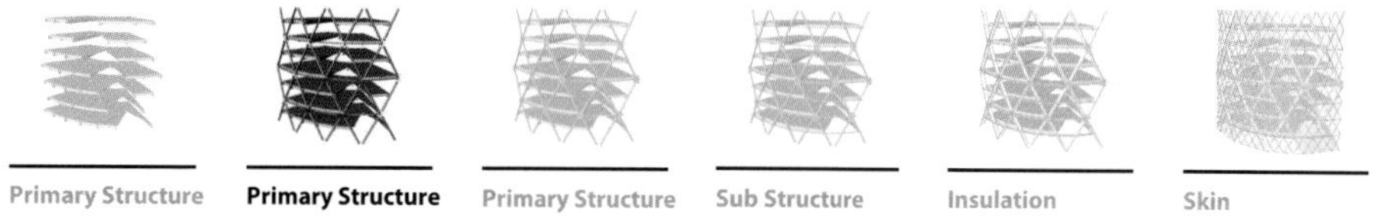

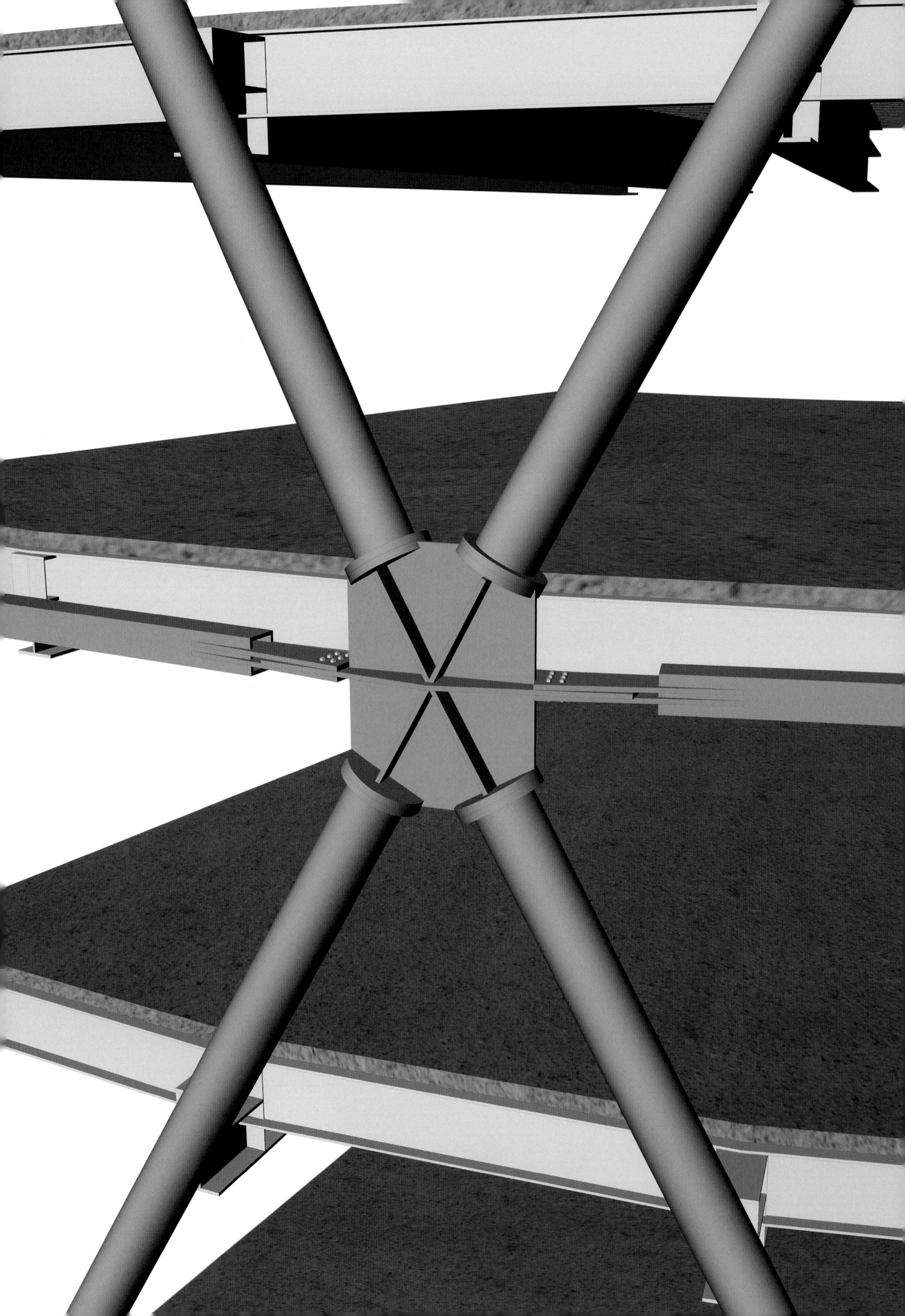

Nodes for 7-ways

360개의 노드가 건축물의 전반에서 구조적 절점을 이루고 있다. 각 지점마다 수직, 수평의 하중을 전달하고 다시 일곱방향의 부재들을 연결한다.

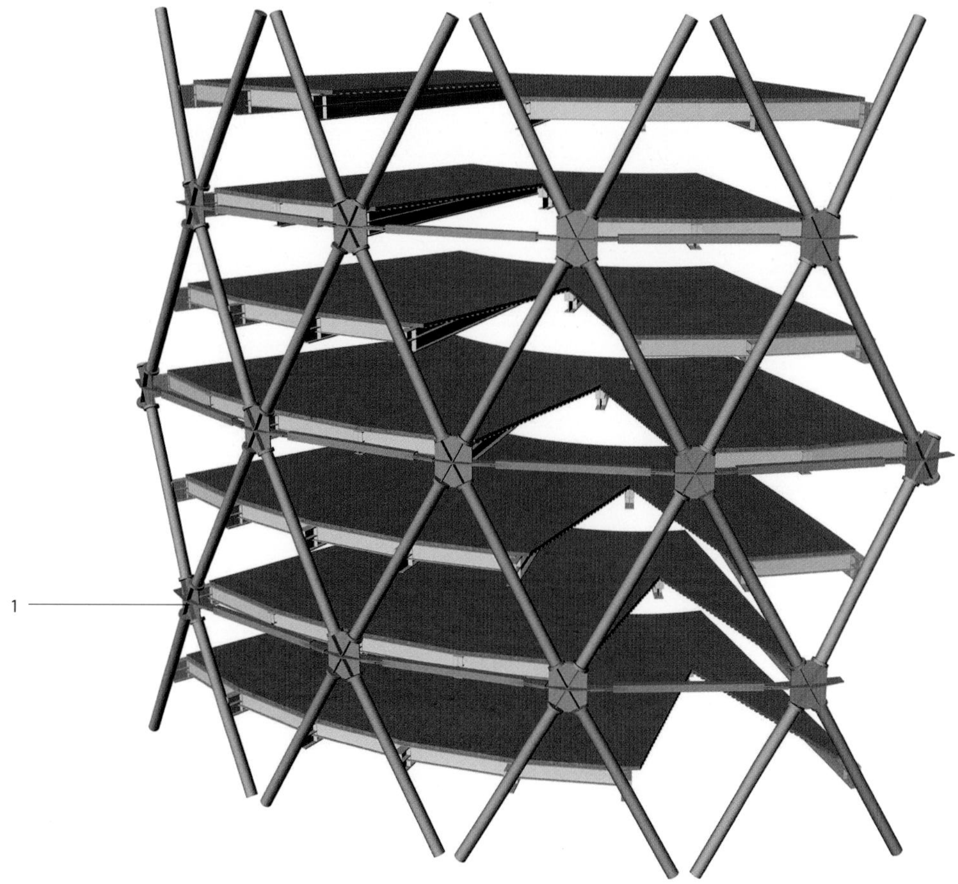

Construction Progress (Exterior)

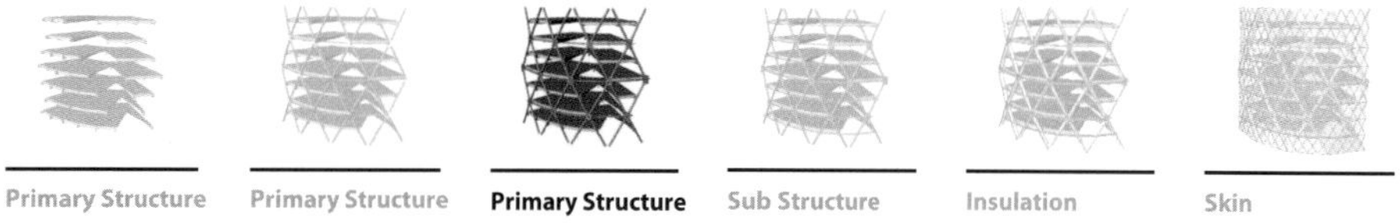

1. Node Branch Bracket Members, Moduled Unit, Welded
(노드 지점부재, 모듈화 유닛, 용접접합으로 구성됨)

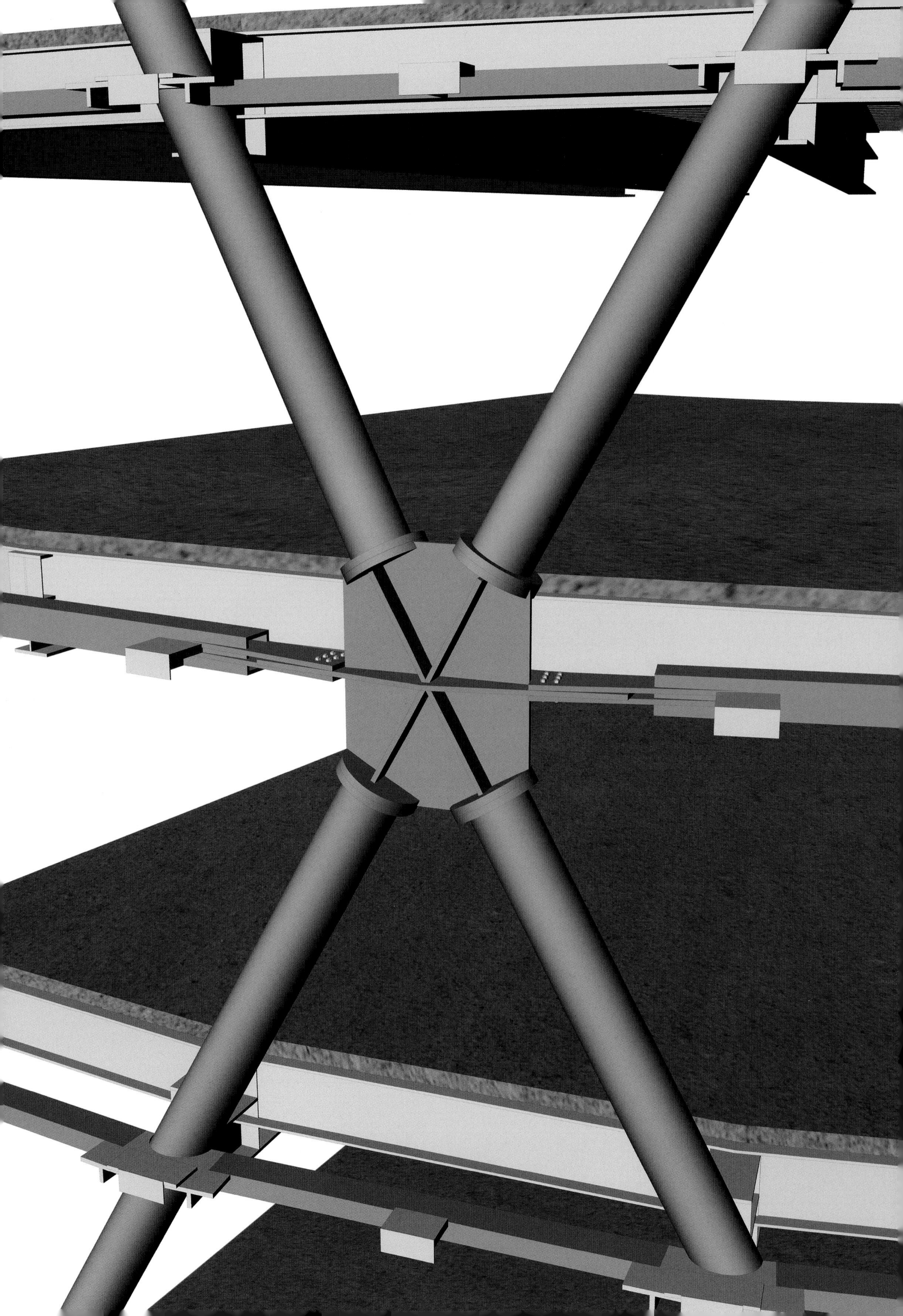

Saddle

다이어그리드는 2개 층 간격. 그 사이 층에 보조 수평 부재가 위치한다. 보조 수평 부재 까지 격자가 구성되었다. 그 위에 최종 마감 부재 설치를 위한 새들(보조 부재)가 설치 되며, 이 부재는 비정형적인 건축물의 마감 면을 의도하는 형상으로 구현하기 위한 기준점이 된다.

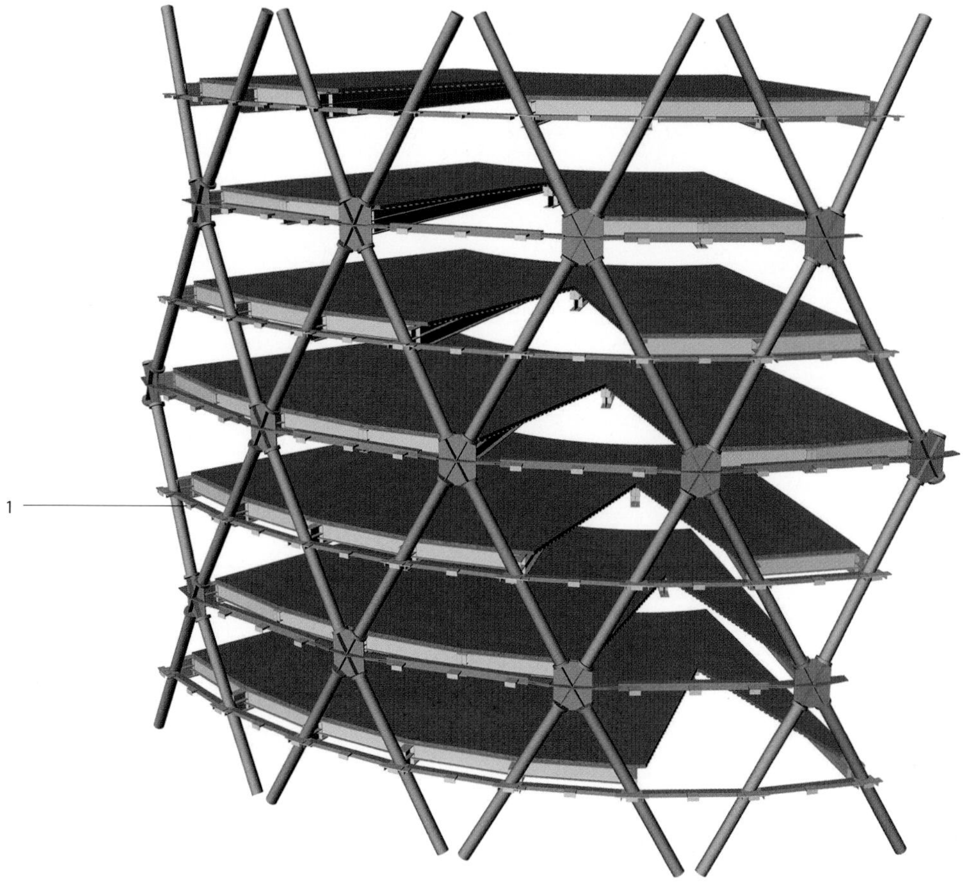

Construction Progress (Exterior)

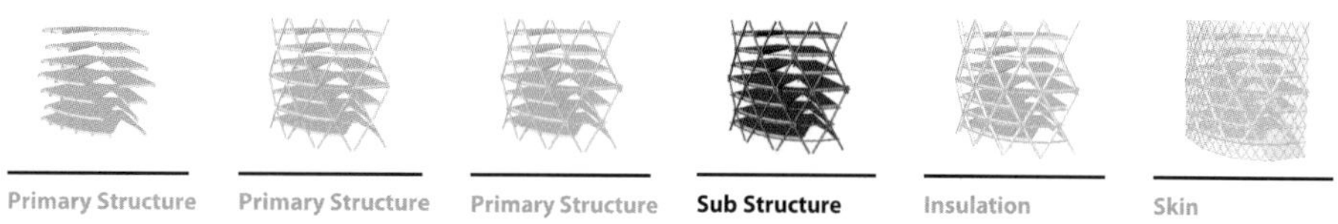

1. **Curtain wall Node Branch Bracket Members**
(커튼월 노드 지점부재)
T-Shape Bracket
(T형 브라켓)
ST'L Plate Branch Brackets
(스틸플레이트 지점 브라켓)

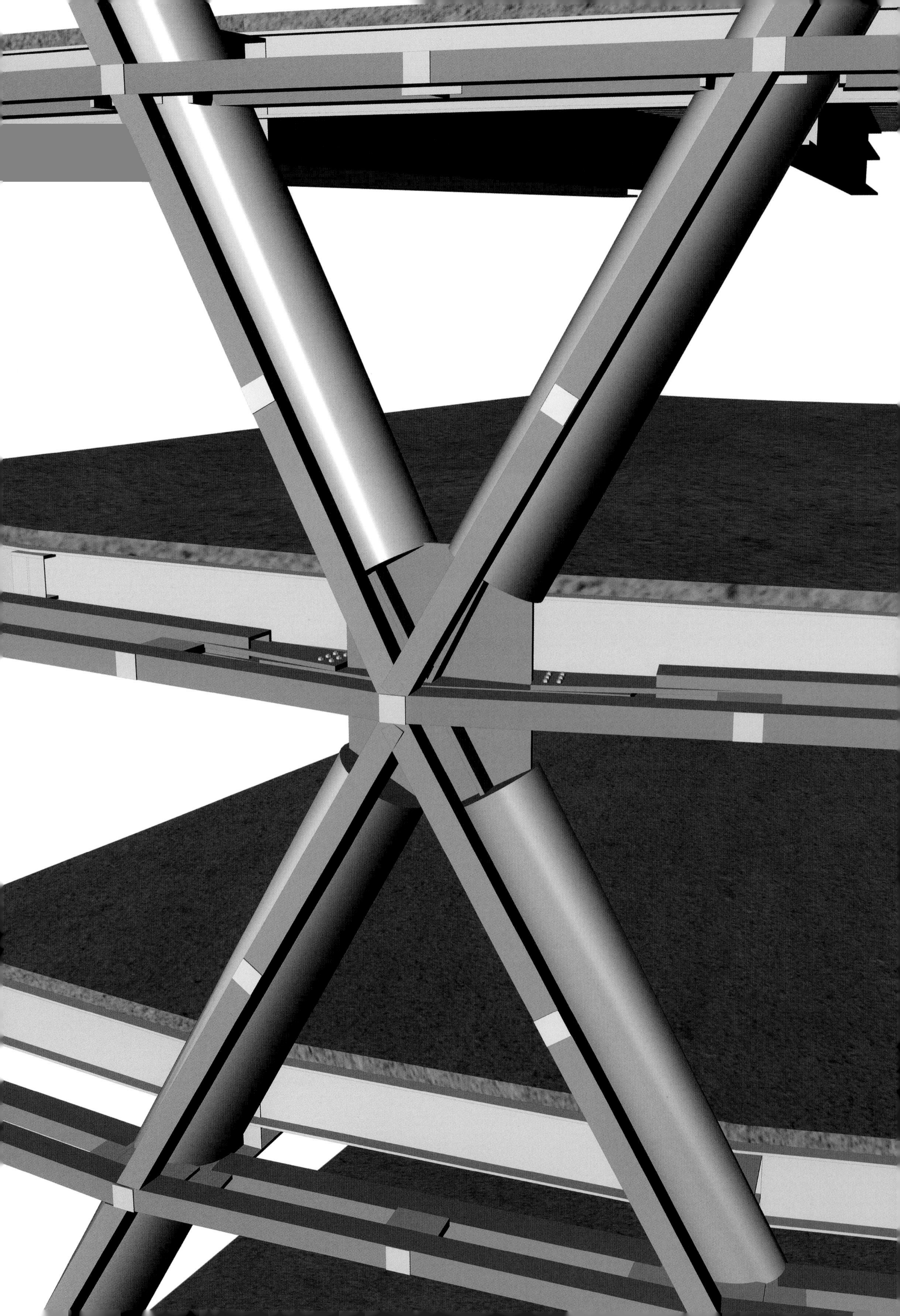

Wrap

평균 지름 약 400mm이상의 강재 튜브는 내화 피복 처리 후 형상의 특수성에 맞는 열반사 단열 필름재를 매 튜브마다 부착했다. 재료의 특성상 강재의 온도변화에 따른 수축 팽창에 따른 변이, 이탈, 탈락을 방지하고자 했음을 유추해 볼 수 있다.

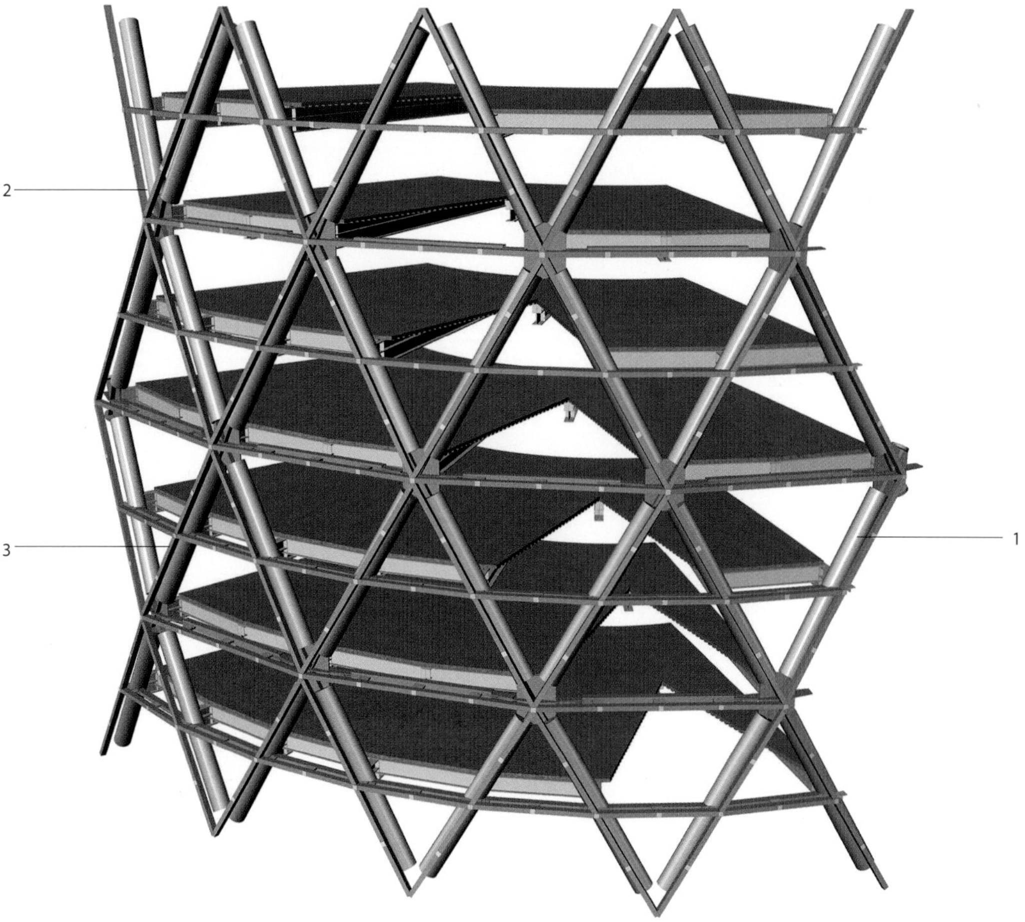

1. Heat-Reflected Insulation (Wrapping ST'L Pipe)
   (스틸파이프를 감싸는 열반사단열재)
   Fireproof Painting (to Pipe)
   (스틸파이프 내화피복 페인트)

2. Fireproof Painting (to Node Bracket)
   (노드 브라켓 내화피복 페인트)

3. **Sub Structure**
   (빌트업 철골기둥, 용접접합)
   TYP. 250 x 200mm ST'L Pipe Branch
   Connecting Members
   (지점연결 스틸 각관 부재)
   ST'L Plate Branch Brackets
   (스틸플레이트 지점 브라켓)

Construction Progress (Exterior)

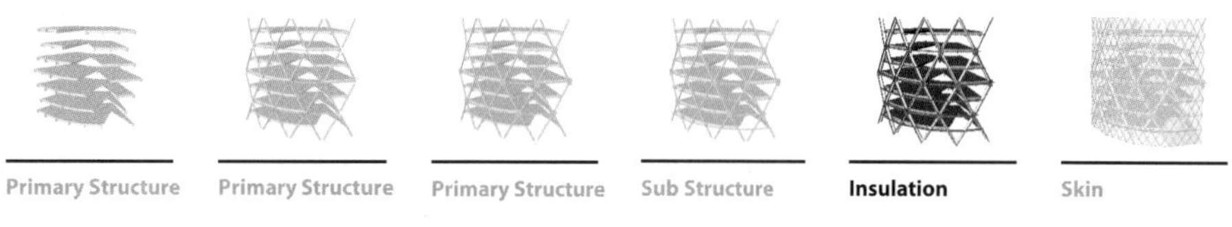

TYPED

건축물의 스킨은 5500여개의 평판유리와 마름모꼴의 유리 부재가 공장 선제작 패널방식으로 제작되었다. 개폐가능한 창, 타공 알루미늄 루버, 삼각형 및 마름모형 유리부재. 다이아그리드의 엣지에 면하는 글라스 패널들은 삼각형, 즉 곡면이 변곡되는 부위는 삼각형을 썼다.

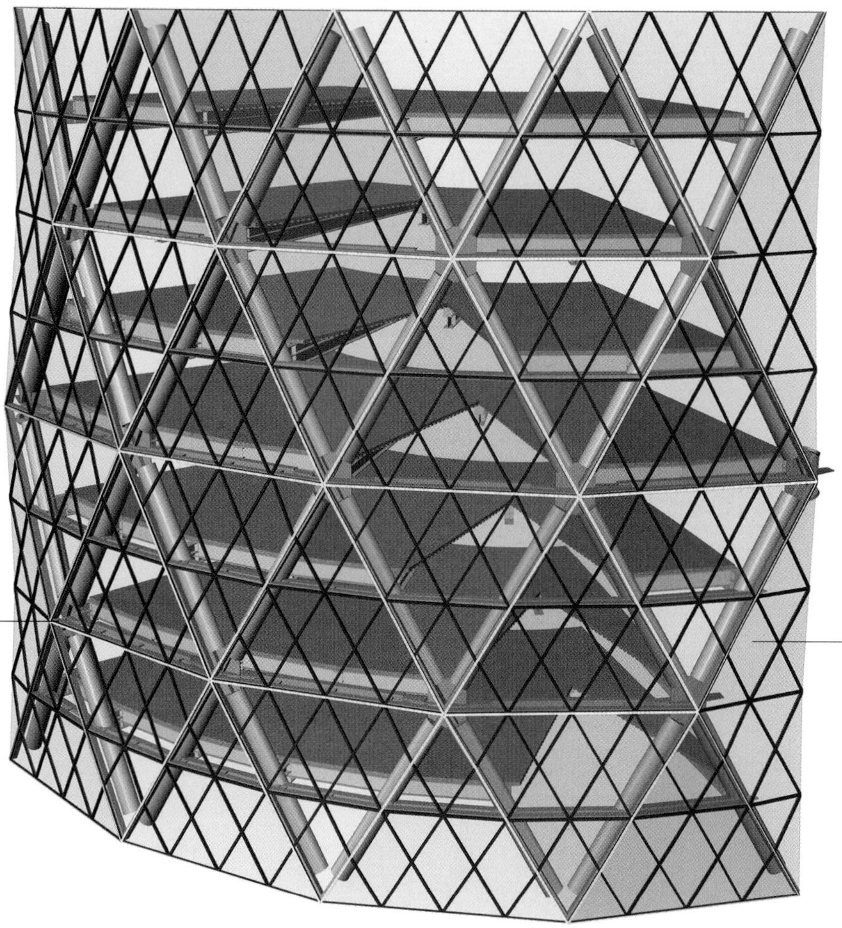

Construction Progress (Exterior)

1. Aluminium Framed Unit Glazed insulated Glass Curtainwall Panel (Triangle & Rhombus)
   (삼각형 혹은 마름모꼴의 알루미늄프레임 글래스 커튼월 유닛)
2. Aluminium Cladding
   (알루미늄 클래딩)

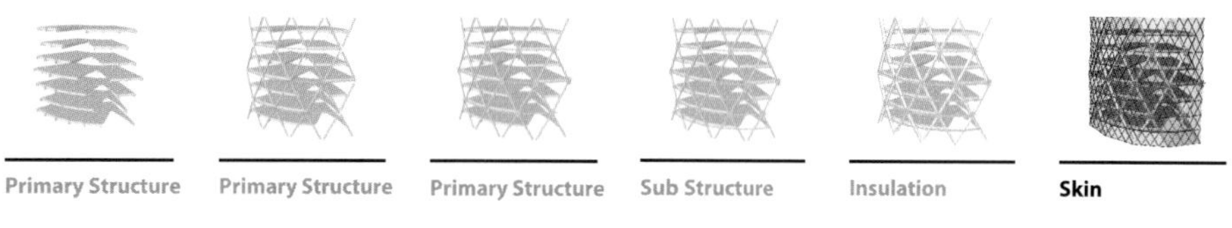

Lozenge

건축물 내외부의 바람길을 유도하는 마름모 형상의 클래딩은 다이어그리드 노드점을 중심으로 분할되어 시공되었다. 클래딩 패널의 재료 이용 효율성을 위한 패널의 크기와 각 노드점마다 이형 일 수 밖에 없는 건축물의 형상을 고려하여 제작되었다.

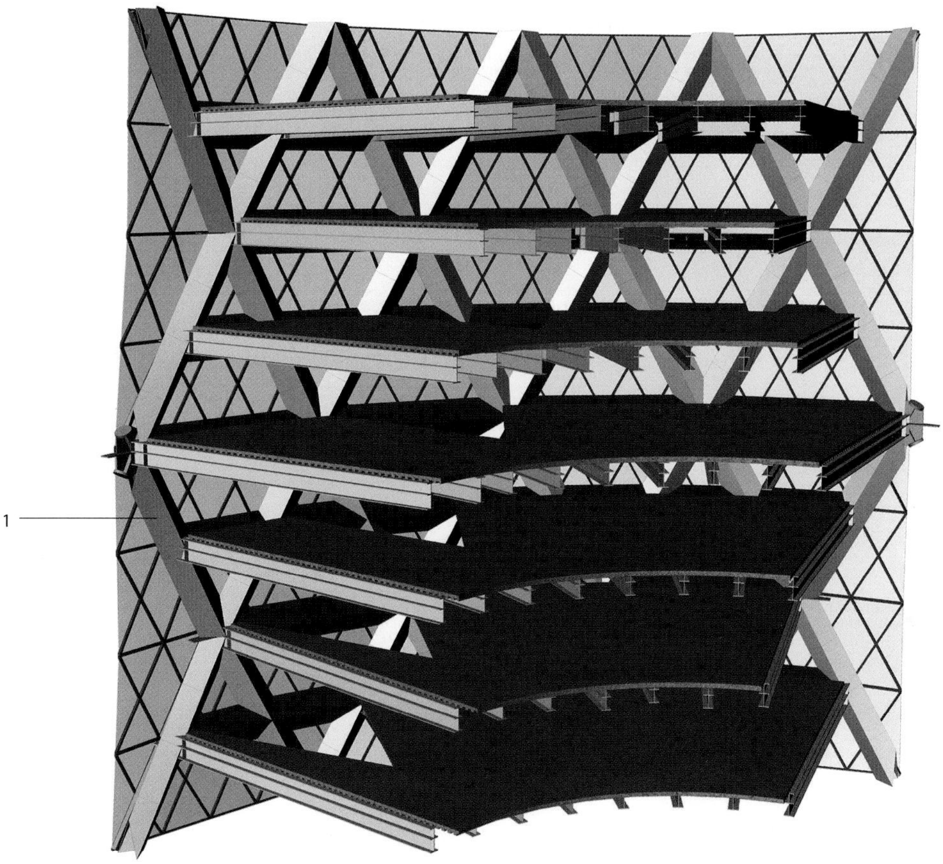

Construction Progress (Interior)

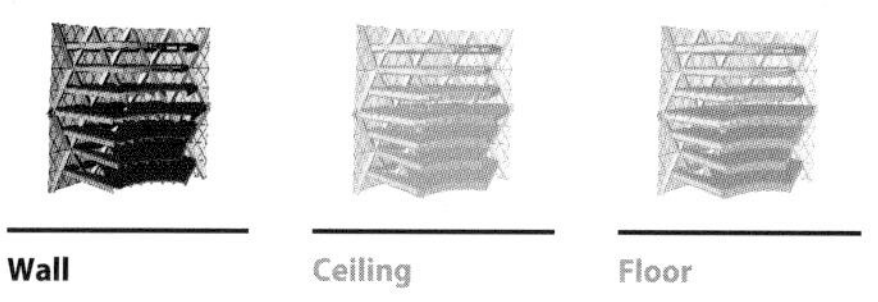

1. Faceted Aluminium Column Casing
(알루미늄 기둥 케이싱)

Over Pathway

급기와 배기를 위한 덕트관이 지나는 천장 공간은 압력을 형성하는 플레눔(Plenum) 공간으로 통합 계획되었다. 실내 공조를 위한 덕트관 뿐만 아니라 건축물 외기와 직접 연결되는 통로 개폐부 역시 전자동으로 조절된다.

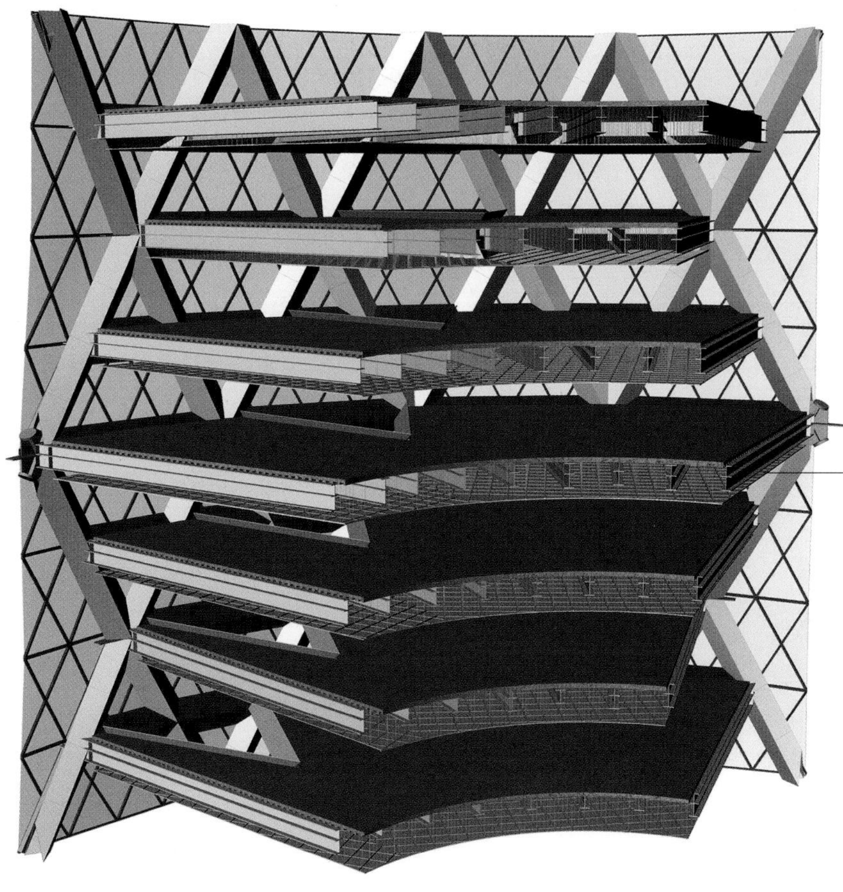

Construction Progress (Interior)

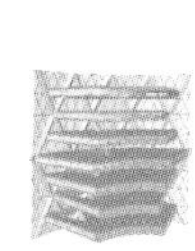

1. Continuous Aluminium Closure Panel ceiling
(알루미늄 패널 천장)

Under Pathway

건축물 각 층 바닥면은 엑세스 플로어로 되어 있으며, 플로어 외측 단부에는 흡기디퓨져가 계획되었다.

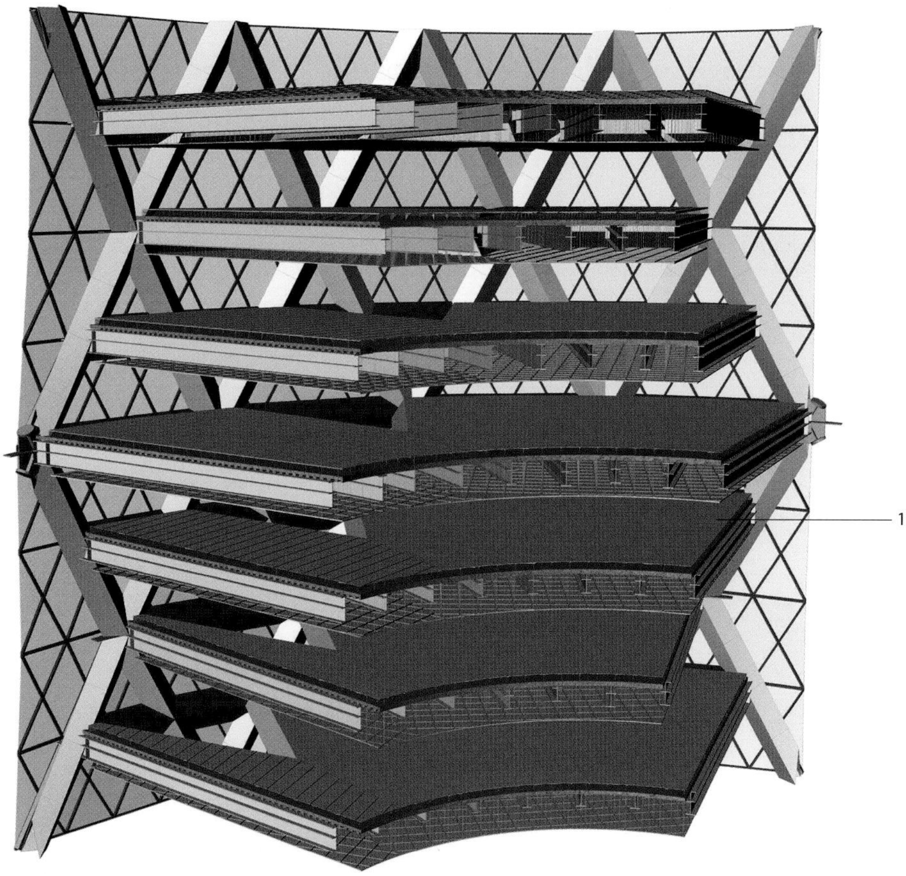

Construction Progress (Interior)

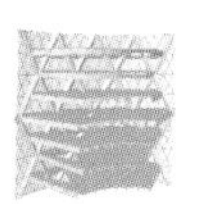

Wall

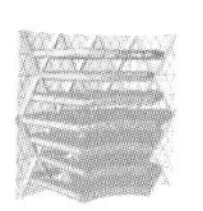

Ceiling

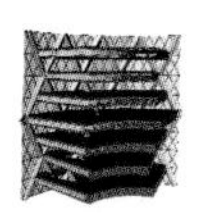

Floor

1. 600 x 600mm module Fabric Access Floor
   (패브릭 엑세스 플로어)
   Raised Floor System (Stringer, Screw, Pedestal)
   (엑세스플로어 시스템)

$21,682m^2$

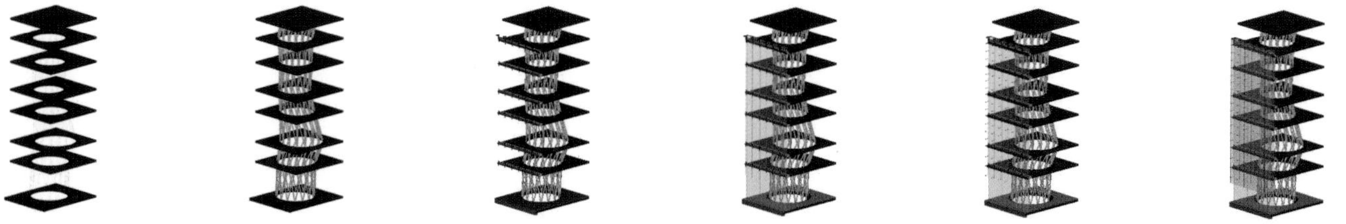

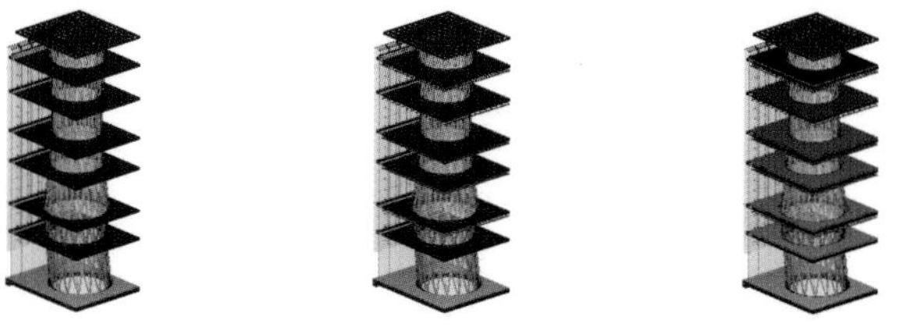

Sendai mediatheque for progress

21,682 m²

Integrated

_Sendai mediatheque

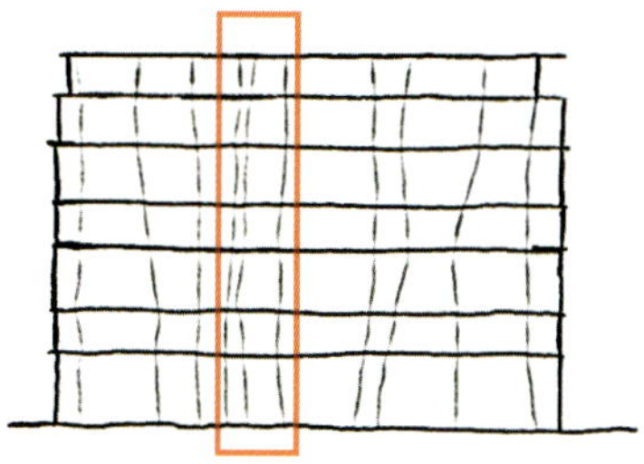

Project year	2000
Location	Sendai, Japan
Architects	Toyo Ito

Primary structre	Tubular Structural Steel
Insulation	Mineral wool
Rainscreen	Sealant & Gasket Joint
Sub structure	Steel Rod Bar + Toughened Glass
Exterior Skin	Glass Curtainwall
Interior Wall Finish	Interior Glass
Interior Floor Finish	Access Floor system
Interior Ceiling Finish	Gypsum Board

Primary structure

Steel-Slab

본 건축물에는 보가 따로 존재하지 않는다. 구조가 허락하는 한 가능한 얇게 제작한 스틸-슬라브가 보의 역할까지 한다. 때문에 스틸-슬라브의 패턴과 두께는 하중 전달 값이 고려되어 각 부분마다 다르다. 하중 전달이 집중되는 부분은 그리드의 밀도가 높고 그렇지 않은 부분은 밀도가 낮다.

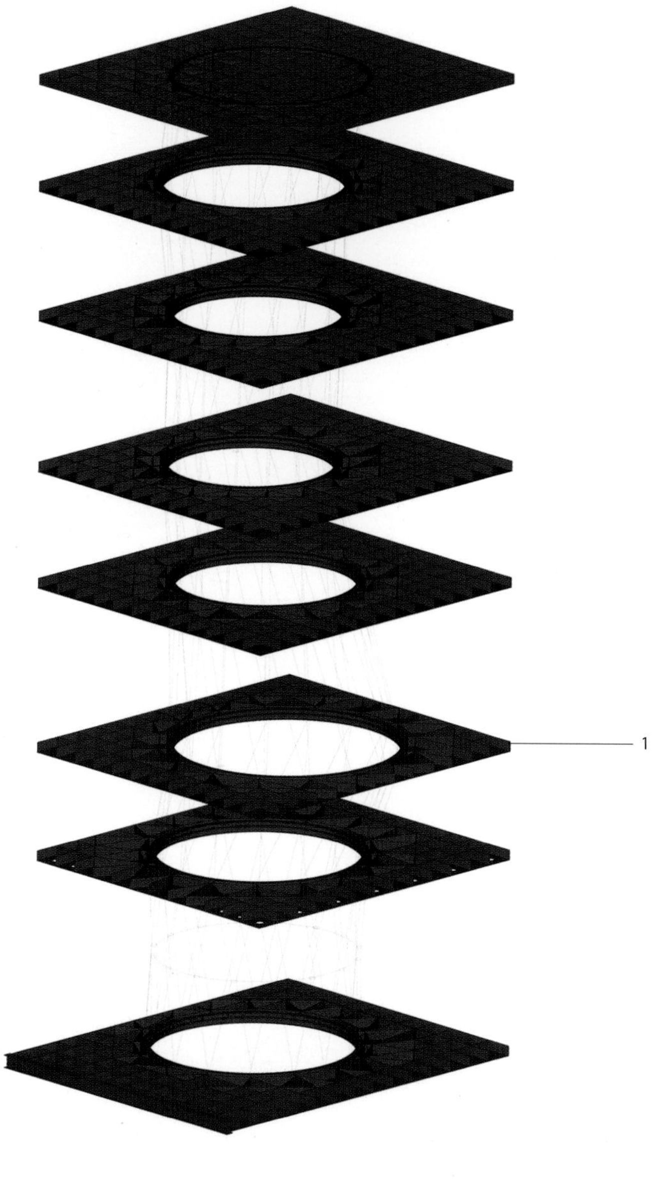

1. **floor construction**
   (바닥 구조)
   400mm steel sandwich floor construcrion
   (철재 그리드 / 샌드위치 플로어 구조)
   25mm steel plate
   (스틸 플레이트)
   25mm steel flat ribs
   (스틸 플랫 리브)
   25mm steel plate
   (스틸플레이트)

Construction Progress (Exterior)

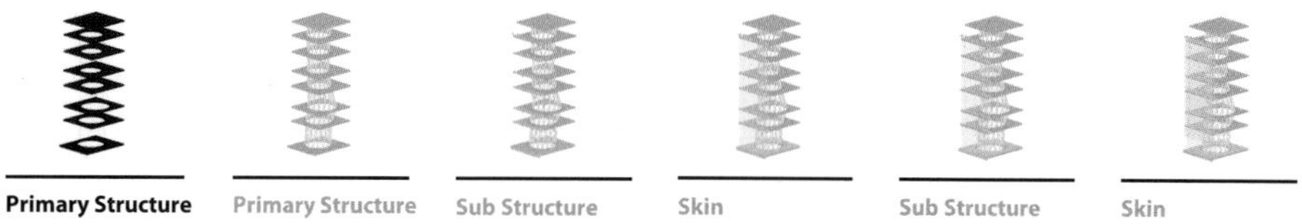

Primary structure

Mega-Column

바닷 속 해초와 같이 가볍고 투명한 디자인 의도를 표현하기 위한 13개의 메가 컬럼은 지진에 대한 시뮬레이션을 통해 진동 방향에 대한 구조적 고려가 이루어 졌다. 또한 각 위치 마다 기능이 제각기 다르다. 빛, 엘리베이터, 계단, 설비 샤프트 등의 기능 및 건축물 전체를 무주공간으로 사용할 수 있도록 한다.

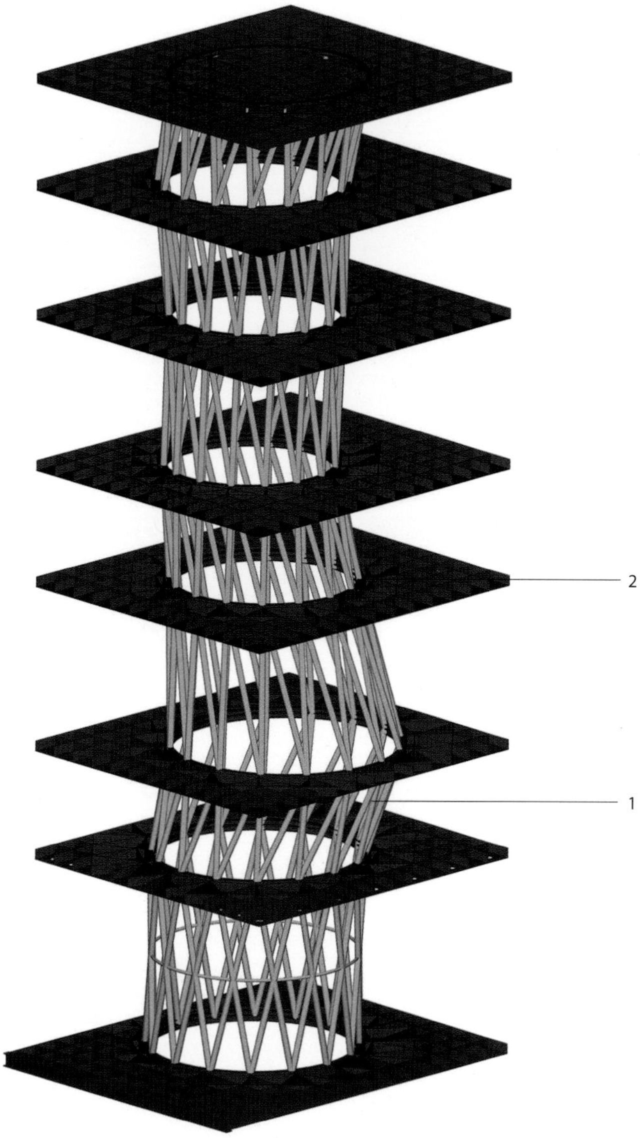

1. Vertical Structure – steel tube column
   (수직구조 – 스틸 튜브기둥)
   TYP. Ø 139.8mm steel tube (Vertical)
   (수직 스틸튜브)
   TYP. Ø 114.3mm steel tube (Horizontal)
   (수평 스틸튜브)
   TYP. Ø 12mm steel tube (Connecting)
   (부재간 연결 스틸튜브)
2. 160/200mm welded steel I-beam
   (용접접합 I 형강 – 바닥구조와 튜브구조연결)

Construction Progress (Exterior)

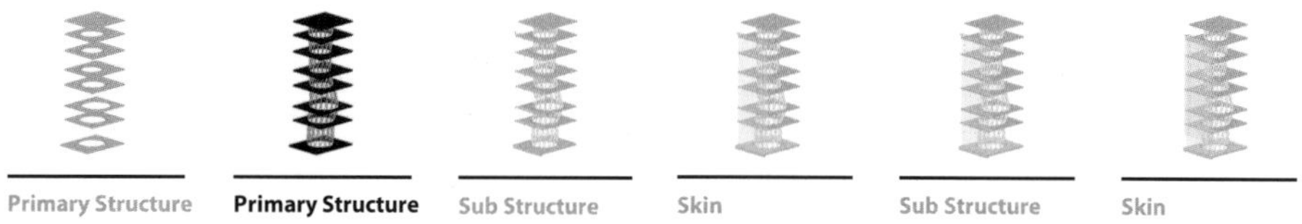

Combined

각 층 별 스틸 슬라브와 메가 컬럼을 결구하는데에 사용된 링형 빔은 슬라브와 동일한 레벨에 설치되었고, 슬라브와 동일한 두께를 갖는 접합부가 계획되었다.

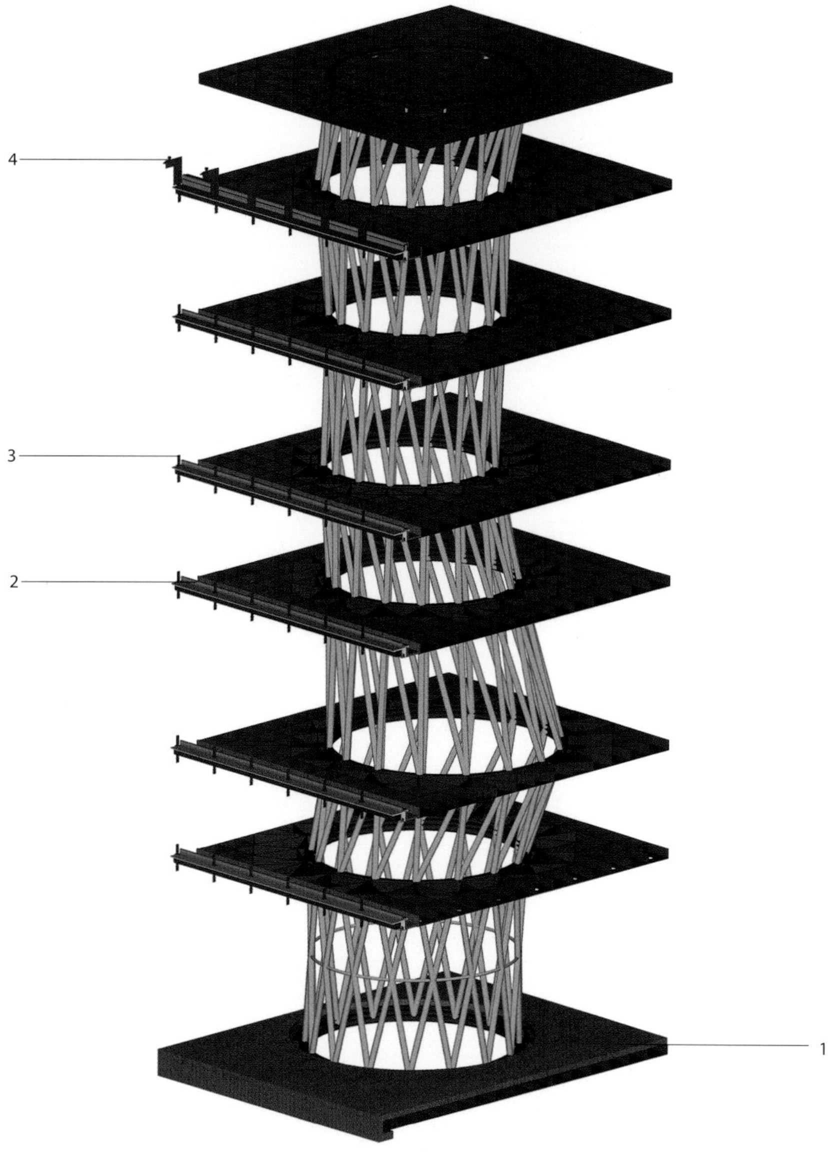

1. Reinforced Concrete slab
   (철근콘크리트 슬래브)
   steel sheet deck plate
   (데크플레이트)

2. steel plate
   (스틸 플레이트)
   1.6mm sheet steel fixed
   with 2x50/50/3.2mm steel angles
   (스틸앵글에 고정된 스틸시트)
   110/110/10 mm steel angle
   (스틸앵글 – 플랫 플레이트)

3. stainless-shell glass fixing piece
   (유리 리브를 고정하기 위한 스테인레스 고정철물)

4. stainless steel point fixing
   (스테인레스스틸 지점고정부재)
   Steel plate
   (스틸플레이트)

Construction Progress (Exterior)

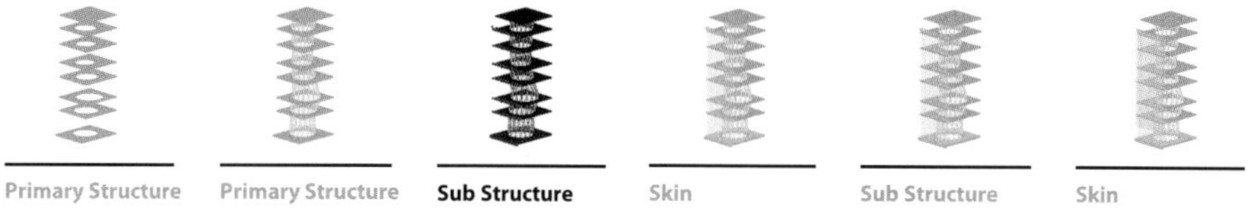

Tri-Pod

슬라브 단부에는 입면 커튼월 설치를 위해 각각의 방향성을 갖는 브라켓이 설치되었다. 이는 건물의 구조와 독립적인 입면을 형성하기위해 존재한다.

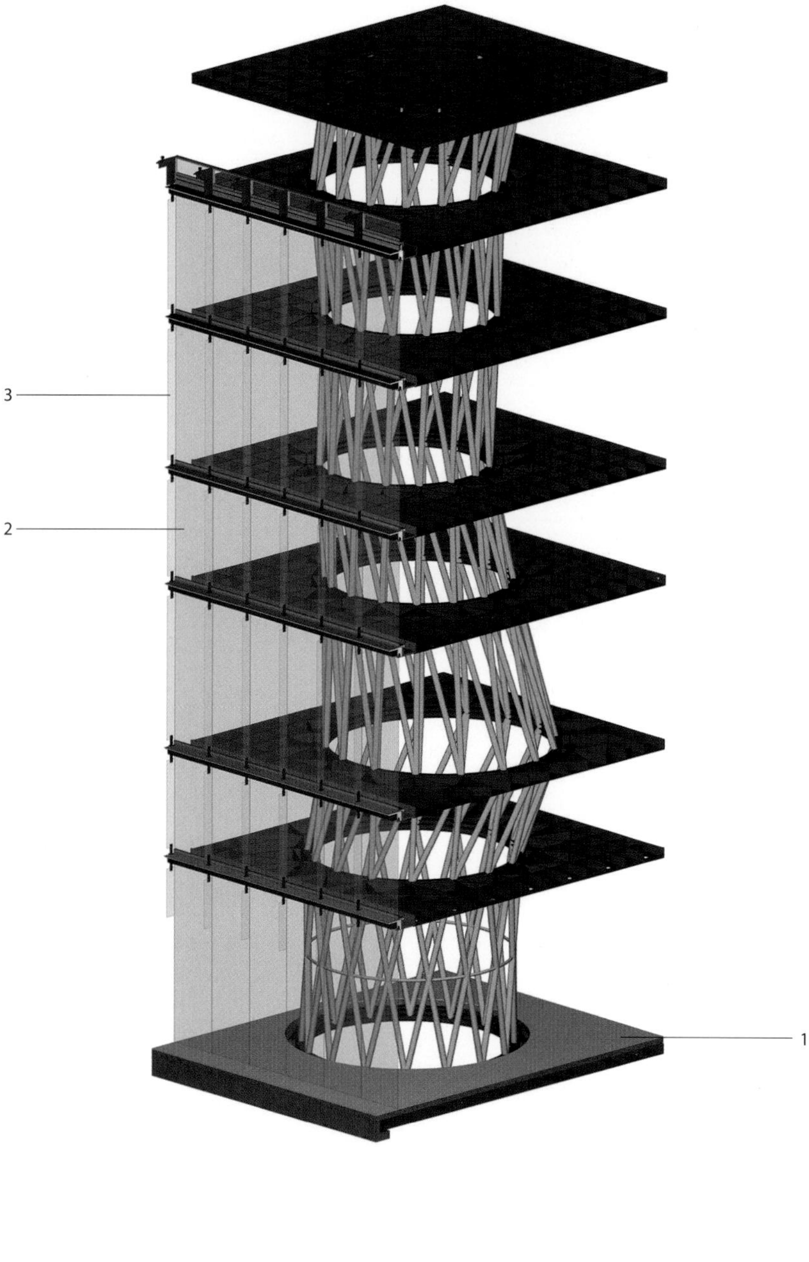

1. Marble floor finish
   (대리석 바닥마감)
   base mortar
   (베이스 모르타르)
2. internal glazing ;
   10mm obscured tohghened safety glass
   (내부 유리 투명 강화 안전유리)
3. Laminated safety glass fin ; 19mm toughend glass
   (접합 안전 강화유리 마감 - 리브)

Construction Progress (Exterior)

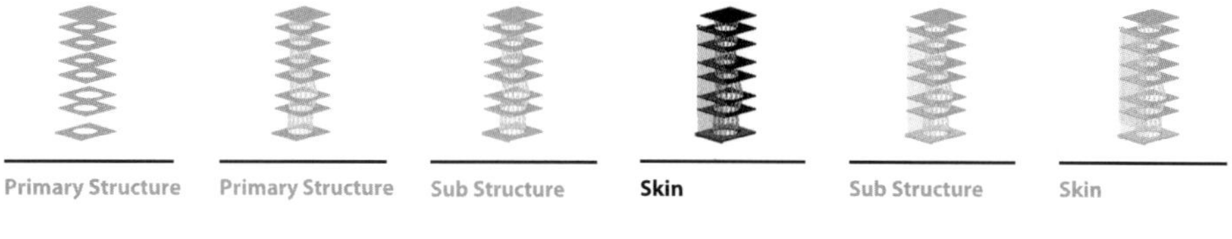

Inner-Curtain

단열이나 차수에 대한 요구성능을 만족시키면서도 시각적으로 거침이 없이 투명해 보이고자 하는 의도를 표현하고, 자중의 부담을 최소화하는 경량의 더블 스킨 방식의 외피가 사용되었다.

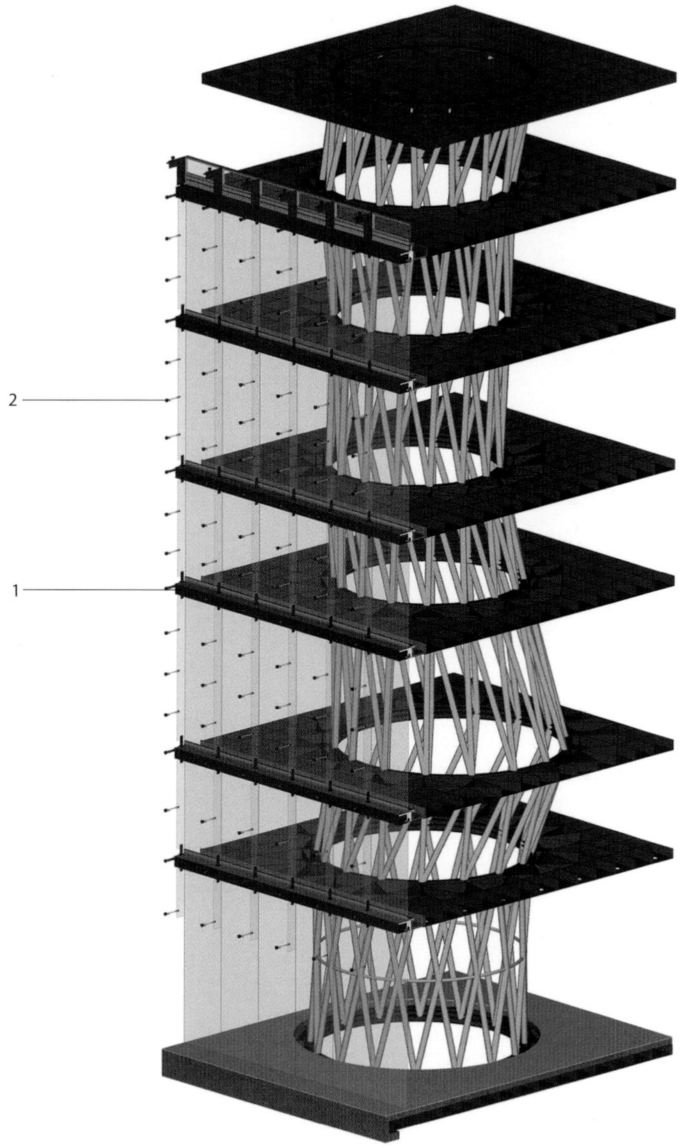

Construction Progress (Exterior)

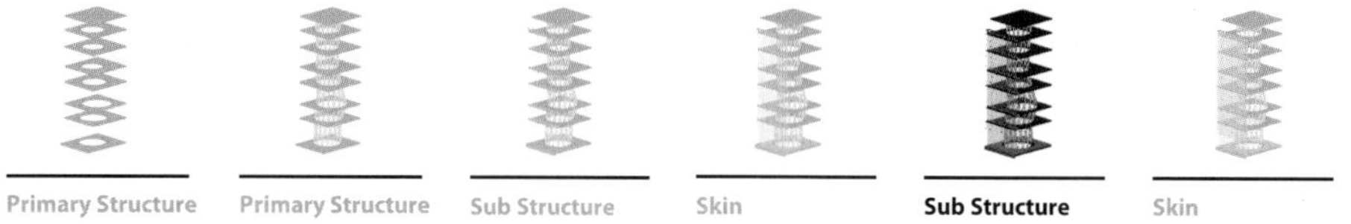

1. Stainless steel plate
   (스테인레스 스틸 플레이트)
   Mineral wool thermal insulation
   (미네랄울 단열충진)
2. 0,35mm stainless-steel cylinder
   (스테인레스스틸 지점고정부재-실린더)

Curtain

향 별로 각기 다른 막을 형성하는 커튼. 동측은 반투명 재질의 입면, 서측은 빛의 깊이를 고려한 수직루버와 전층 연결 계단실을 배치했다. 남측은 더블 스킨을 구성하여 에너지와 효율을 극대화 할 수 있게 했다. 북측은 보편적인 클리어 글래스가 적용되었다.

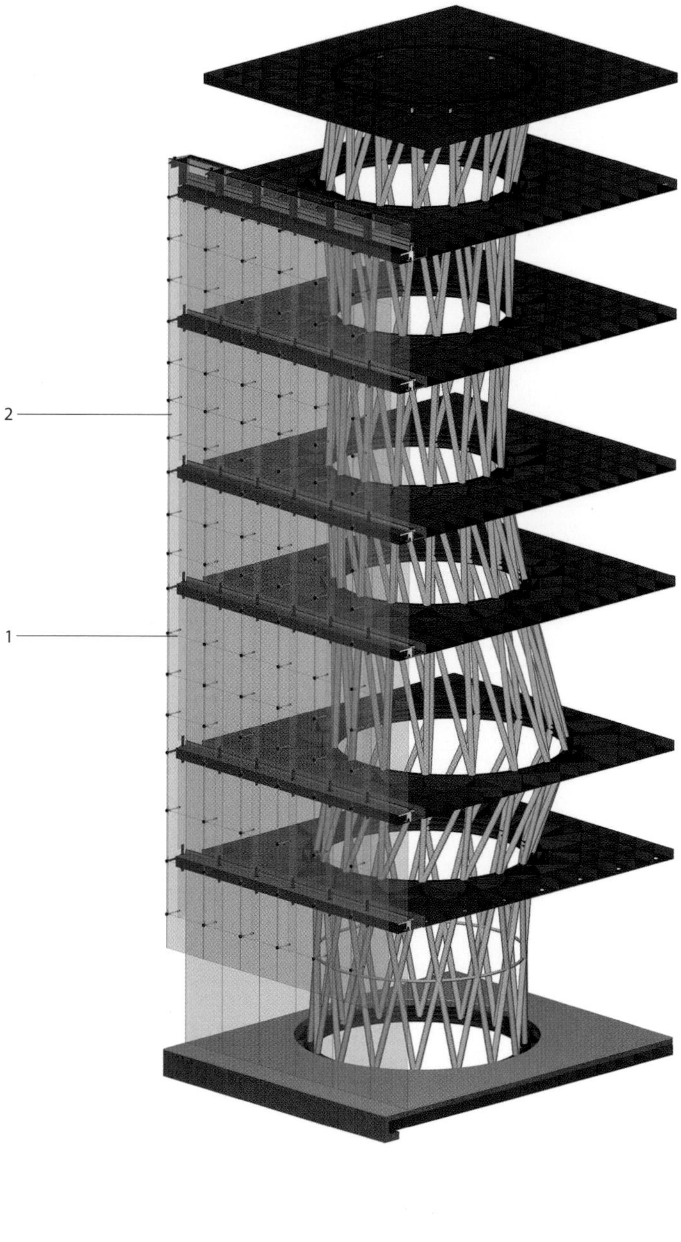

Construction Progress (Exterior)

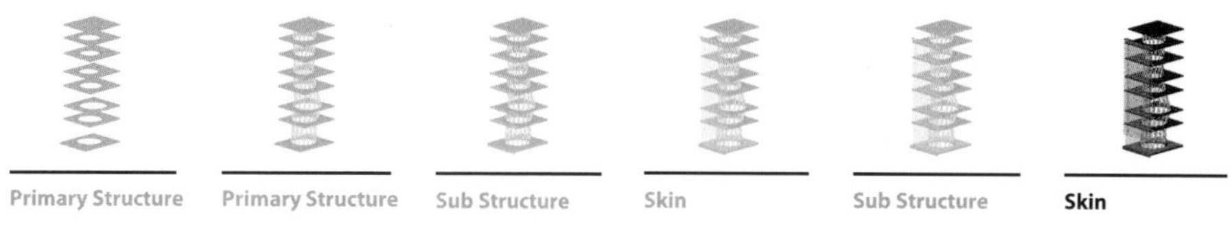

1. 0.14mm stainless-shell tension rod
(스테인레스스틸 인장 강봉)

2. laminate safety glass ; 19mm toughend glass
(안전접합 강화유리)

Column-Cover

일부의 메가 컬럼은 외기에 직접 면한다. 마치 중정과도 같은 공간이 된다. 원형으로 구성되어 있는 메가 컬럼을 감싸는 유리는 삼각형 프로파일이다. 구조의 역할을 하면서도 투명한 마감재가 선택되어 보통의 기둥식 건축물과 큰 차이가 있는 특별한 공간이 되었다.

Construction Progress (Interior)

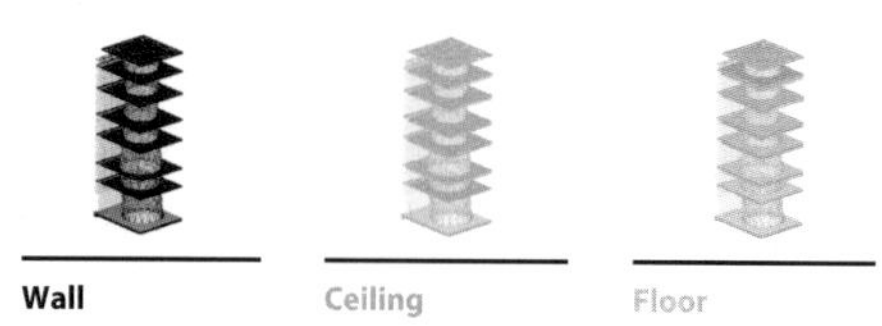

1. aluminium fixing strip to glazing
(유리 고정 알루미늄 스트립 – 튜브구조와 연결))
8mm toughened safety glass
(안전강화유리)

Interior Ceiling Finish

Floor to Floor

각 층의 프로그램에 따라 천장 마감도 달라진다. 오피스 층에서는 어느 곳에 서 있어도 그림자가 생기지 않도록 하는 조명, 도서관에서는 간접 광 등 각층의 용도에 맞춘 천장이 계획 및 시공 되었다.

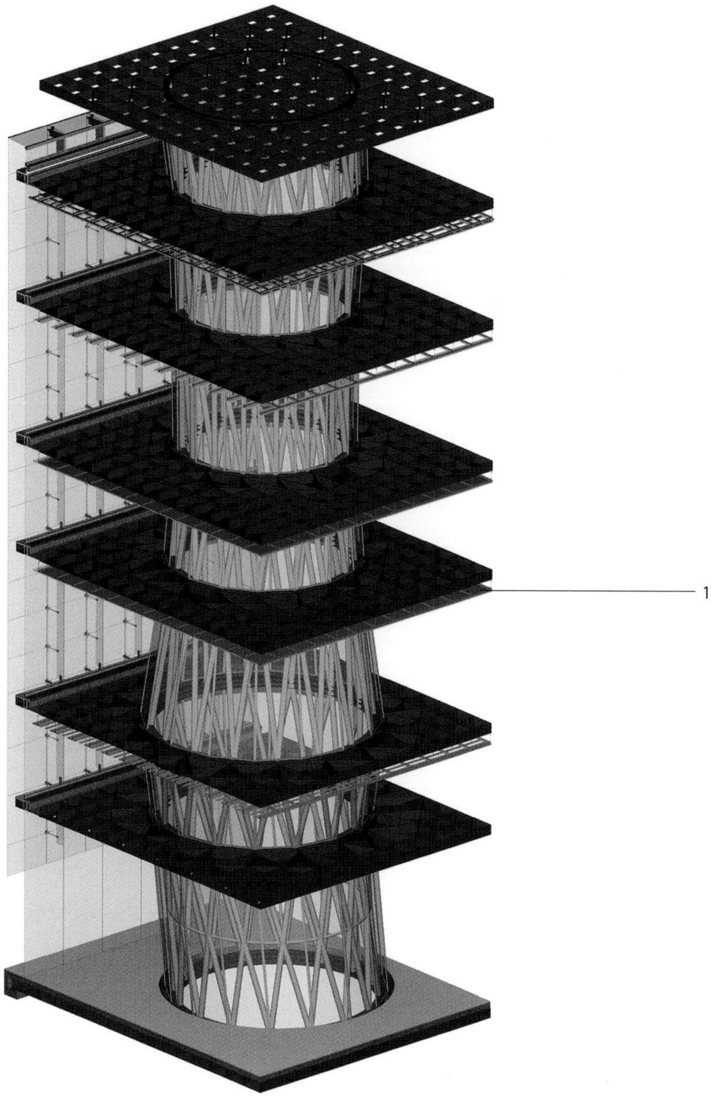

Construction Progress (Interior)

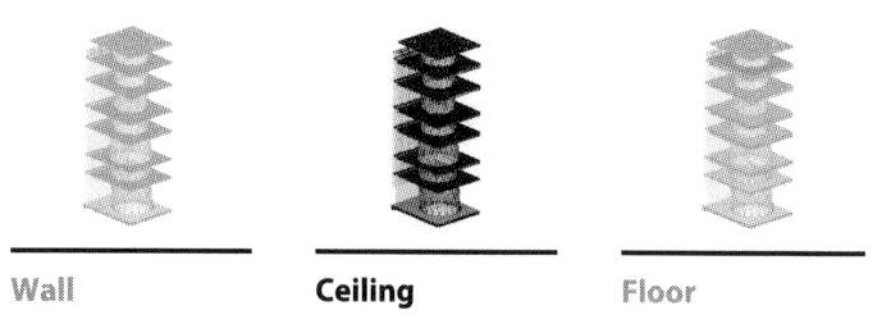

1. galvanized sheet-steel suspended soffit
   (아연도금 처리된 하부 스틸시트천장 마감)
   (각 층의 천장과 바닥 인테리어는 실의 성격마다 달라진다.)

Minimum-Floor

최소한의 요소만으로 요구치만큼의 기능을 하는 스틸 슬라브가 억세스 플로어의 역할까지 하고 있다. 마감 만을 위한 얇은 두께의 콘크리트 바닥 면을 만들었다. 또한 바닥마감은 각 층의 공간을 색깔로 구분 할 수 있게 계획하였다.

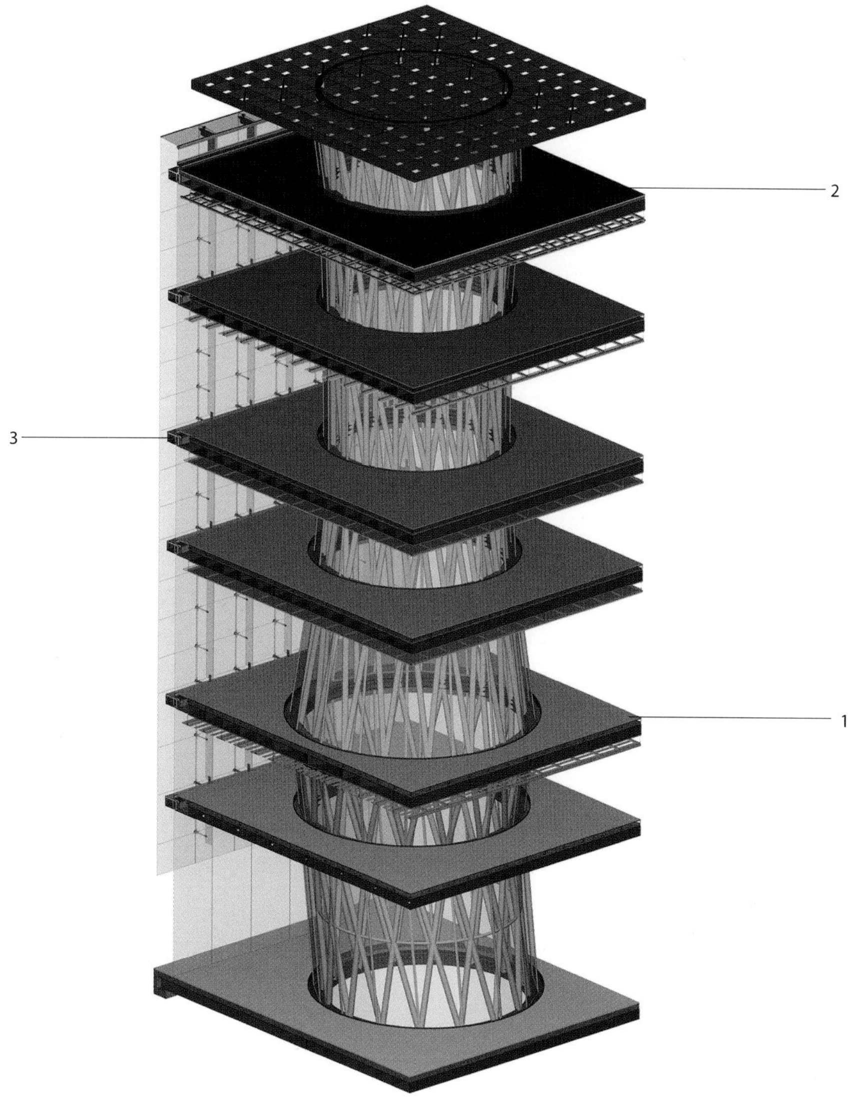

1. **Floor plate system**
   (바닥구조 시스템)
   vinyl tiles
   (비닐타일 마감)
   open access floor
   (개방형 엑세스플로어)
   dust protective paint
   (방진 페인트)
   Structural lightweight concrete
   (경량콘크리트)

2. **Roof construction**
   (지붕구조)
   roof sealing layer
   (지붕 방수층)
   50mm thermal insulation
   (단열재))
   130mm lightweight concrete
   (경량콘크리트)

3. Galvanized steel ventilation grating
   (아연도금 처리된 환기 그레이팅)
   heating/ventilation duct
   (공조, 환기 덕트)

Construction Progress (Interior)

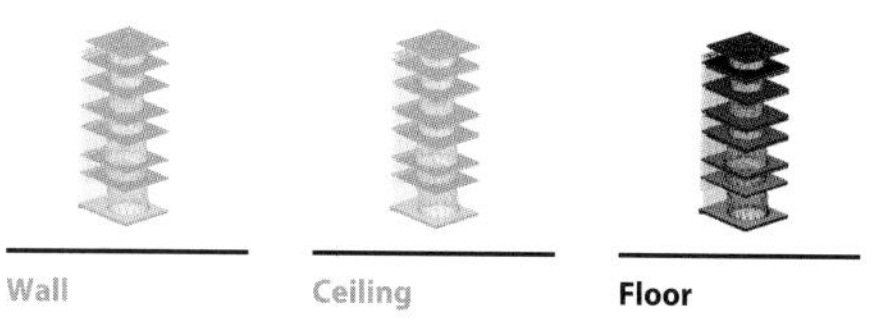

$13{,}000m^2$

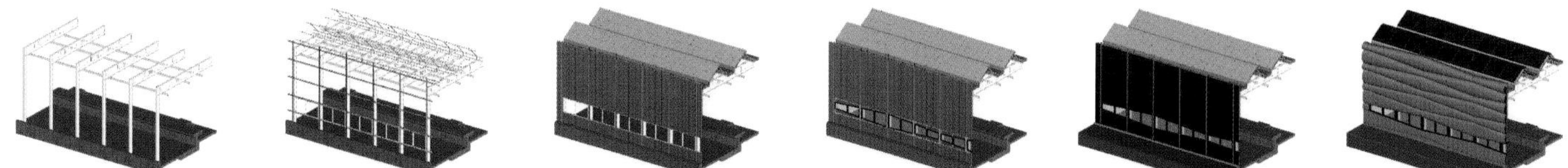

Service Facilities of the SBB in Zurich for progress

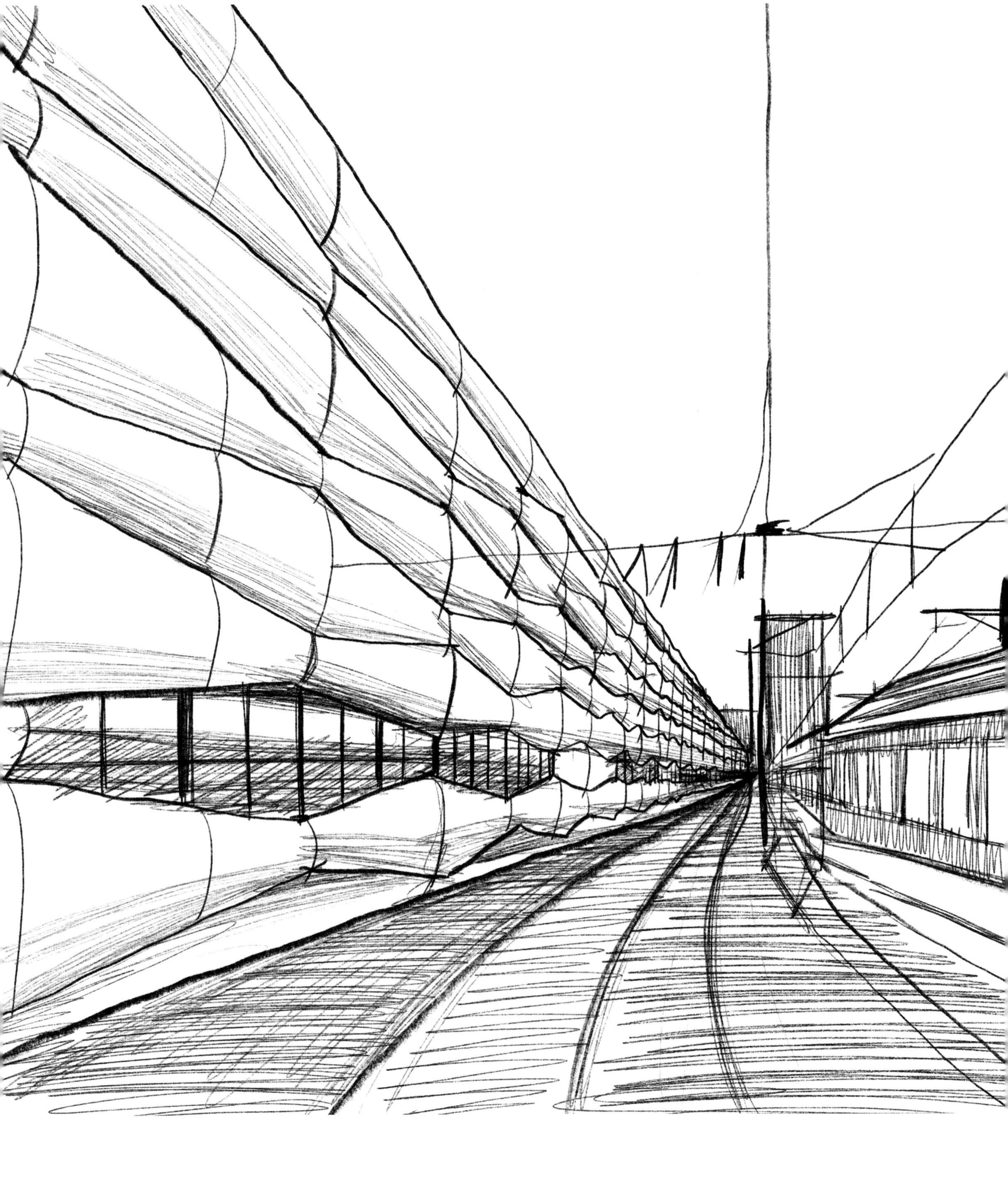

13,000 m²

Integrated

_Service Facilities of the SBB in Zurich

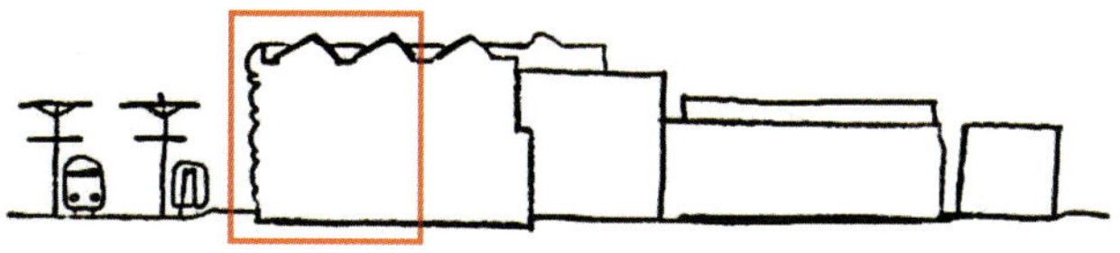

Project year	2013
Location	Zurich, Switzerland
Architects	EM2N

Primary structre	Steel Structure
Insulation	Mineral Wool, Insulation Panel
Rainscreen	Hydrophobic sarking membrane
Sub structure	I-Beam + Steel tubing
Exterior Skin	GFRC (glass fiber reinforced concrete) Panel
Interior Wall Finish	Fire resisted Paint finish
Interior Floor Finish	Epoxy Paint finish
Interior Ceiling Finish	Exposed Ceiling

Basic Structure

프로젝트 특성상 내부 공간에 영향을 주지 않는 구조프레임이 계획되어야 했다. 장스팬의 대형공간을 생성해 내야 하는 디자인목표에 따라 기본적인 구성 요소 들로 공간을 만들었다. 기둥은 보편적인 H빔, 보는 규격화 된 홀을 만들어 트러스의 구조적 이점과 설비공간의 설치 용이성 및 힘의 방향을 균일하게 유지한다.

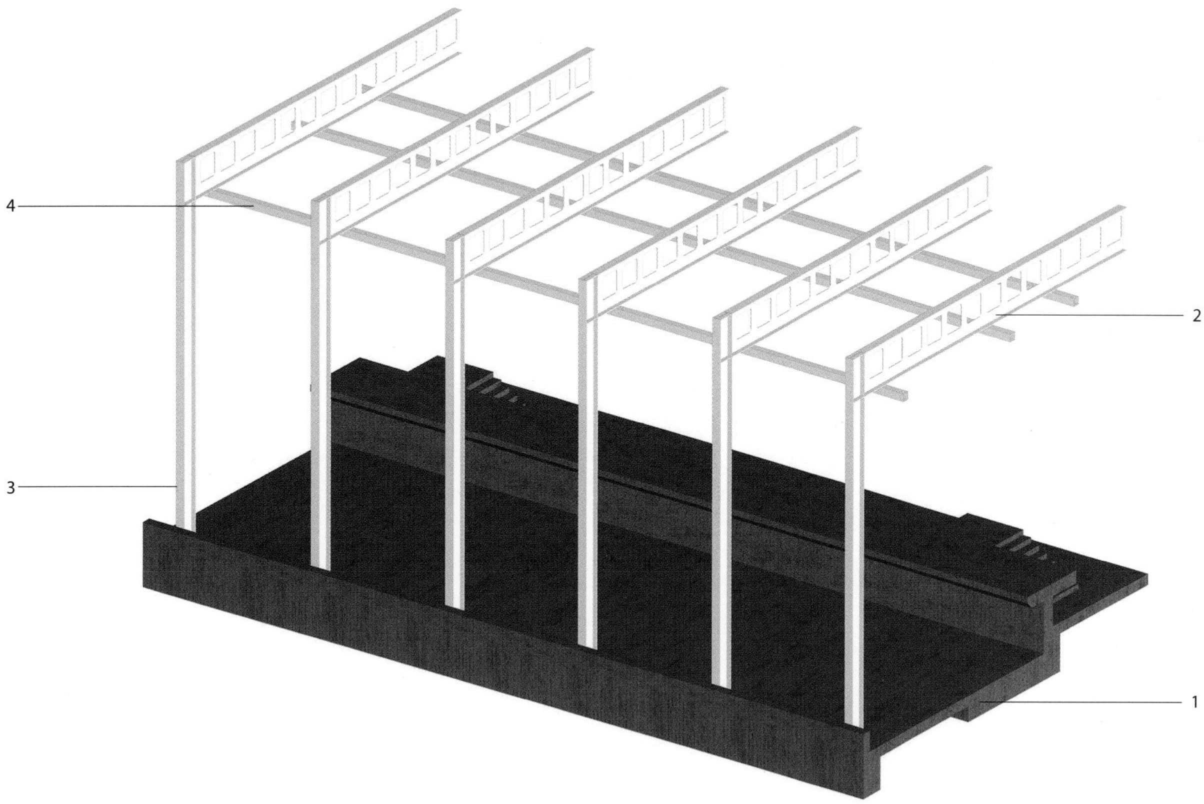

1. Reinforced Concrete slab
   (철근콘크리트 슬래브)
2. 1500mm steel profile
   (스틸 보 부재)
3. 600mm steel wide flange I section (HEM 600)
   (철재 I 형강 기둥)
4. 200x200mm ST'L RHS
   (스틸 각관)

Construction Progress (Exterior)

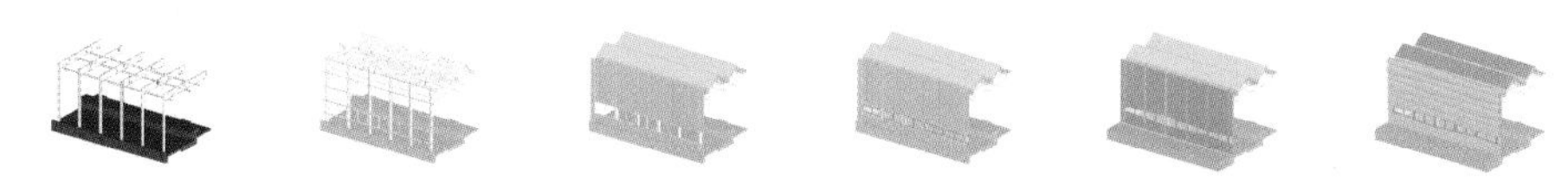

Elevation Line

서브스트럭쳐는 마감재를 시공하기 위한 간격에 맞추어 계획 되었고, 입면 프레임은 개구부와 벽체 계획에 따라 시공되었다. 지붕은 용도상 필요에 따라 천창과 솔라 패널 설치를 위한 빛의 주 방향에 맞추어 삼각형 프레임의 형태를 갖게 되었다.

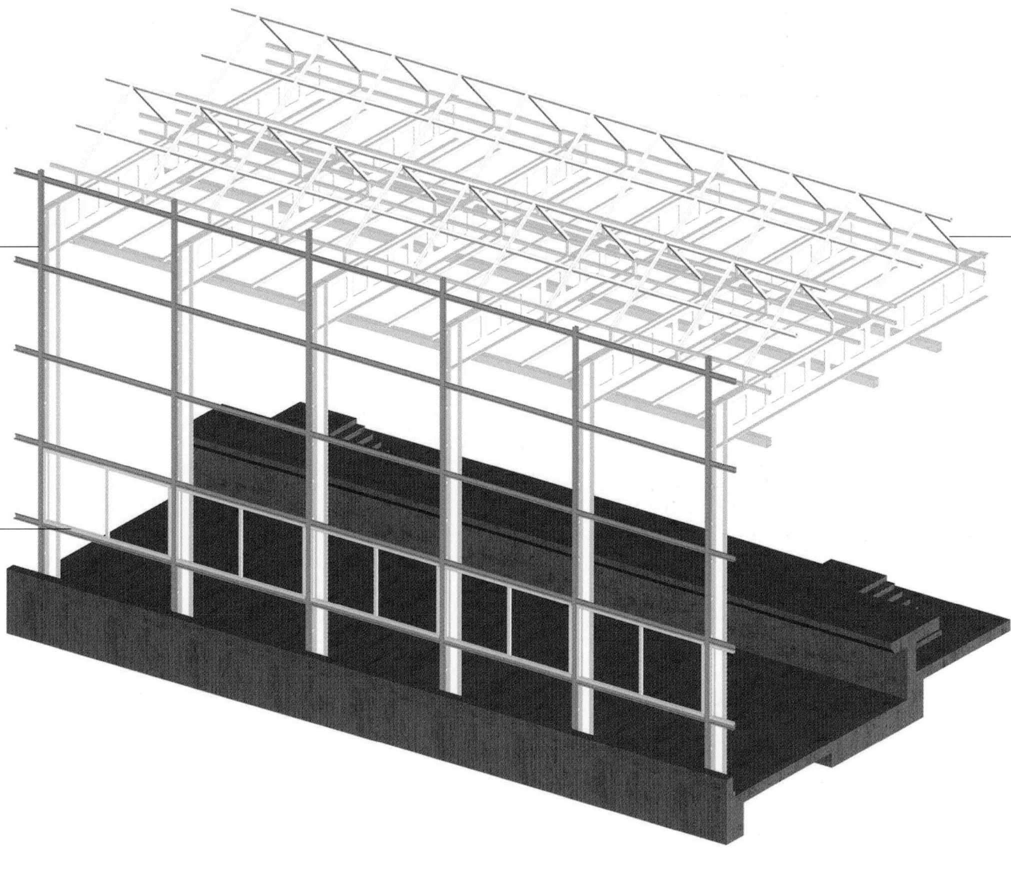

Construction Progress (Exterior)

1. ST'L truss roof frame
   (철재 트러스 지붕 프레임)
2. steel frame
   (알루미늄 프레임)
3. ST'L Stud ; C-channel
   (스틸 구조재 – ㄷ형강)

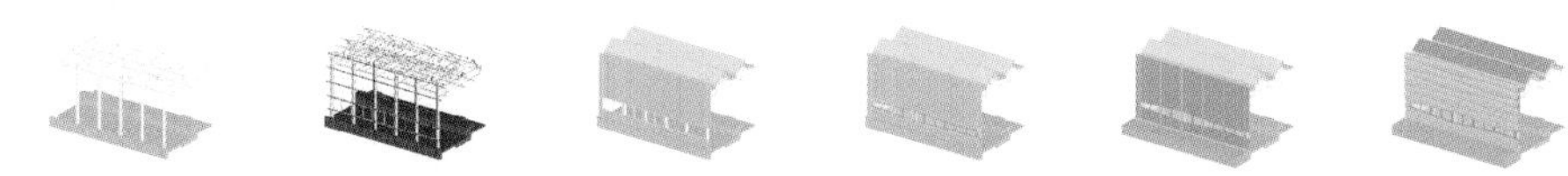

Module-wall system

동일한 규격의 단열 벽체 및 지붕을 연속적으로 구성하였다.

1. 120mm gravel
   (콩자갈 깔기)
   0.6mm polypropylene filter mat
   (폴리프로필렌 필터매트)
   40mm drainage and water storage element
   (배수 및 우수저장요소)
   sealing ; 160mm mineral wool thermal insulation
   (미네랄 울 단열재)
   polythene-sheeting vapour barrier
   (폴리에틸렌 시트 결로방지재)
   160mm corrugated metal with insulation wedges for sound absorption
   (방음용 단열재 충진된 데크플레이트 스틸접이)

2. Steel sheeting roof fin
   (스틸 시트 지붕 마감)
   sealing ; 160mm mineral wool thermal insulation
   (미네랄 울 단열재)
   polythene-sheeting vapour barrier
   (폴리에틸렌 시트 결로방지재)
   160mm corrugated metal with insulation wedges for sound absorption
   (방음용 단열재 충진된 데크플레이트 스틸접이)

3. rigid-foam thermal insulation
   (단열재)

4. 60/60 mm wood battens
   (목재 배턴)
   60 + 140 mm mineral wool insulation
   (미네랄 울 단열재)

Construction Progress (Exterior)

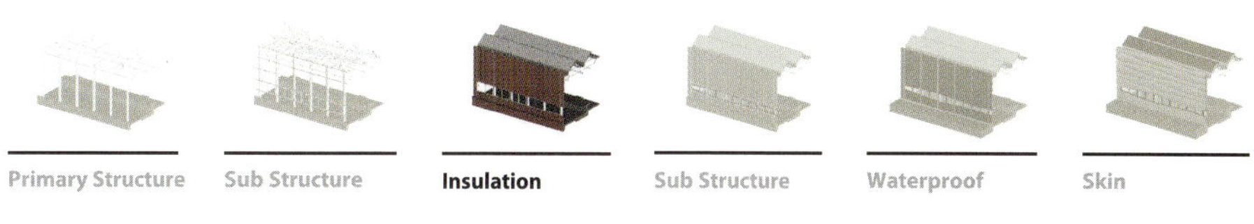

Module window system

규칙적으로 배치 된 개구부에 2가지 타입의 창문이 반복적으로 설치되었다. 창문 형상에 따라 비어진 공간과 채워진 공간이 존재하고, 비워진 부분에는 단열패널이 채워진다.

Construction Progress (Exterior)

1. Aluminium frame
(알루미늄 프레임)
double glazing, trapezoidal ;
6mm float glass + 16mm cavity + 6mm float glass
(사다리꼴 모양 이중유리 창)

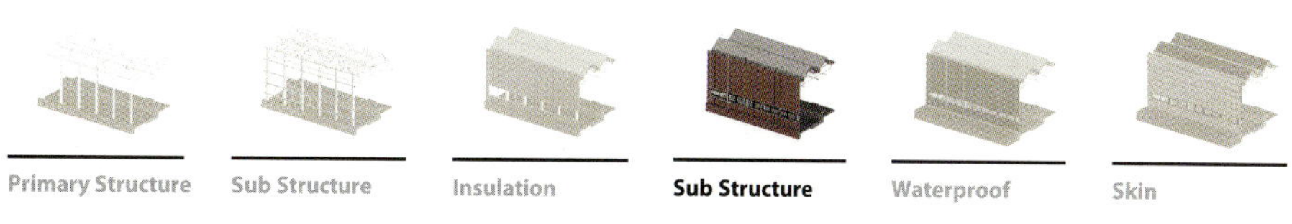

Waterproof

Cladding Structure

클래딩 설치를 위한 'ㄷ형강'은 사전 설치 된 H-빔에 볼트로 접합하여 고정되었다. ㄷ형강에는 판넬 설치의 기준 위치에 강재 환봉이 설치되어 있다. ㄷ형강을 기준으로 분할 된 벽체는 창문을 제외한 나머지 부분에 차수막을 시공하였다.

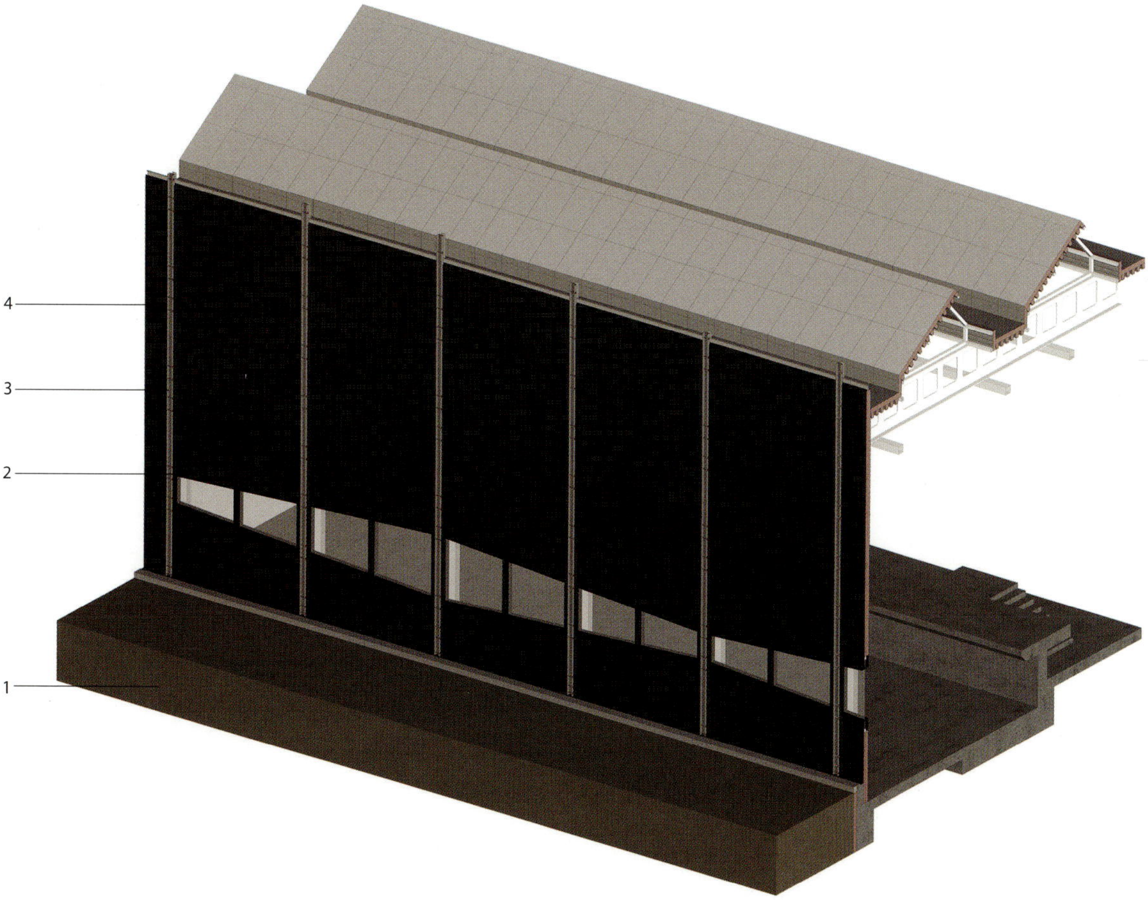

1. Railway Earth
(철로측 토양)

2. 34mm sandwich panel filling
(샌드위치 패널 마감 – 유리 상하부)

3. steel plate mounting laid in fine-concrete precast unit
(프리캐스트 유닛 지지용 스틸플레이트)
point support ; sheet-steel channel, bent to shape
(지점 지지용 스틸시트 찬넬)
steel tubing, welded
(지점간 용접 스틸튜브)

4. hydrophobic sarking membrane, water-repellent, moisture-diffusing
(방수 시트–방수 및 방습기능)

Construction Progress (Exterior)

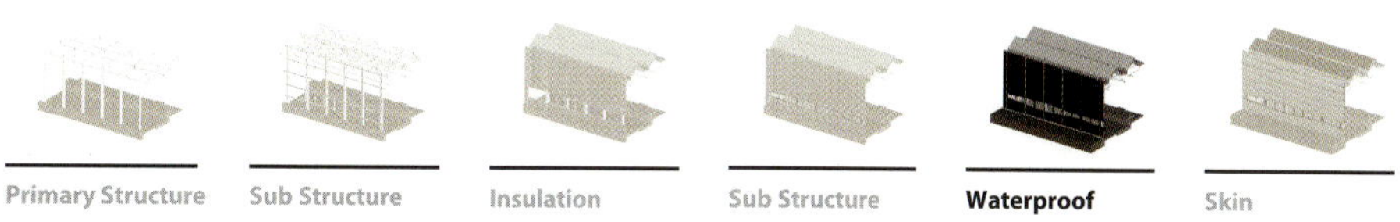

Extension

모듈화 된 입면 그리드를 갖는 G.F.R.C(Glass Fiber Reinforced Concrete Panel)벽체 패널과 지붕 솔라판넬을 설치했다. 소음저감과 경량화를 위해 선택 된 Gfrc 판넬은 기차의 소음이 상쇄될 수 있도록 계산된 r값에 따라 판넬의 볼륨정도가 조정되었다.

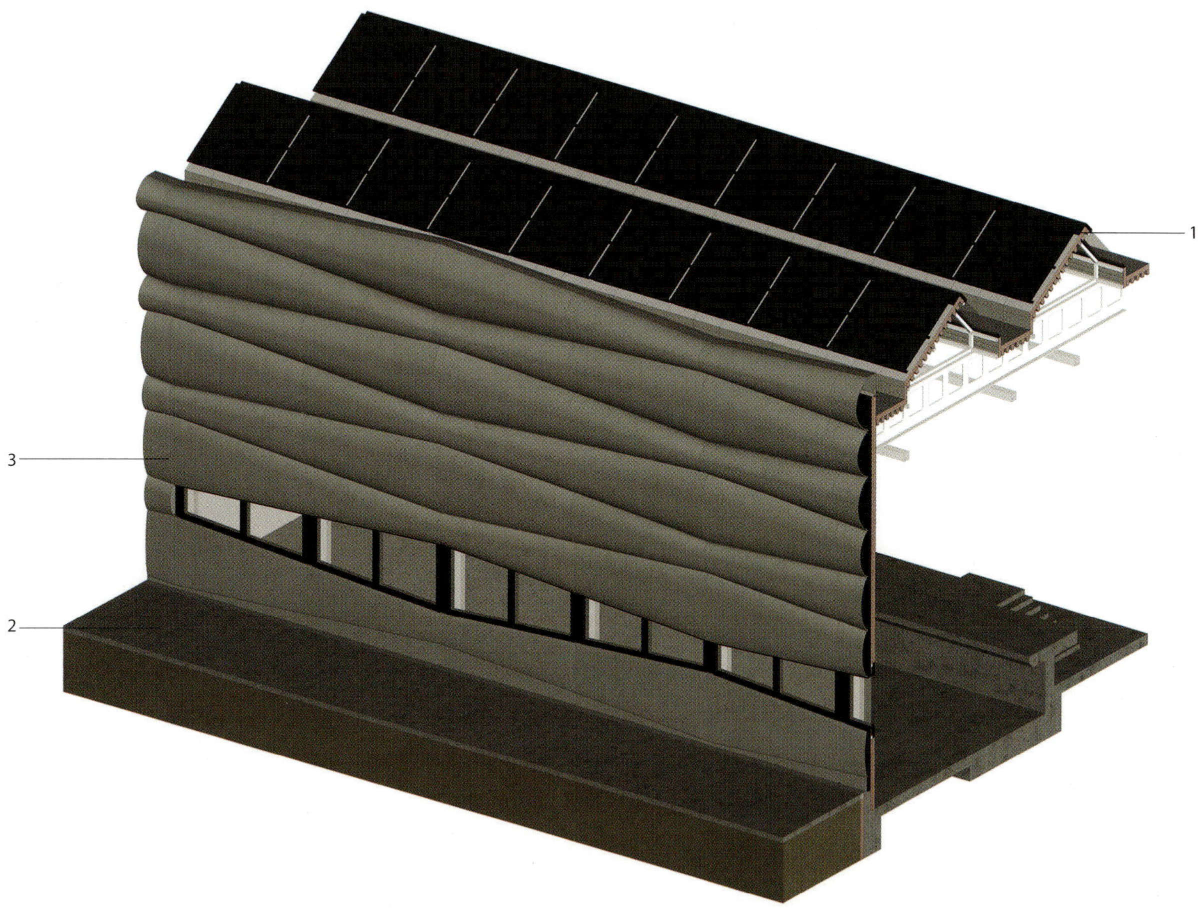

1. Photovoltaic solar panel
   (태양광 패널)
2. Railway Fin ; Gravel
   (철로 : 자갈 및 철길)
3. 15mm fine-concrete precast unit, glass-fiber reinforced
   (GFRC-glass-fiber reinforced concrete 프리캐스트 유닛)
   Metal screen
   (유닛 하부 철재 마감)
   Sheet-steel gutter
   (유닛 상부 거터 마감)

Construction Progress (Exterior)

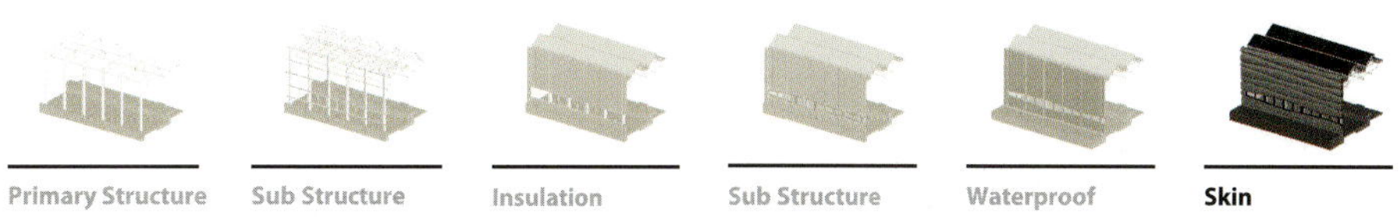

Raw

철도차량 보수시설이라는 쓰임새에 맞도록 특별한 내부벽체가 존재하지 않으며, 각 부재의 내구성 증진을 위한 도장마감이 이루어졌다.

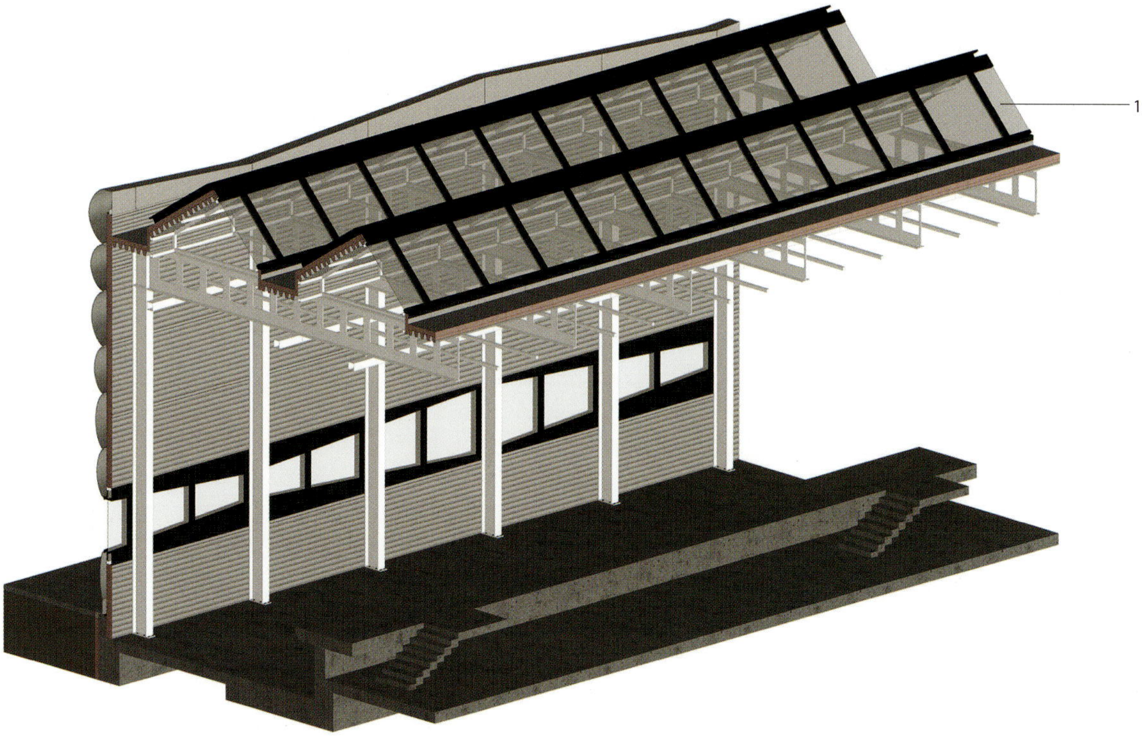

Construction Progress (Interior)

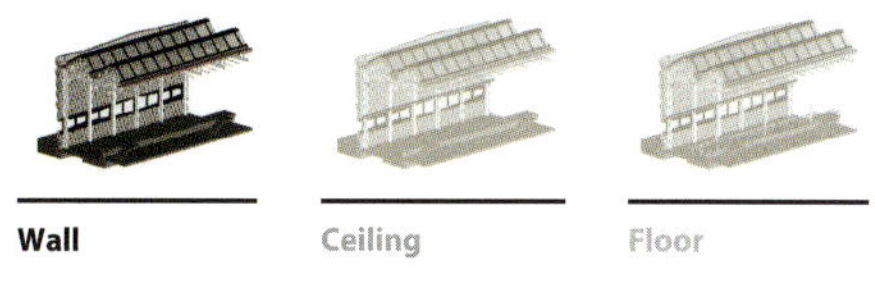

1. Toplight glazing
(천창)

Leveling

거대한 기차량 정비를 위한 조명이 각 높이마다 설치 되어 있다. 지면과 가까운 곳에는 스팟조명, 전체 공간을 위한 확산등이 있다. 또한 각 사용 높이에 따라 차량정비를 위한 설비라인, 건물 자체의 유지를 위한 설비 라인이 위계에 맞게 설치되었다.

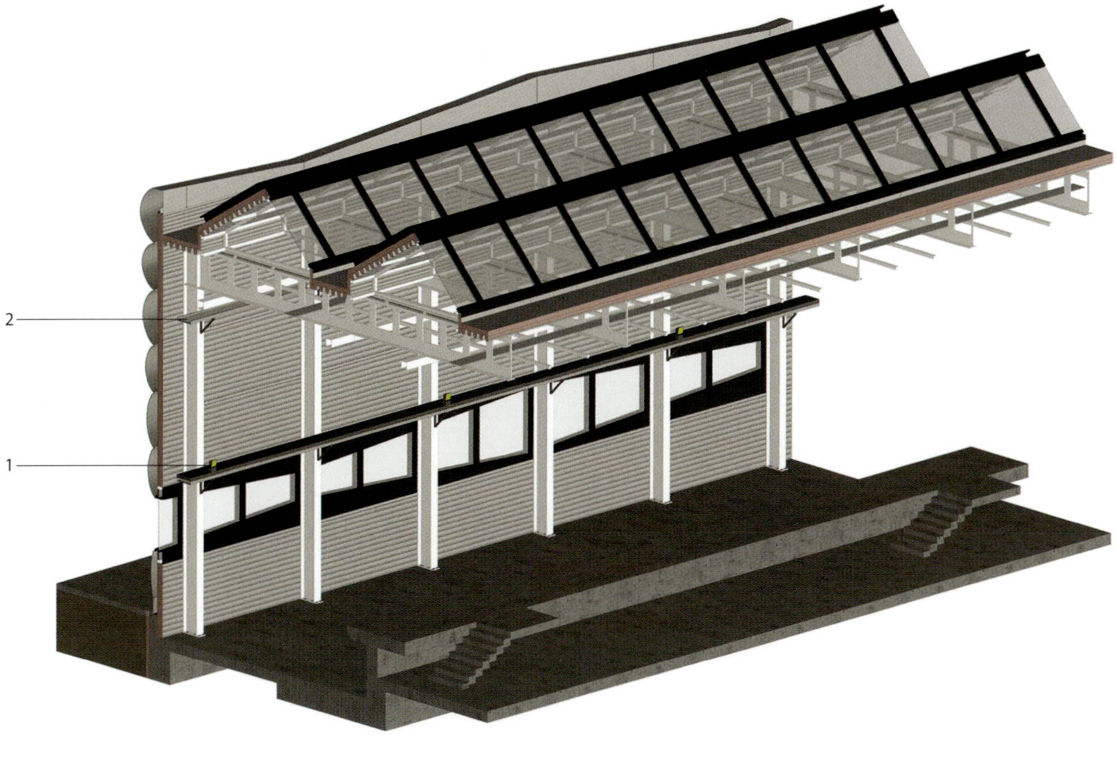

Construction Progress (Interior)

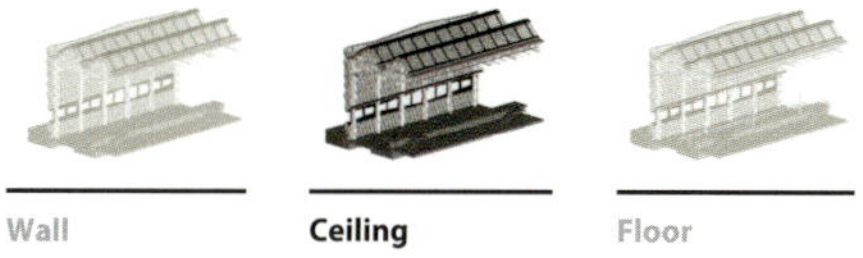

1. Wall bracket light
   (벽부등)
2. Exposed down light
   (노출형 다운라이트)

Components

골조 및 콘크리트 타설로 바닥을 만든 후, 그에 따라 부가적으로 설치되는 기차 정비를 위한 상 하부의 구조물이 설치되었다. 입고되는 기차의 크기를 기준삼아 아래로는 레일구조물, 바닥을 기준으로 상부에는 사람이 올라갈 수 있는 유지 보수용 플로어를 따로 마련했다.

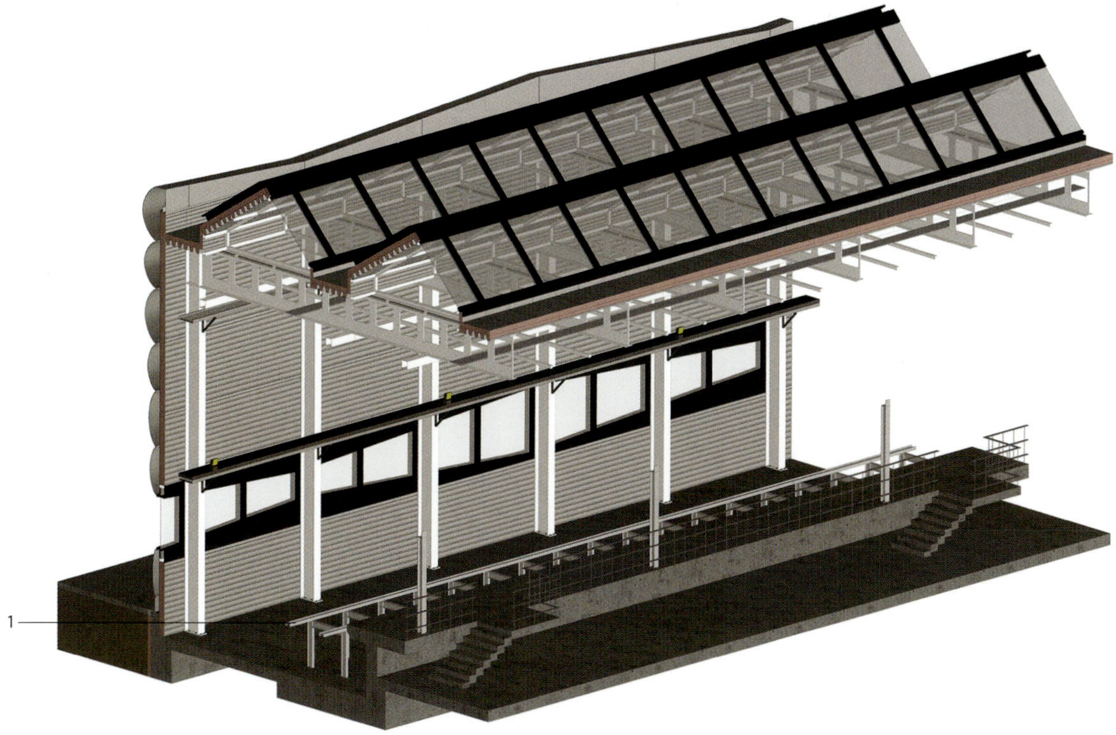

1. Innner railway
(내부 철로)

Construction Progress (Interior)

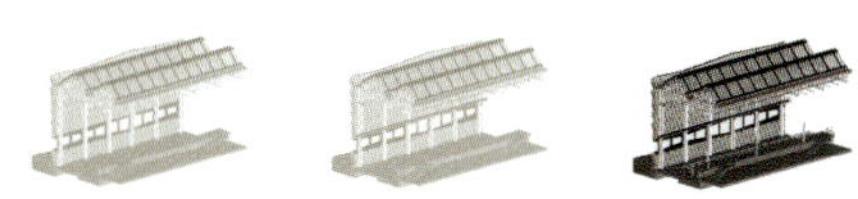

$12,100m^2$

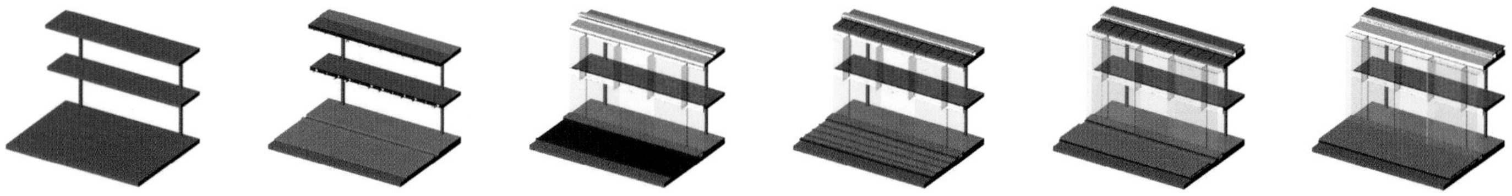

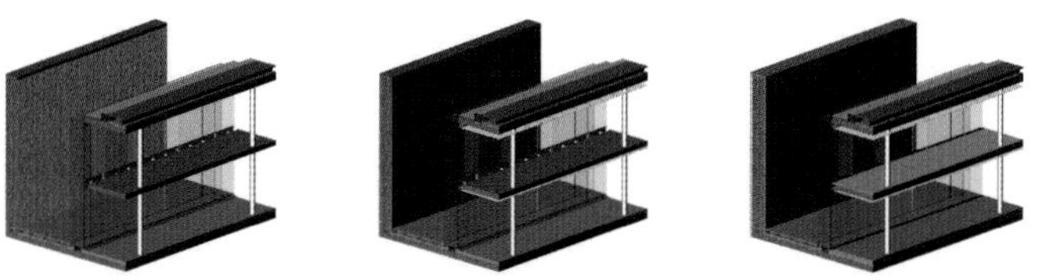

Government Building in Zamora for progress

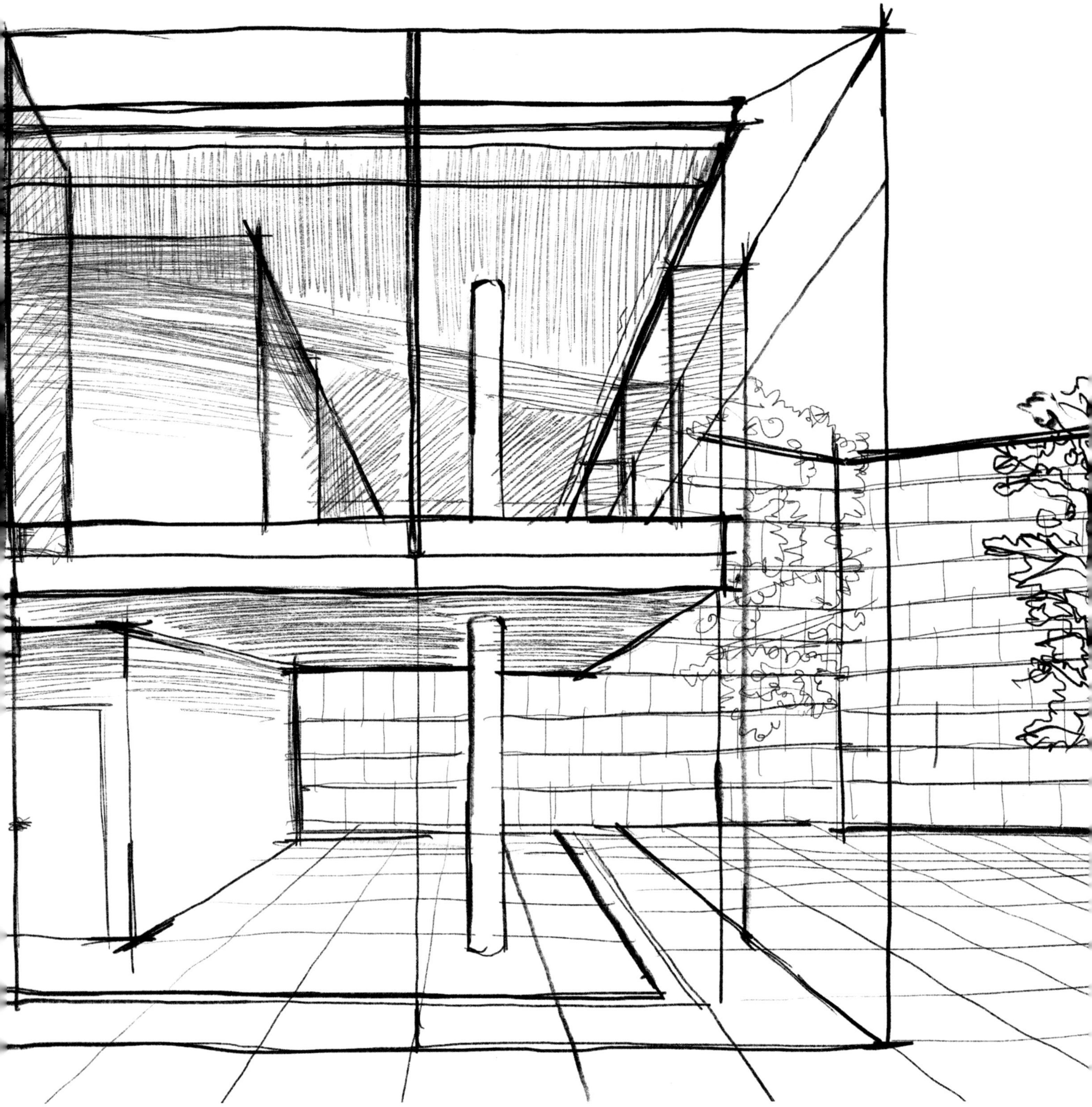

12,100 m²

Integrated
_Government Building in Zamora

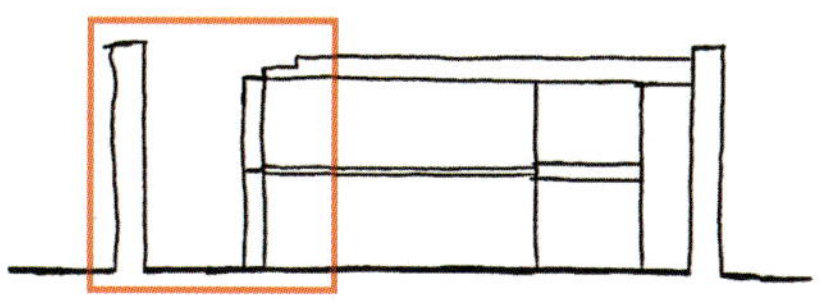

Project year	2012
Location	Zamora, Spain
Architects	Alberto Campo Baeza

Primary structre	R.C (Reinforced Concrete Structure)
Insulation	Insulation Panel
Rainscreen	AL.Sheet & Sealant Joint
Sub structure	Steel Plate & Toughened Glass
Exterior Skin	Laminated Safety Glass
Interior Wall Finish	Paint finish
Interior Floor Finish	Epoxy resin
Interior Ceiling Finish	Gypsum board

Primary structure

Minimal

밖에서 보여지는 부재의 두께를 최소화 및 이에 따른 디자인 의도를 실현하는 플랫 슬라브, 원형기둥이 사용되었다.

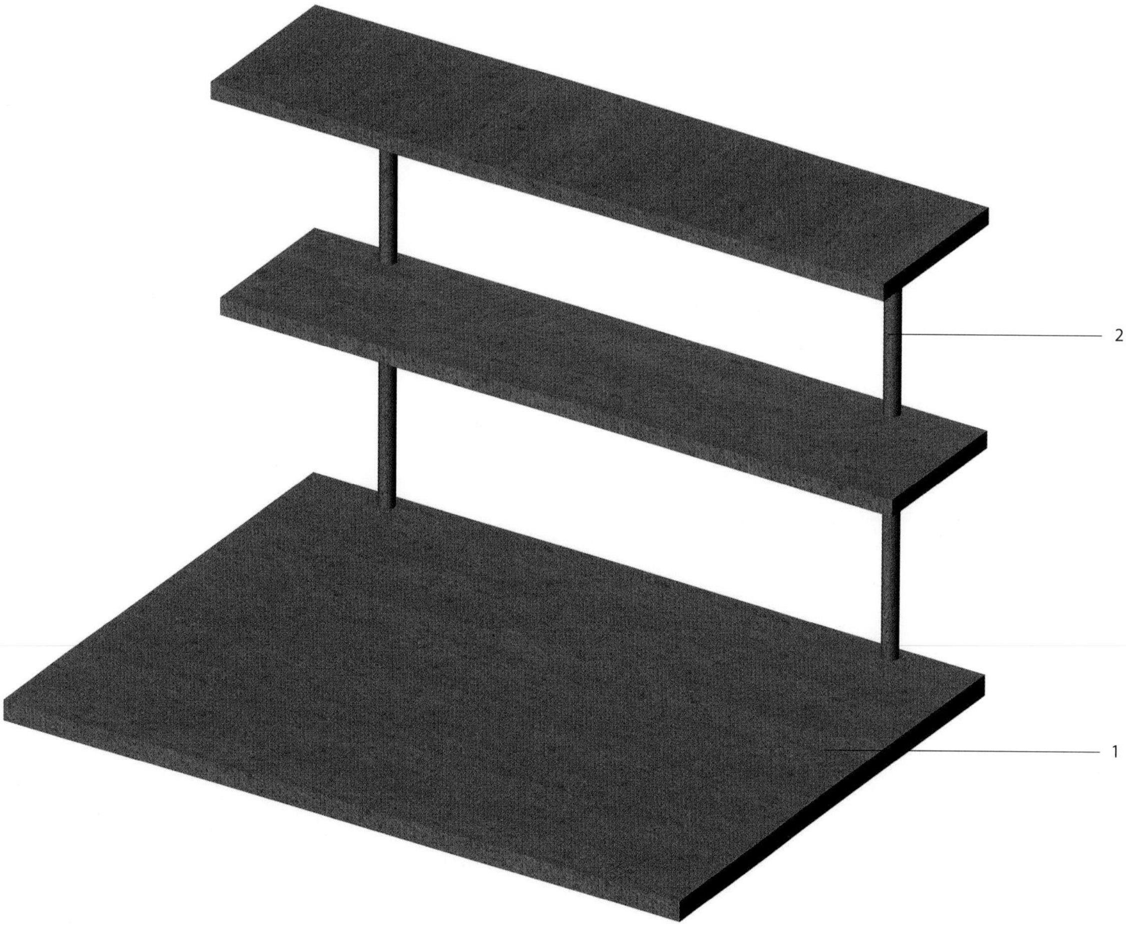

Construction Progress (Exterior)

1. 300 mm ribbed reinforced concrete floor
   (리브구조로 이뤄진 철근콘크리트 바닥구조)
2. Ø 250mm reinforced concrete column
   (철근콘크리트 원형기둥)

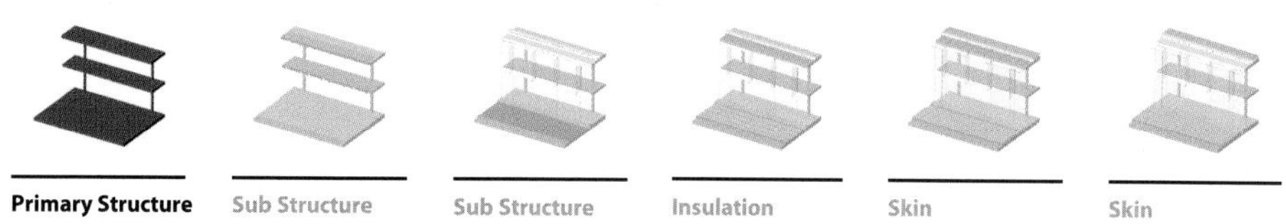

Complex internal

숨겨진 부재들. 슬라브 단부에 배치된 베이스 부재들은 크게 두가지다. 리브 글라스를 고정하기 위한 지점 부재, 스팬드럴 마감을 하기 위한 부재들이 규칙적으로 배치되었다.

1. lightweight concrete to falls
   (간격용 경량콘크리트)

2. 100 + 200 mm heating screed
   (난방코일이 포함된 면처리된 바닥구조)

3. **Steel frame connection**
   (스틸 프레임 연결부)
   150/100/8 mm ST'L flat
   (스틸 플레이트)
   150/150 mm ST'L angle
   (스틸 앵글)

   Glass fin connection
   (유리마감 연결부)
   150/60/65 mm stainless-steel channel
   (스테인레스스틸 찬넬)
   80/60/67 mm + 65/70/105 mm ST'L angle
   (스틸 앵글)

Construction Progress (Exterior)

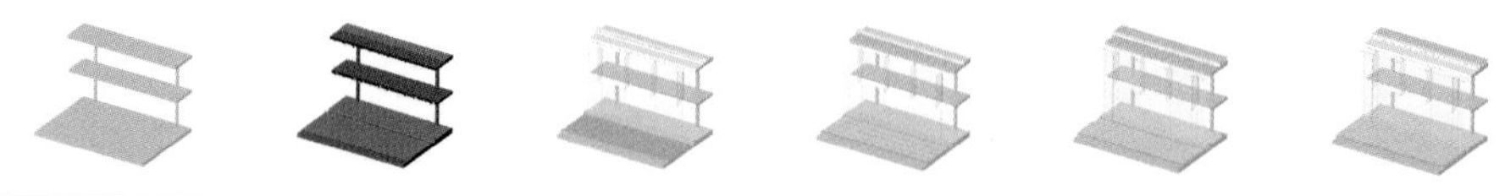

Transparency Structure

최소한의 구조적 필요를 만족시키는 1개층 높이의 리브글라스는 외벽의 시각적 투명성을 한 층 강조한다. 각 유리부재는 슬라브 단부에 숨겨진 부재들에 의해 고정되어 있다.

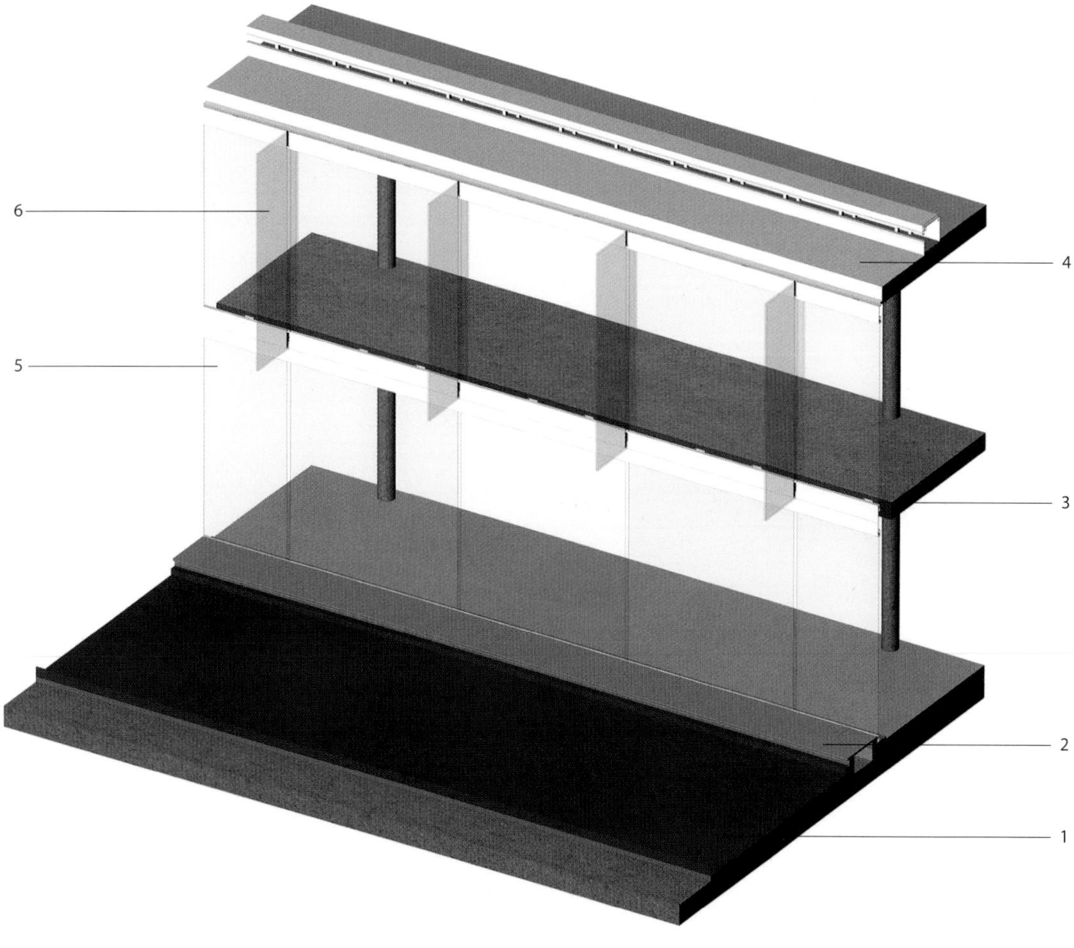

1. Geotextile ; plastic sealing layer geotextile
   (방수재 ; 시트방수)
2. 450/450/30 mm sandstone
   (샌드스톤 내부바닥 마감)
3. Frame system for inner glazing : 60/30mm ST'L RHS
   (내부 창 프레임시스템 ; 스틸각관)
4. 1.2 mm plastic sealing layer geotextile
   (시트방수)
   3 mm stainless-steel-sheet weather drip
   (우수처리용 스테인레스스틸 시트)
5. 15mm + 6mm laminated safety glass
   (안전접합유리)
6. 15mm + 15mm + 15mm laminated safety glass fin (rib)
   (안전접합유리 마감– 리브)

Construction Progress (Exterior)

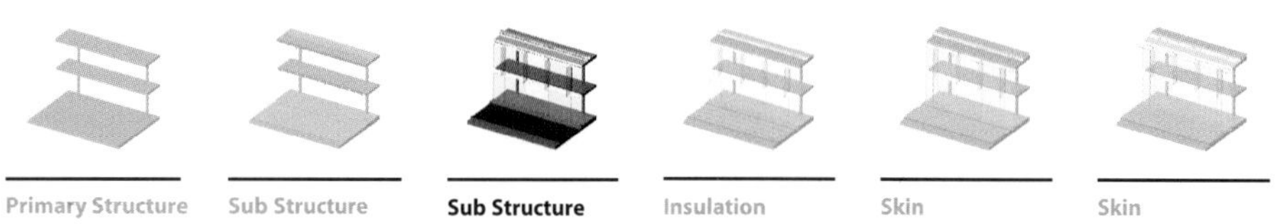

Constant linear

옥외 공간의 석재(Sandstone) 설치를 위한 그리드를 계획했다. 건축물의 외부에서 내부로, 내부에서 외부로 연속되는 석재 바닥마감의 구현을 위해 900mm의 그리드가 대지 전반에 연속된다.

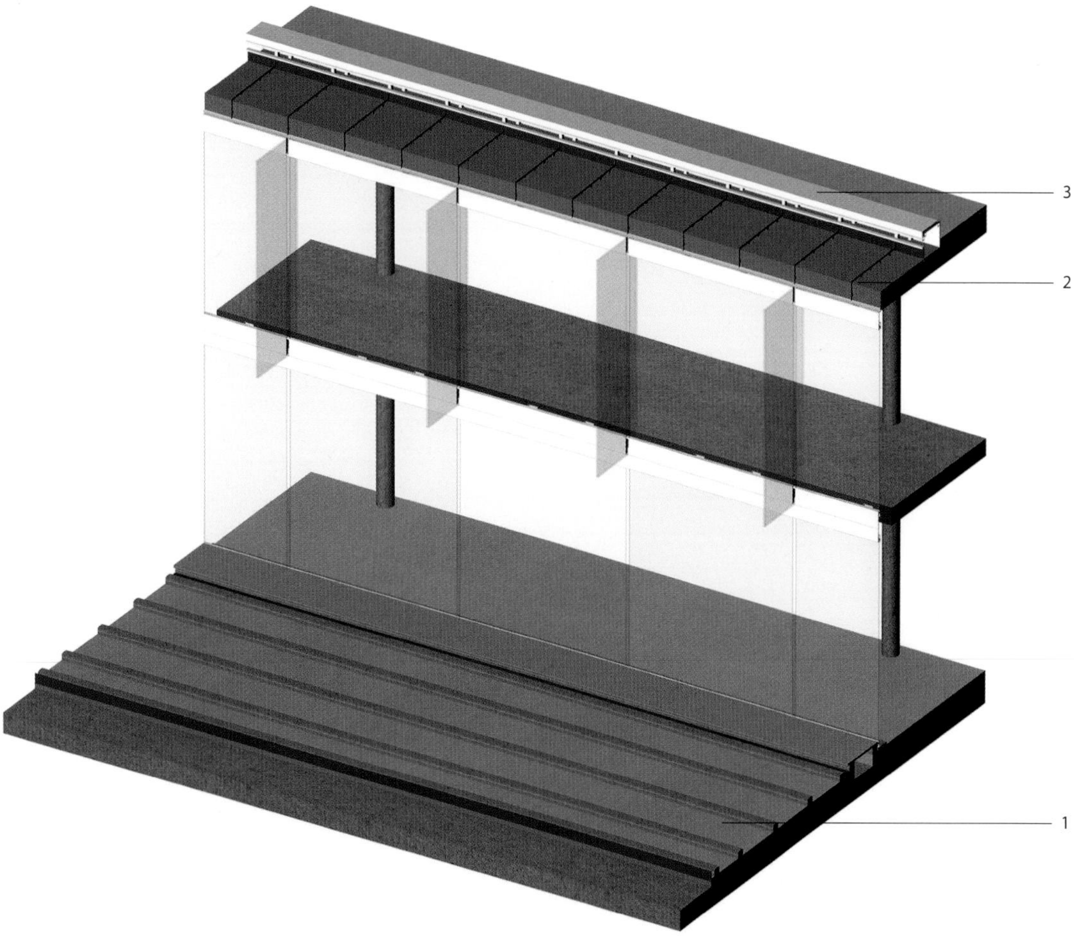

1. raised concrete block
   (뜬바닥 구조 콘크리트 블럭)
   40mm screed, reinforced
   (면 처리된, 철근콘크리트)

2. 30mm polystyrene rigid-foam borad
   (폴리에틸렌 단열 보드)

3. raised concrete block
   (뜬바닥 구조 콘크리트 블럭)
   40mm screed, reinforced
   (면 처리된, 철근콘크리트)
   40mm thermal insulation
   (단열재)
   geotextile ; plastic sealing layer geotextile
   (방수재 ; 시트방수)
   Lightweight concrete to falls
   (간격용 경량콘크리트)

Construction Progress (Exterior)

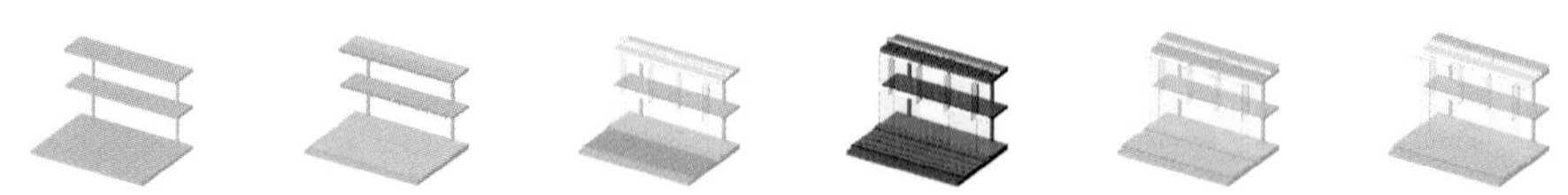

Primary Structure | Sub Structure | Sub Structure | **Insulation** | Skin | Skin

Double Glass

75mm의 간격으로 설치 된 두 겹의 유리는 축열기능과 유지보수를 위한 통로의 간격을 두고 설치 되었다.

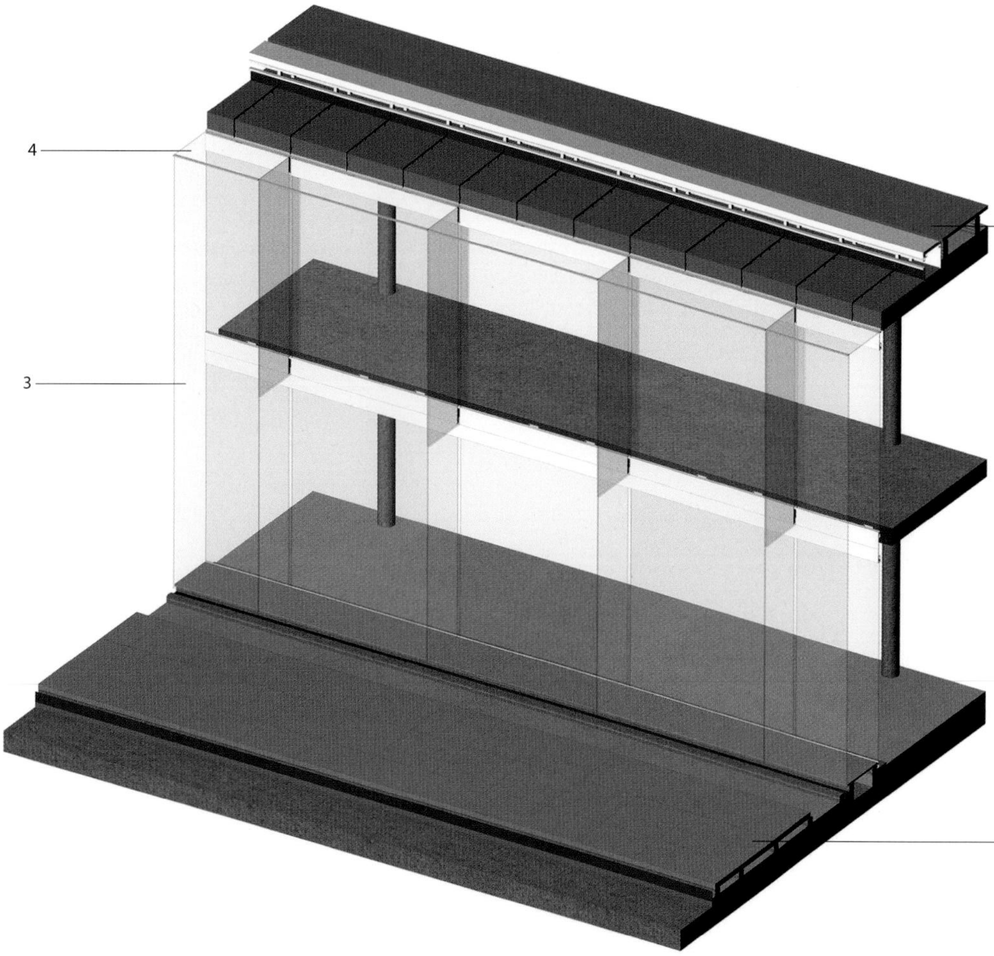

1. 900/900/80 mm sandstone
   (샌드스톤 바닥)
2. 900/900/50 mm concrete block
   (콘크리트 블럭)
3. 19 mm + 6 mm laminated safety glazing
   (안전접합유리 더블스킨)
4. 2 x 10 mm laminated safety glass, walkable
   (수평 안전접합유리)

Construction Progress (Exterior)

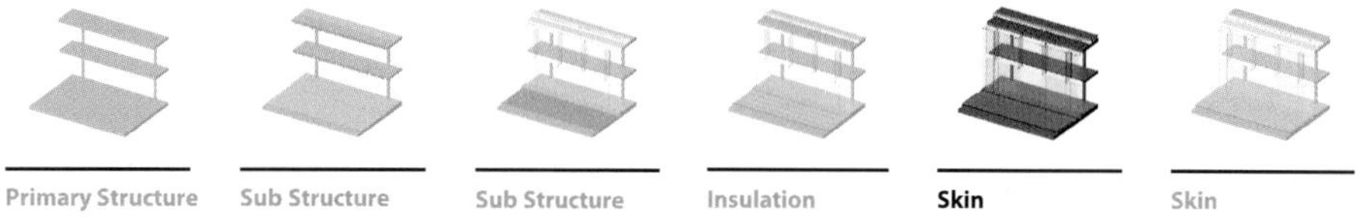

Finish

건축물의 외피를 구성하는 두 겹의 유리 간의 접합은 구조용 실란트만이 사용되었다. 가장 바깥쪽의 유리가 시공 된 뒤, 옥외 공간의 바닥 석재가 최종적으로 마감되었다.

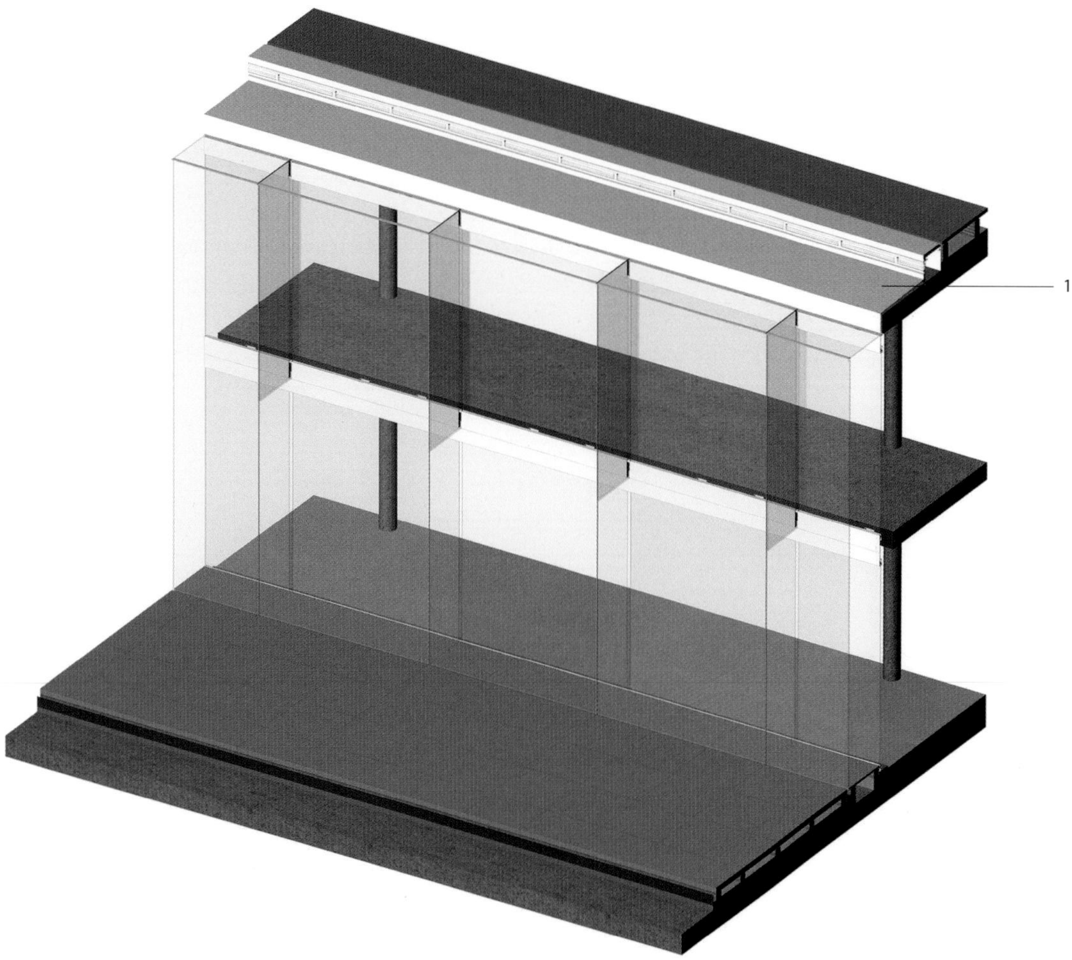

Construction Progress (Exterior)

1. Aluminium panel with 3mm polythene core
(폴리에틸렌 충진된 알루미늄 패널 마감)

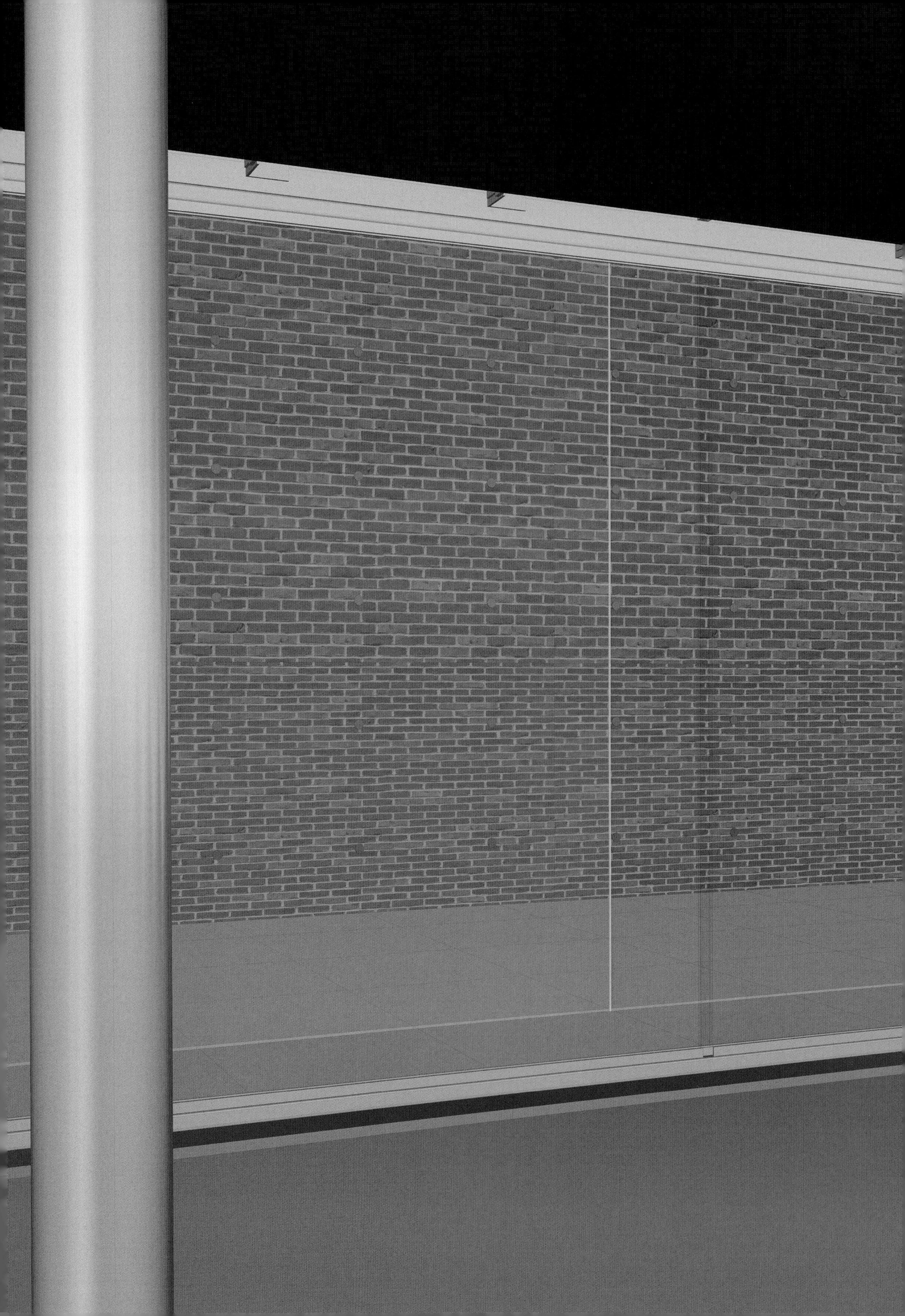

Penetrating

본 프로젝트에서는 인테리어는 내부공간에서의 마감만이 아니다. 리브글라스를 통해 그대로 보여지는 외부의 모습이 곧 인테리어가 되며, 계획대상지를 감싸며 세워진 담장이 곧 마감의 역할을 하고 있다고 할 수 있다. 7.5m의 담장을 만들기 위해 하부구간은 1B쌓기, 상부구간은 0.5B쌓기 및 간격재로 뼈대를 만들었다.

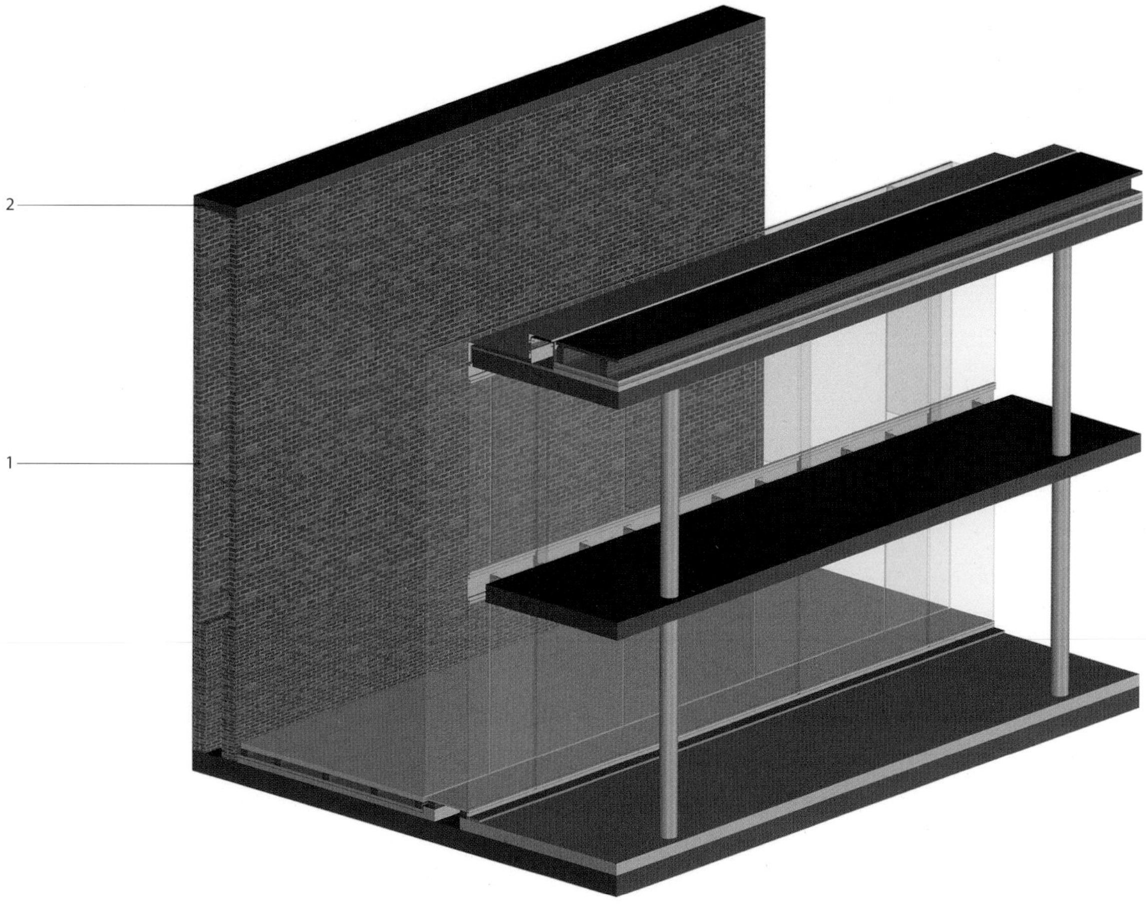

1. 240 mm brick masonry, reinforced
   (강화 조적구조)
   115 mm brick masonry
   (조적구조)
   stainless-steel anchor
   (스테인레스스틸 앵커)

2. 900/900/50 mm concrete block
   (콘크리트 블럭)

Construction Progress (Interior)

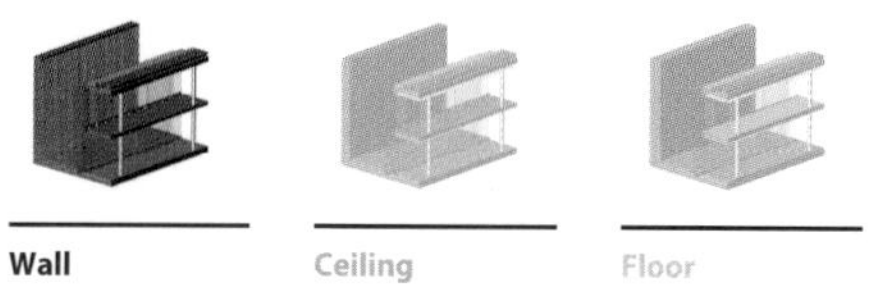

Pure

담장에는 모르타르칠로 바탕면처리를 하였다. 건축물 내부 1층 천장은 10cm로 천장 공간으로서는 상상하기 힘든 얇은 두께이며, 2층 천장은 25cm의 공조 및 조명설비를 위한 천장공간을 만들었다.

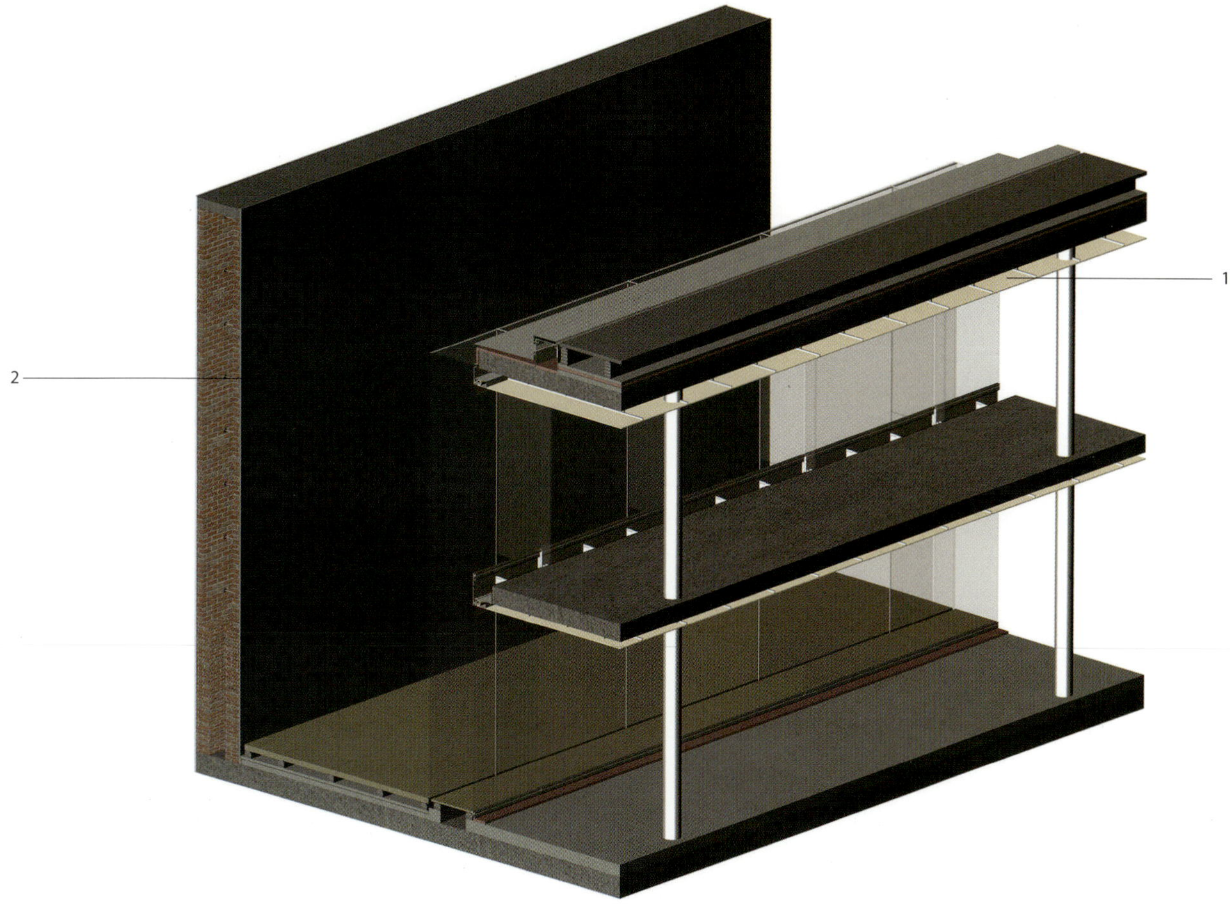

Construction Progress (Interior)

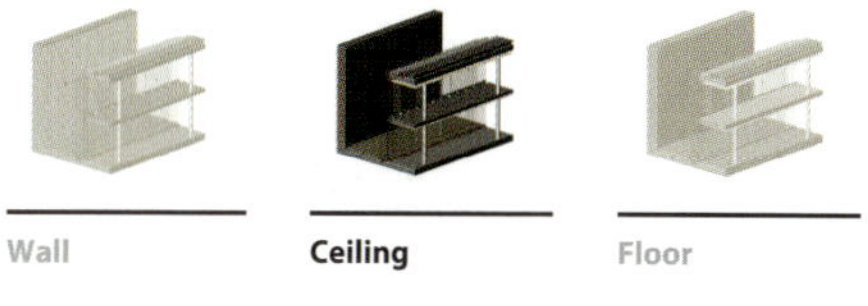

1. 15 mm plasterboard suspended ceiling painted white
   (백색페인트 마감 합판 천장)
2. Reinforced mortar
   (강화모르타르)

Pristine

석재(Sandstone)를 사용하여 담장부터 옥외 공간 및 내부공간까지 마감하였다. 담장에는 1000x750x80mm, 옥외 공간은 900x900x50mm, 1층 캣 워크 및 인테리어 공간에는 450x450x30mm의 각기 다른 크기와 두께가 사용되었고, 2층 바닥은 에폭시 레진으로 줄 눈 없는 마감처리를 하였다.

1. 450/450/30 mm sandstone
   (샌드스톤 내부바닥 마감)
2. 5mm epoxy resin painted white silicone
   epoxy-resin primer 90 mm screed
   (에폭시레진 페인트 마감의 백색실리콘 에폭시레진 기초바름)
3. 1000/750/80 mm sandstone
   (샌드스톤)
4. 1000/500/80 mm sandstone on lime mortar
   (라임모르타르 위의 샌드스톤)

Construction Progress (Interior)

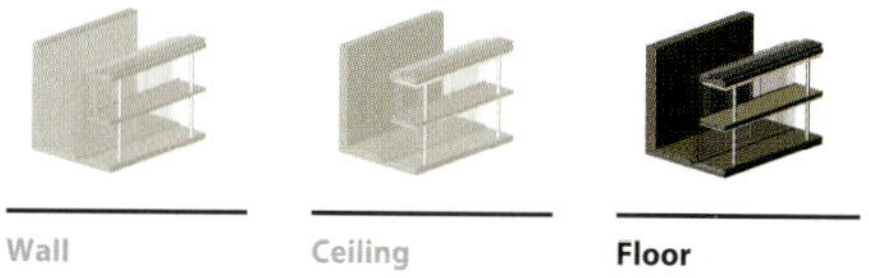

10,653m^2

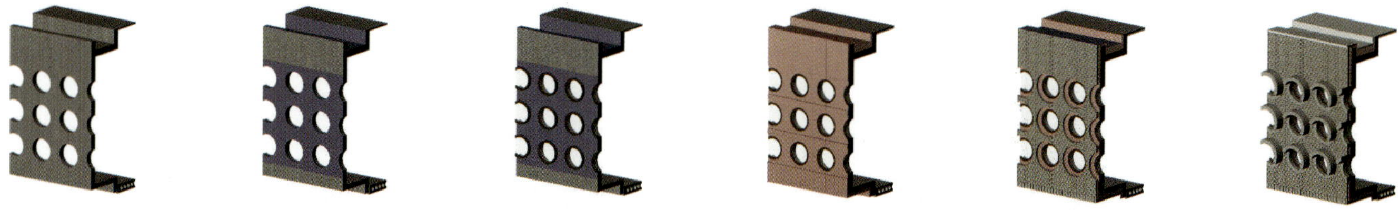

Hospitalhof in Stuttgart for progress

10,653 m²

Integrated

_Hospitalhof in Stuttgart

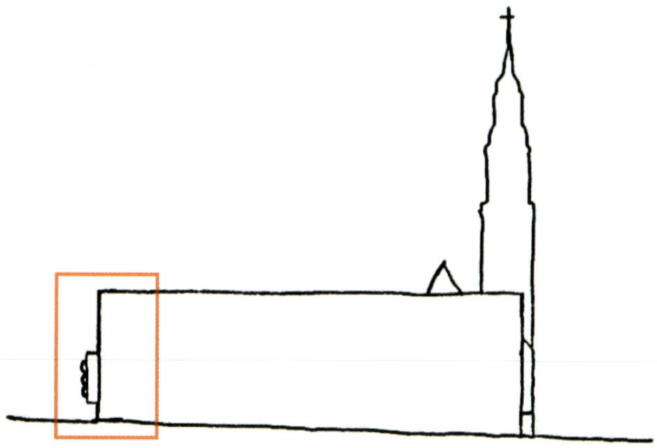

Project year	2014
Location	Stuttgart, Germany
Architects	LRO (Lederer Ragnarsdottir Oei)

Primary structre	R.C (Reinforced Concrete Structure)
Insulation	Mineral fiber Board thermal Insulation
Rainscreen	Bituminous Sheeting
Sub structure	Wedge Anchor bolt
Exterior Skin	Brick (115*71*250), Arched Window
Interior Wall Finish	Fiberboard
Interior Floor Finish	Linoleum & Raised Floor
Interior Ceiling Finish	Fiberboard & Wood Louver

Lightweight

오래된 기존 건물에 수직 및 수평 증축을 하기 위해 최소한, 가능한 한 경량의 새 골조를 덧붙여야 했다. 때문에 필요한 만큼의 공간을 만들면서도 구조는 경량하게 하기 위해 중공 슬라브 방식을 차용했다. 벽체에는 지름 1200mm의 원형 홀이 있으며, 해당 위치에는 추후 원형 창호가 설치될 예정이다.

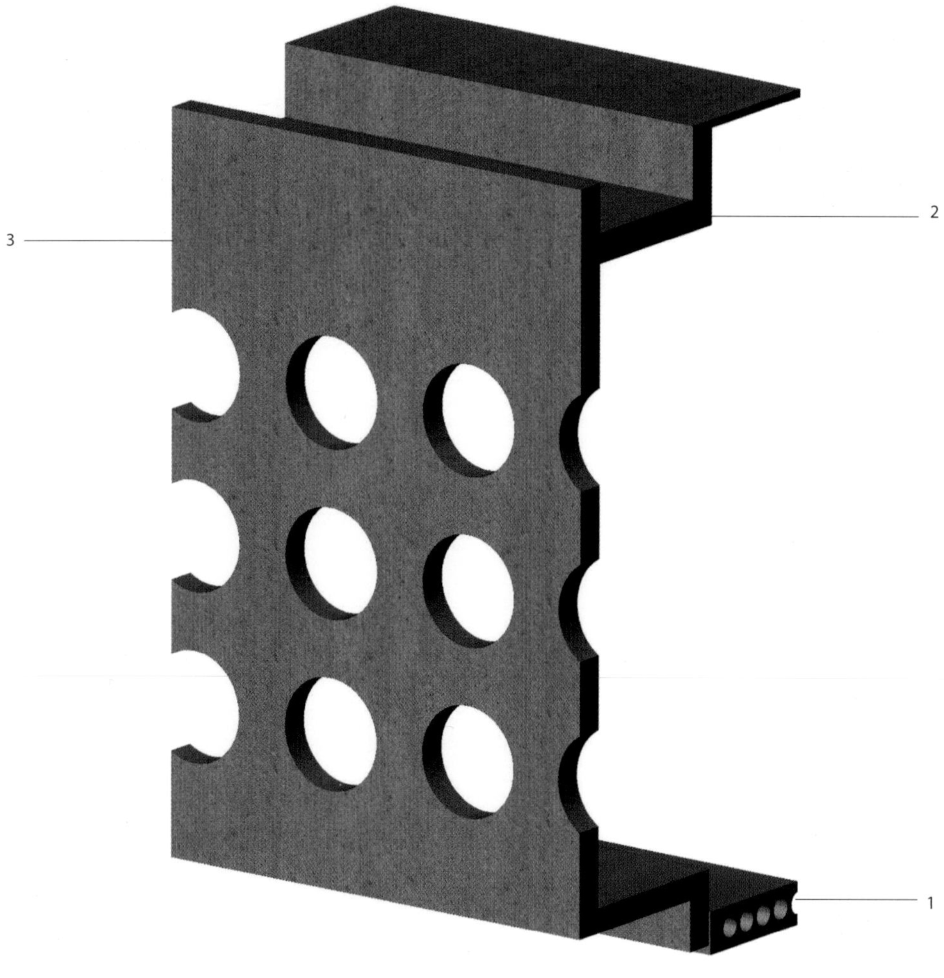

Construction Progress (Exterior)

1. 200mm reinforced concrete hollow core deck
(중공 철근콘크리트 바닥 구조재)
2. 300mm reinforced concrete deck
(철근콘크리트 바닥 구조재)
3. 250mm reinforced concrete wall
(철근콘크리트 벽체 구조재)

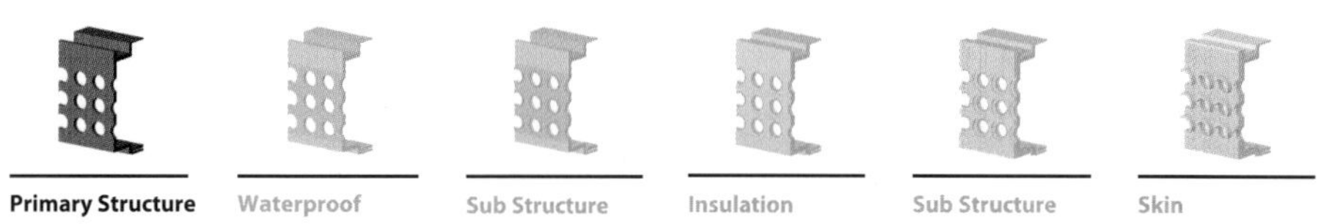

Essential Membrane

차수가 필요한 구간인 창문 주변부, 옥상의 저레벨구간에 차수막을 설치하였다.

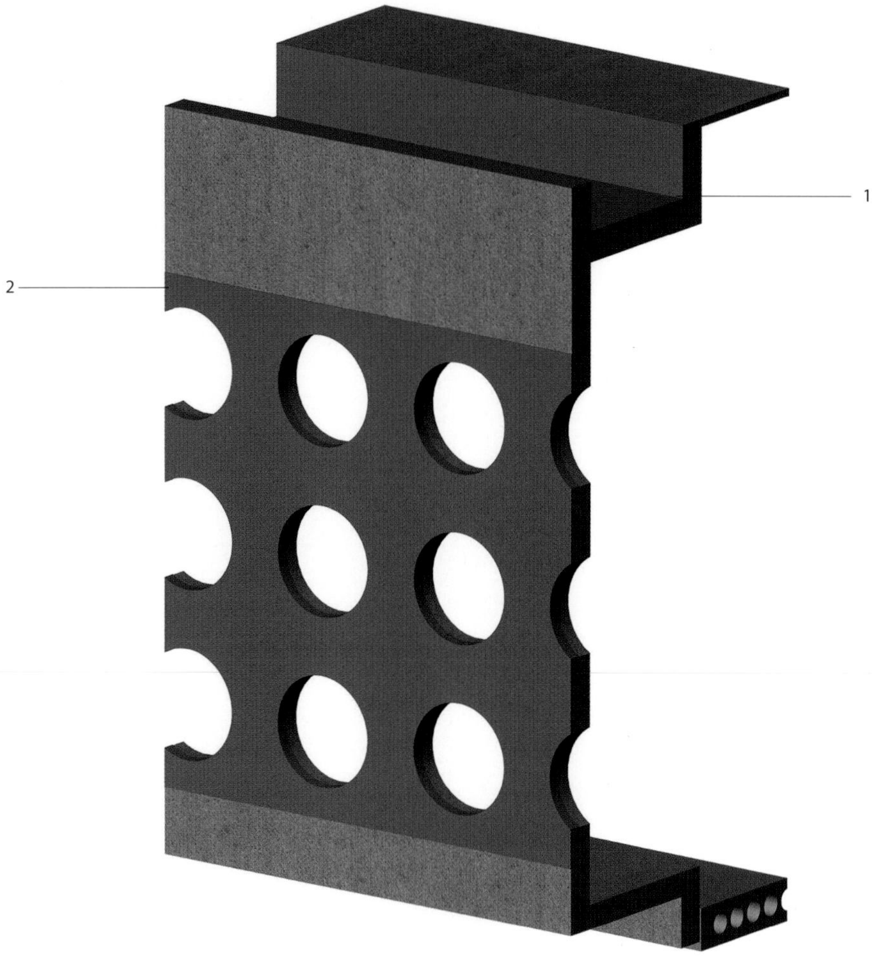

Construction Progress (Exterior)

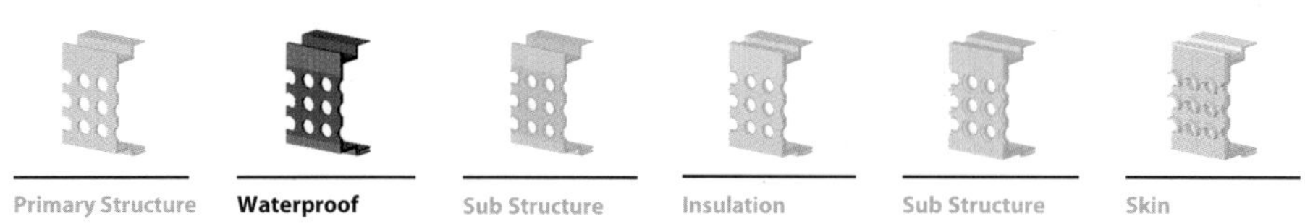

1. Vapour barrier
(방습층)

2. Vapour barrier
(방습층)

Round Frame

원형 콘크리트 홀에 맞추어, 목재 창호 틀을 설치했다. 창호와 골조 사이의 틈으로 누수가 발생하지 않도록 해당 부위에 고무 계열의 차수막을 한번 더 시공했다.

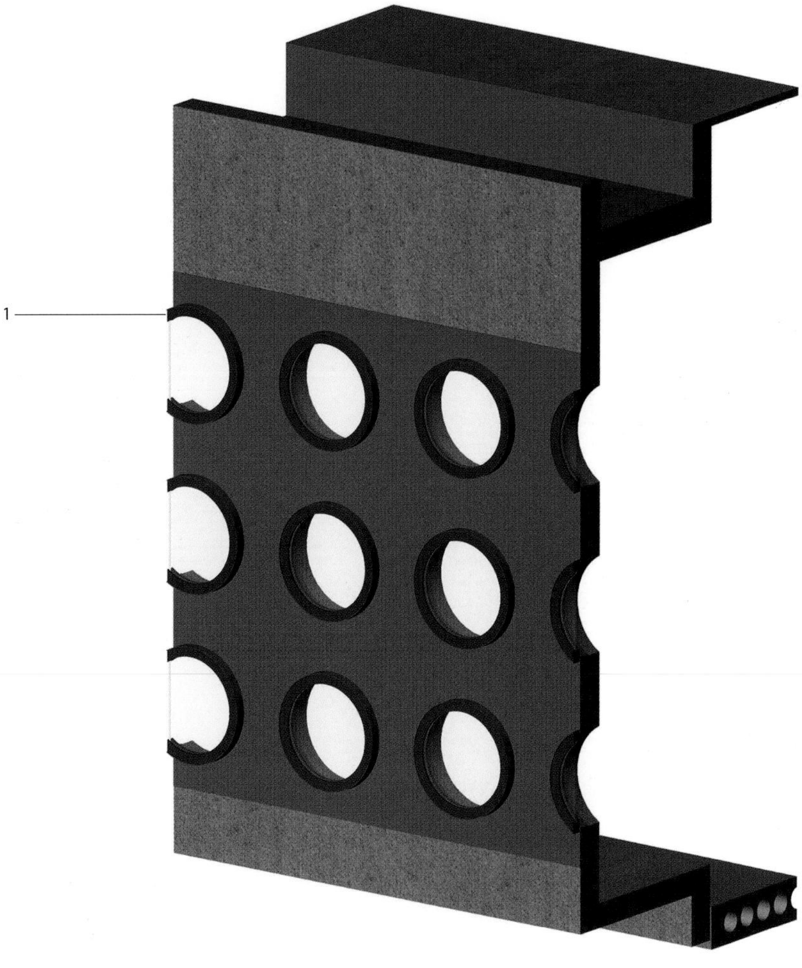

Construction Progress (Exterior)

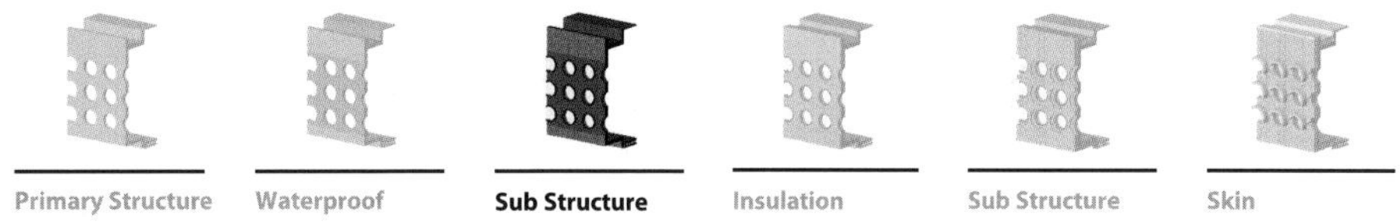

1. Wood frame with double glazing (U_g = 1.6W/m^2K)
(목재프레임 이중유리 원형창)

Wrap

외기와 면하는 벽체 부위 및 지붕에 140mm 두께의 단열재를 시공하였다.

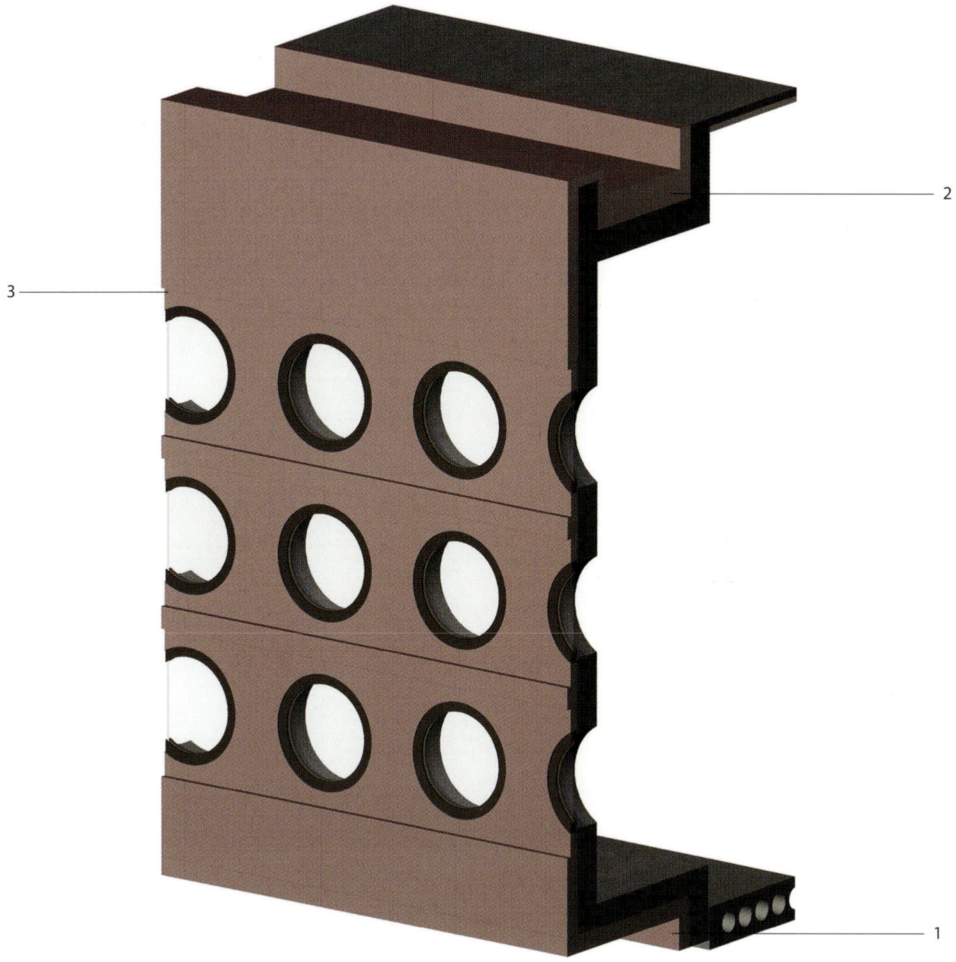

Construction Progress (Exterior)

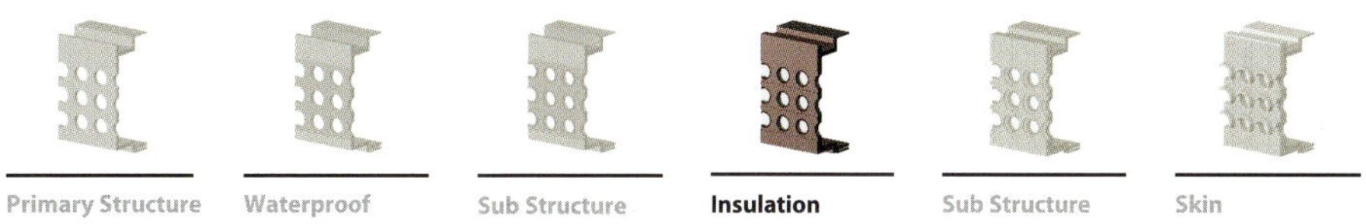

1. 150mm thermal insulation
   (켄틸레버구간 바닥 단열재)
2. 200-250mm insulation to falls
   (지붕 단열재)
3. Thermal insulation, 140mm mineral fiber board
   (벽체 미네랄울 단열재))

Versatility

건물의 외벽에는 벽돌을 활용하여 최종 마감을 했다. 벽돌은 마감재의 역할 뿐 만 아니라, 후에 원형 창호에 설치 될 콘크리트 루버를 결속하는 구조체의 역할을 동시에 가능케 하는 주요 재료다.

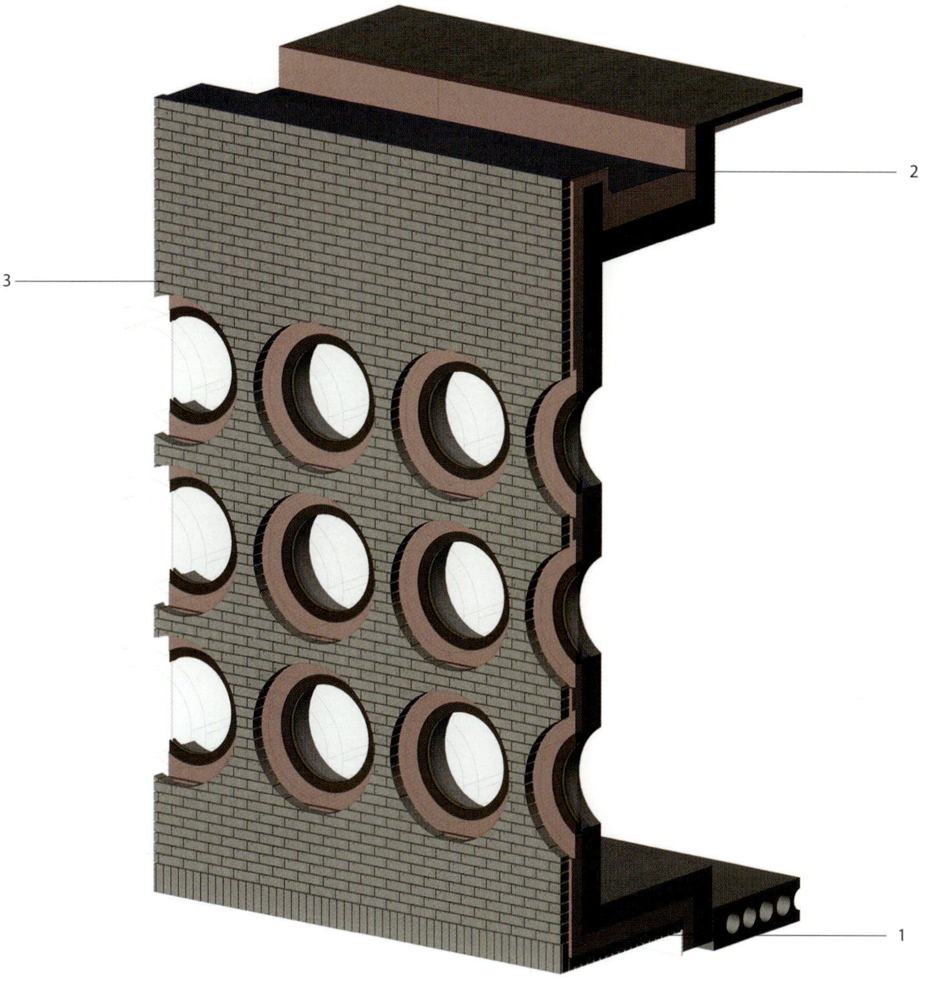

1. 100mm precast concrete unit
   (프리캐스트 콘크리트 유닛)
   20mm brick strips, glued
   (선형 벽돌 습식접착마감)

2. bituminous sheeting, two layers
   (지붕 시트방수 2겹)

3. 115/71/250 mm brick veneer
   (벽돌 마감-앵커링)
   40mm air layer
   (중공층)

Construction Progress (Exterior)

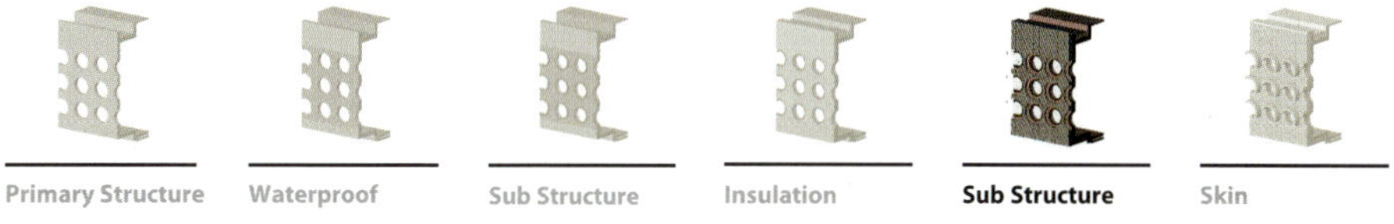

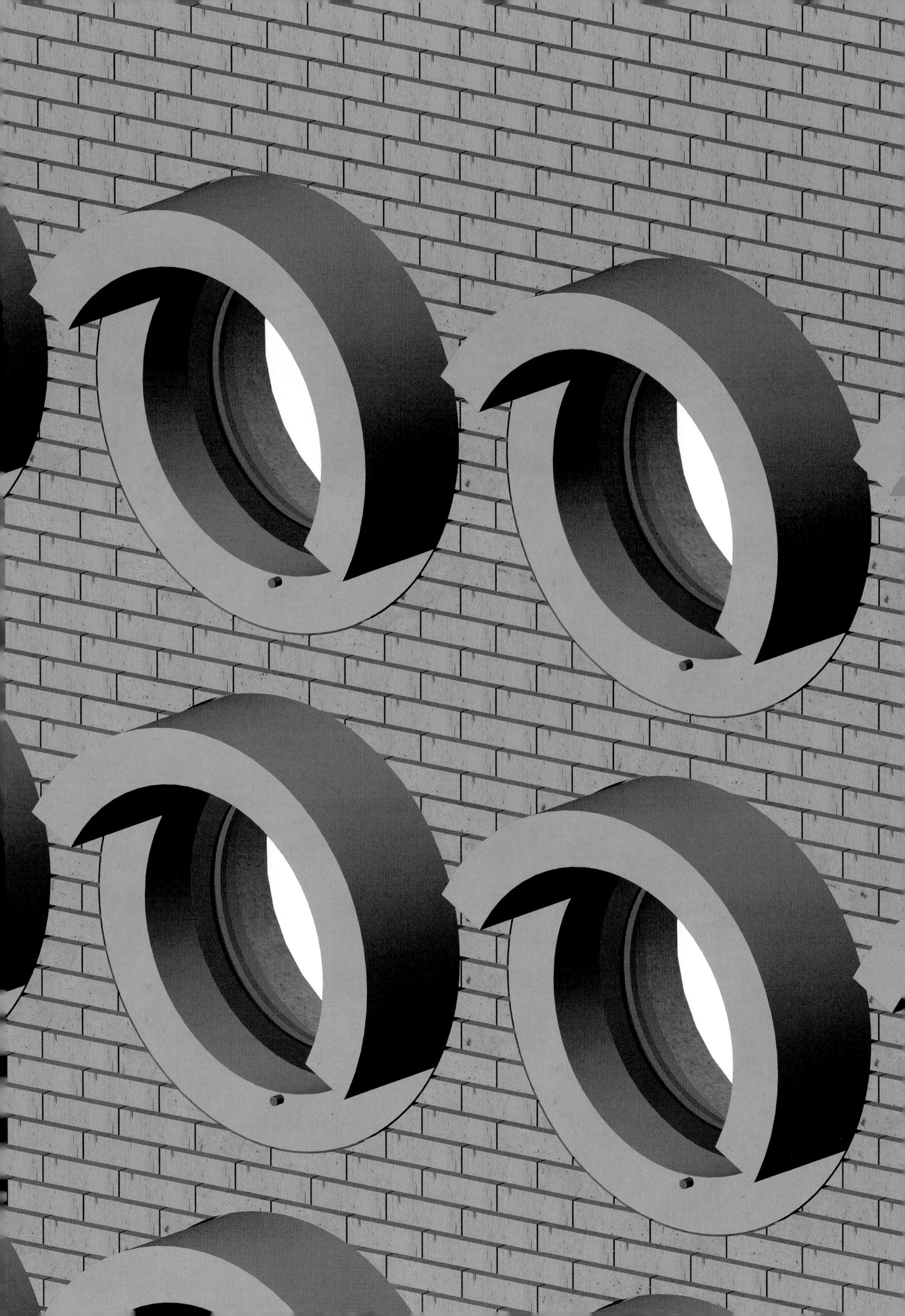

Control of Lighting

벽돌 사이에는 지름 1200mm, 돌출 길이 약 600mm의 프리캐스트 방식의 콘크리트 루버가 설치되었다. 이 루버는 지역의 일사각과 일사량을 고려하여 디자인 하였다. 루버의 하단에 외벽 벽돌 구조체 내부의 습기가 외부로 배출 될 수 있게 하는 배수관을 설치하였다.

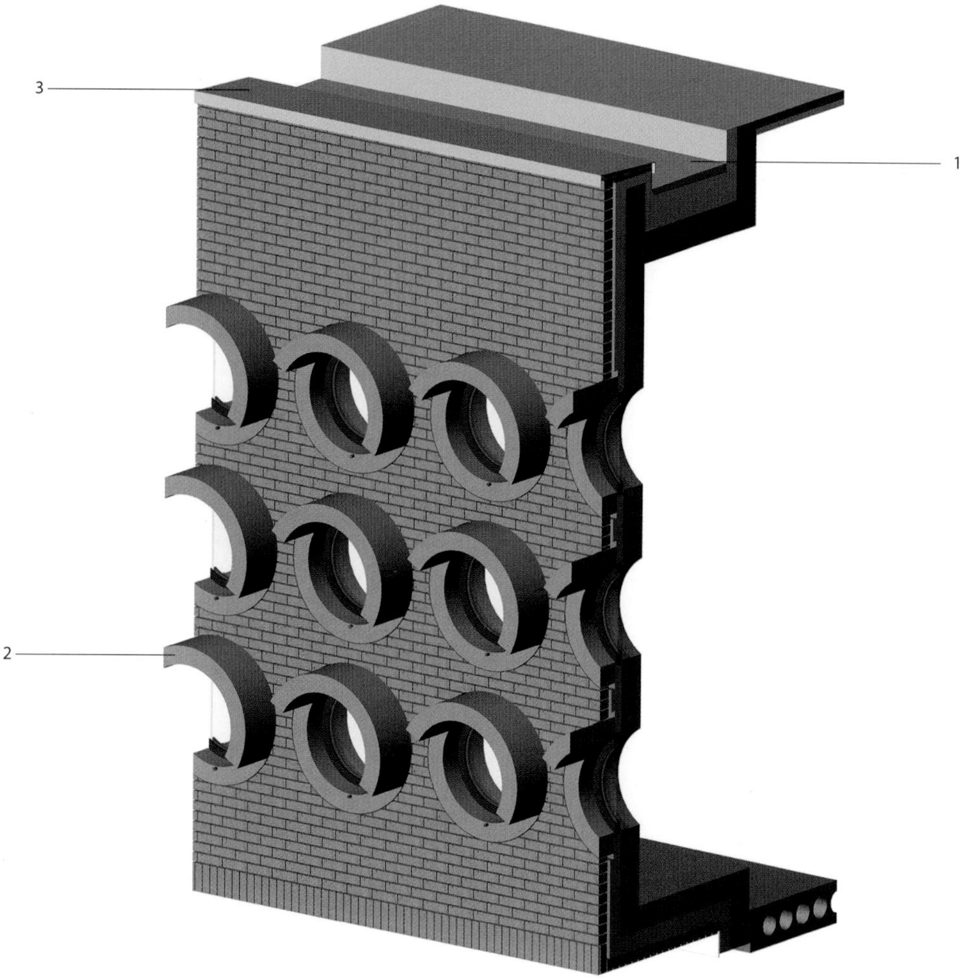

1. 50mm (minimum) gravel layer
   (지붕 콩자갈마감)
2. precast concrete unit as sun protection
   (블레이즈 솔레이유 – 프리캐스트 콘크리트 유닛)
3. Aluminium flashing
   (알루미늄 후레싱)
   22mm oriented-strand board
   (OSB-배향성 스트렌스보드 – 간격재)

Construction Progress (Exterior)

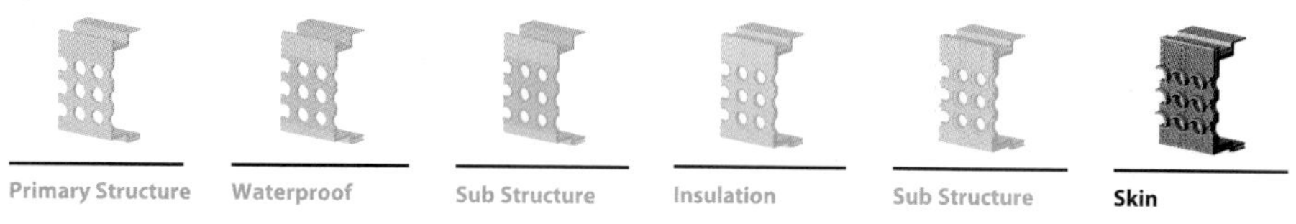

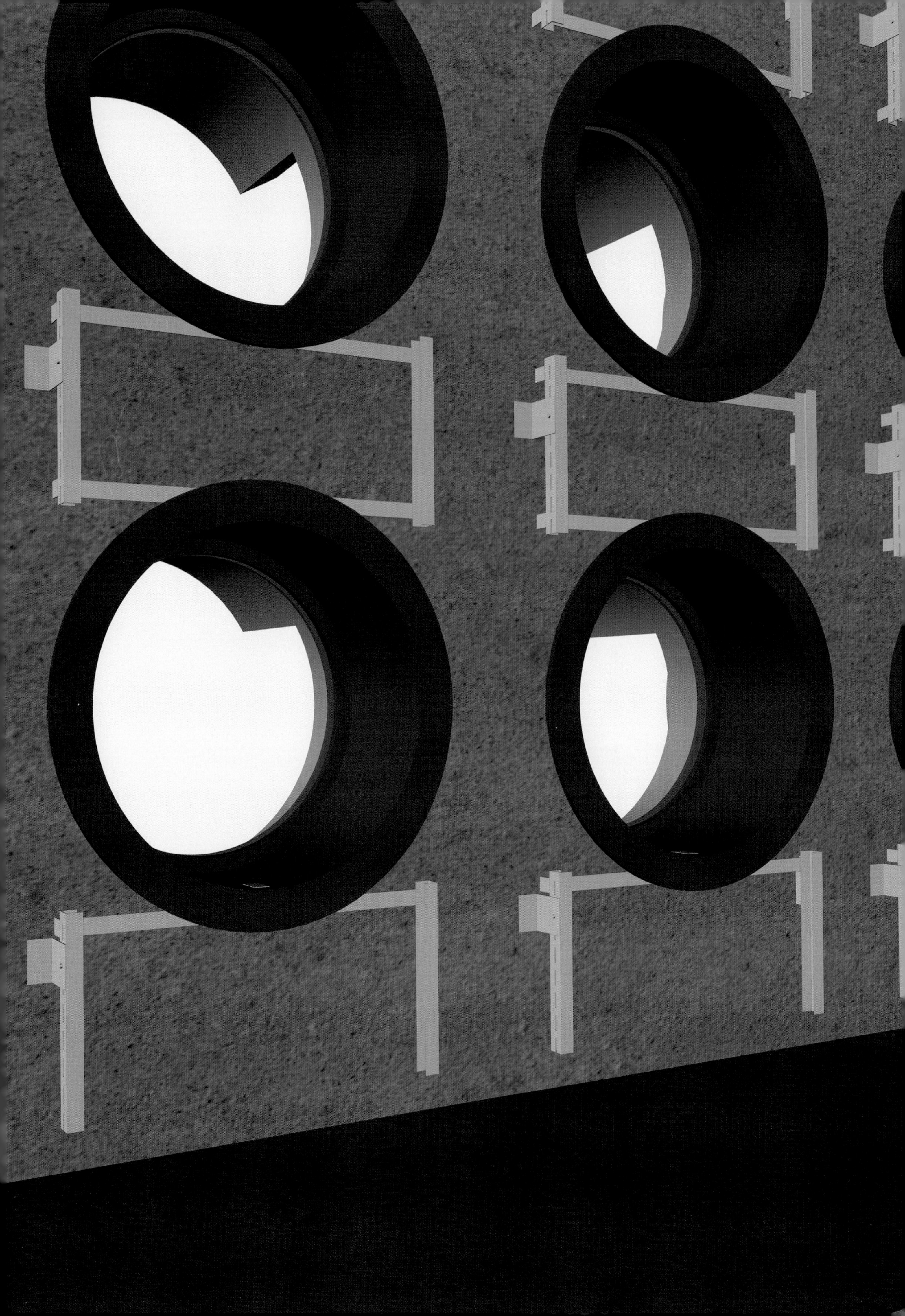

Depending on

벽체와 천장에는 각각의 마감방식에 따라 경량 C형 찬넬 프레임을 설치하였다. 원형 창호의 내측은 목재로 마감하였다.

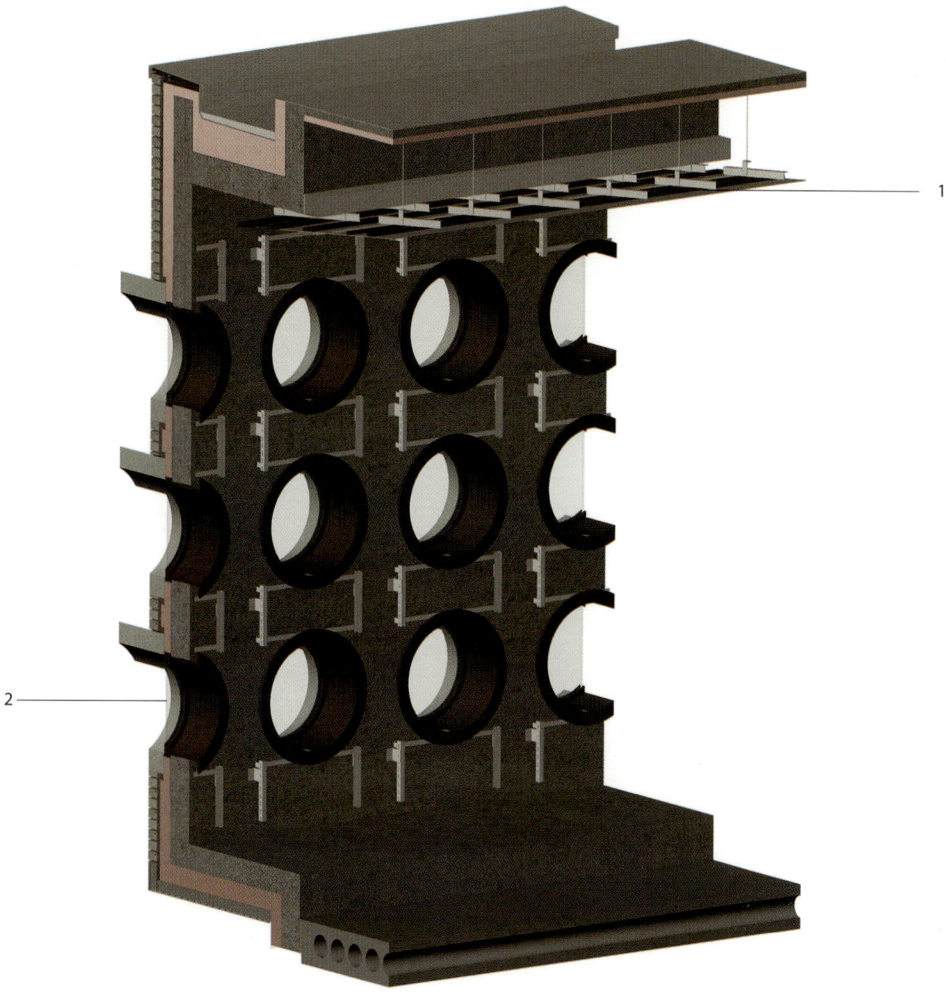

Construction Progress (Interior)

1. Suspended ceiling structure
(천장 구조체)
wooden batten
(천장 마감 고정용 배턴)

2. rods of opening mechanism
(창 개폐용 로드바)

Open & Close

마감 단면이 벽체부터 천장까지 연속된다. 벽체는 목재 합판으로 마감하였으며, 벽체와 연결되는 곡선의 천장에는 목재 루버를 사용해 마감했다. 원형의 벽체 창호 역시 목재로 한번 더 빛을 조절하기 위한 개폐창을 시공하였다.

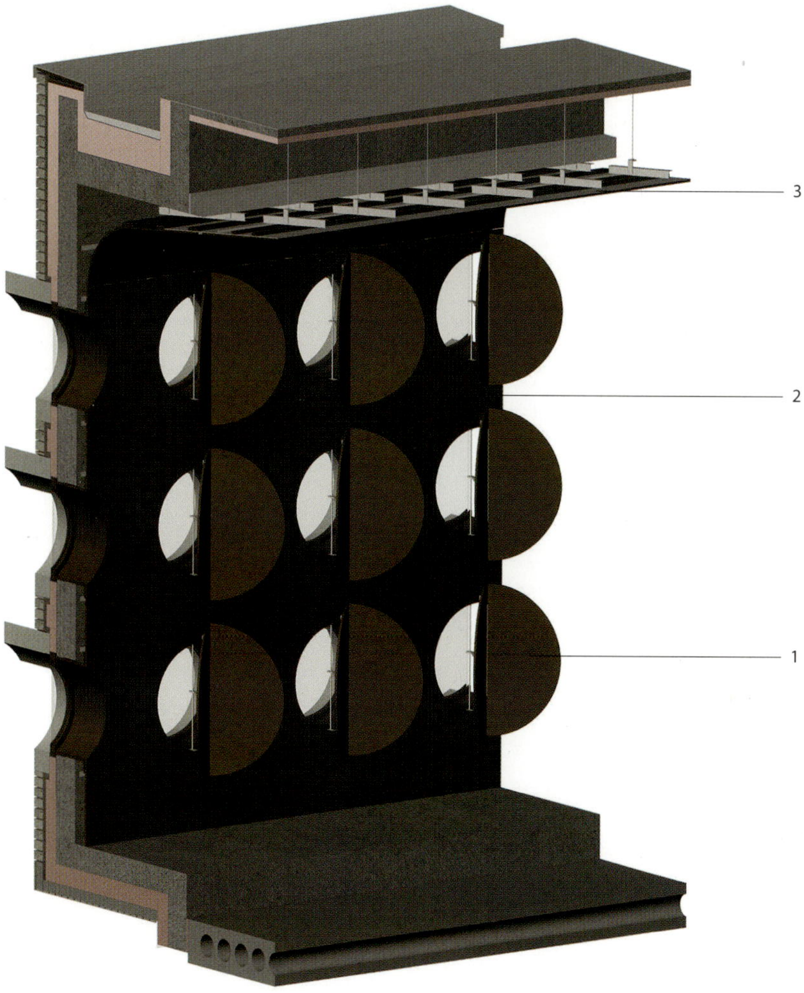

1. shutter, bi-partite
   (양개형 셔터)
   19mm medium density fiberboard, birch veneer
   (중밀도 섬유판, 자작나무 마감)
2. 19mm medium density fiberboard
   (중밀도 섬유판)
3. 19mm medium density fiberboard
   (중밀도 섬유판)

Construction Progress (Interior)

Floating Carpet

중공슬라브(Hollow-Slab) 위로 억세스 플로어(Acess Floor)를 통해, 바닥 설비 면을 계획하였다. 억세스 플로어 위 바닥 마감으로 약 30mm두께의 목재를 바닥 면으로 시공 한 뒤, 붉은 색상의 카펫을 설치하였다.

1. **Floor construction of stage**
   (스테이지 바닥구조)
   10mm linoleum
   (리놀륨 마감)
   32mm carrier board
   (캐리어 보드)
   raised floor pedestal
   (뜬바닥 구조 페데스탈)

2. **Floor construction of hall**
   (홀 바닥구조)
   5mm linoleum
   (리놀륨 마감)
   2.5mm levelling coat
   (레벨 조정용 코팅)
   65mm screed
   (바닥 미장)
   Separating layer
   (분리층)
   20mm impact-sound insulation
   (방음용 단열재)
   60mm expanded polystyrene thermal insulation
   (비드법 보온판 단열재)

Construction Progress (Interior)

Wall & Ceiling

Wall & Ceiling

Floor

$7{,}710m^2$

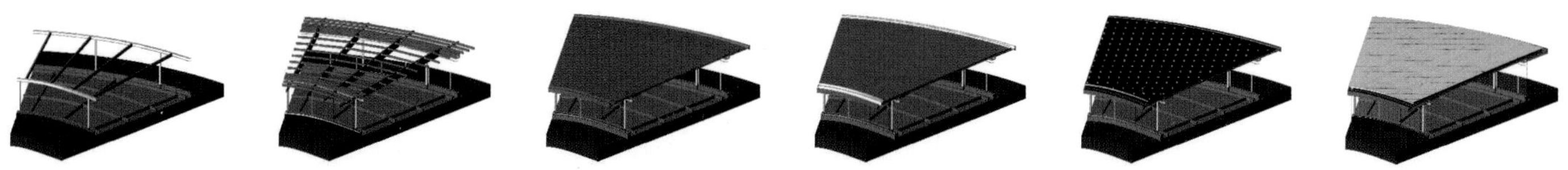

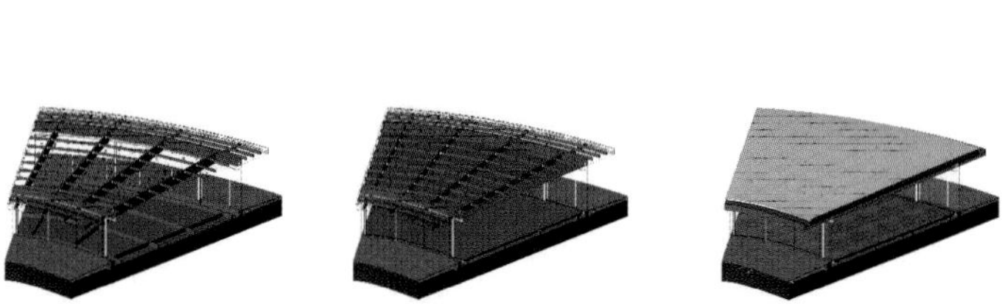

Community Center Grace Farms for progress

7,710 m²
Integrated
_Community Center Grace Farms

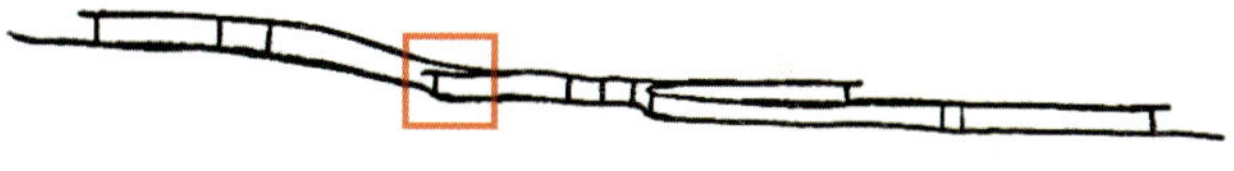

Project year	2015
Location	New Canaan, US
Architects	SANAA

Primary structre	Steel Structure
Insulation	Rigid Insulation
Rainscreen	Waterproofing Membrane
Sub structure	Glulam Beam & Steel Tie Rods
Exterior Skin	Glazed Façade (Glass)
Interior Wall Finish	Fire Resisted Paint finish
Interior Floor Finish	Polished Concrete
Interior Ceiling Finish	Glued Wood Panel

In shape

기초면에 지중보가 있다. 경사진 땅에 비정형적인 바닥을 연속적으로 만들어야 했기 때문이다. 세장한 원형 기둥은 가벼움, 투명성이라는 계획 개념의 실현을 위해 색과 두께가 고려되었다. 테두리 보로 사용된 H빔 역시도 벤딩 방식으로 만들어진 것이 아니라 빌트업방식으로 계획된 곡률대로 선 제작 되었다. 테두리보를 연결하는 합성목 보의 단부에는 강재 판으로 결속하여 테두리 보와 용접 결합 되었다.

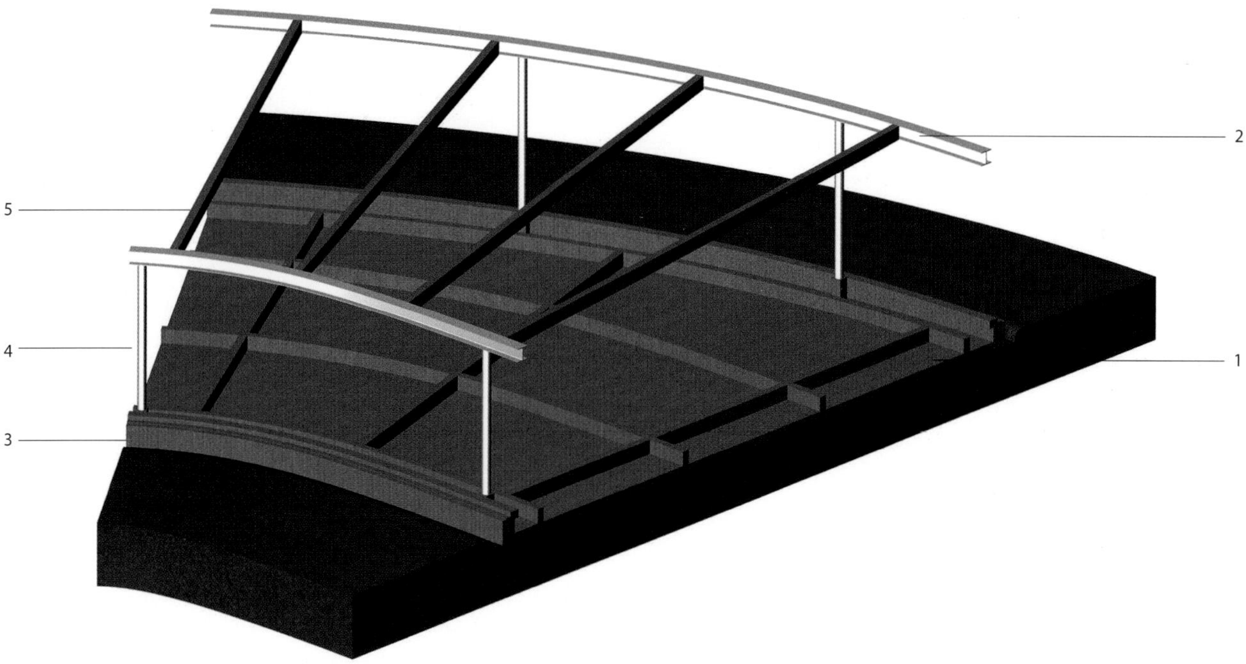

1. Air space / reinforced concrete beam
   (통기공간 / 철근콘크리트 보)
   Reinforced concrete slab
   (철근 콘크리트 슬래브)

2. 250 x 250 mm steel I-beam
   (I 형강 보)

3. 300mm reinforced concrete structure
   (철근콘크리트 구조 – 지중보)

4. Ø 165mm steel column
   (원형 스틸기둥)

5. 500mm glue-laminated (glulam) beam (parallel to plane of section)
   (글루램 보)

Construction Progress (Exterior)

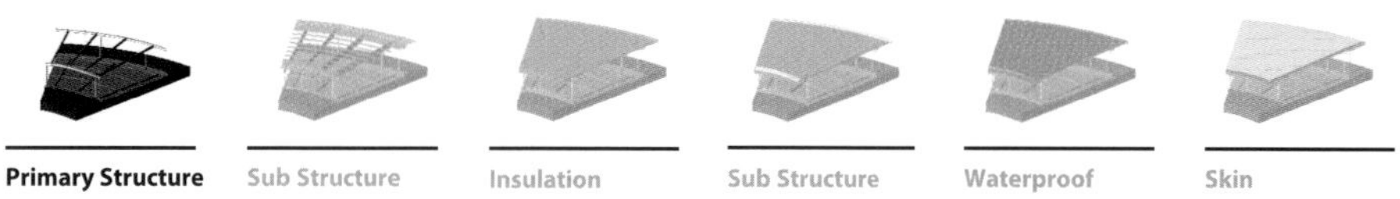

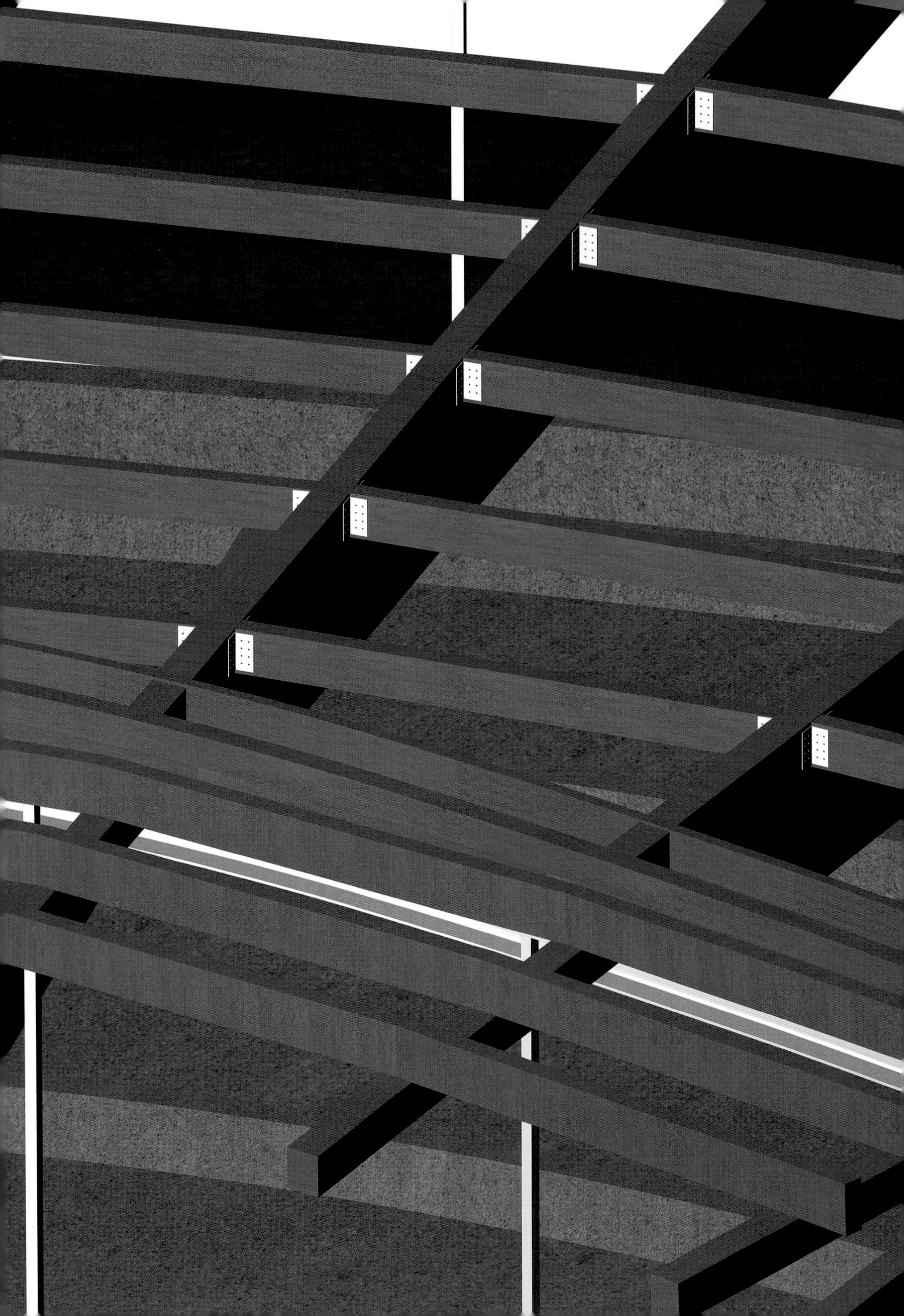

Composite

지붕 설치를 위한 목조 구조 설치를 하였다. 목구조는 크게 공간의 모서리와 모서리를 연결하는 합성목 보를 중심으로 그 사이를 연결하는 간격재가 들어간다. 합성목 보와 간격재가 모두 목구조로 이루어져 있어 목재 결구 철물로 결속되어 연결됨. H빔의 단부에 커튼월 설치를 위한 상부프레임을 행잉방식으로 매달았다.

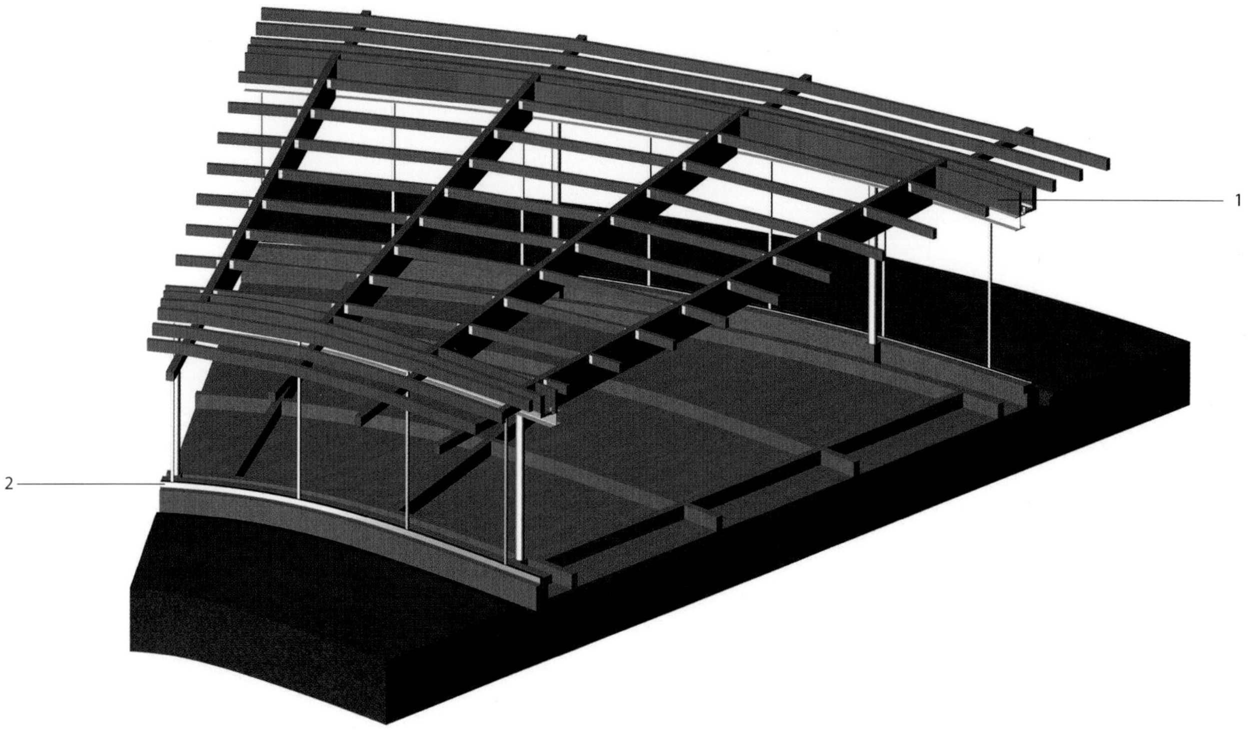

Construction Progress (Exterior)

1. Frame of 180/90mm timber
   (목재 각관 보)
2. floor to ceiling continuous glazed facade with aluminium frame
   (바닥부터 천장까지 연속되는 파사드의 알루미늄 프레임)

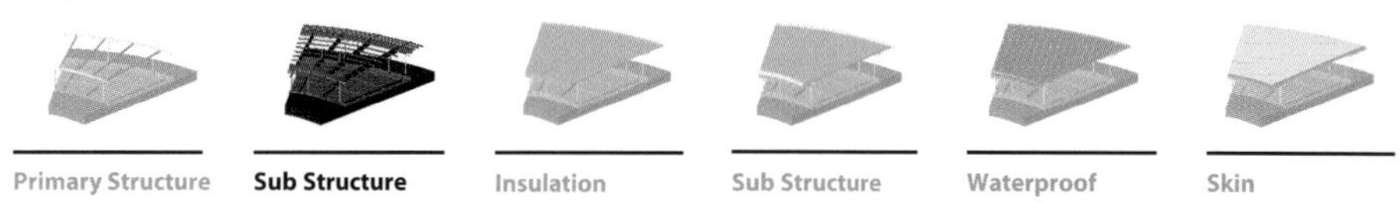

Between

목재와 간격재 사이에 단열재를 시공했다. 배수로가 설치되는 곳 이외에는 모두 단열재로 채워져 있으며, 처마 구조물 끝에는 배수로 설치를 위한 합판 바닥면이 설치되었다. 커튼월 프레임 바의 전면부와 기초 바닥면의 측벽부에도 단열재가 설치되었다.

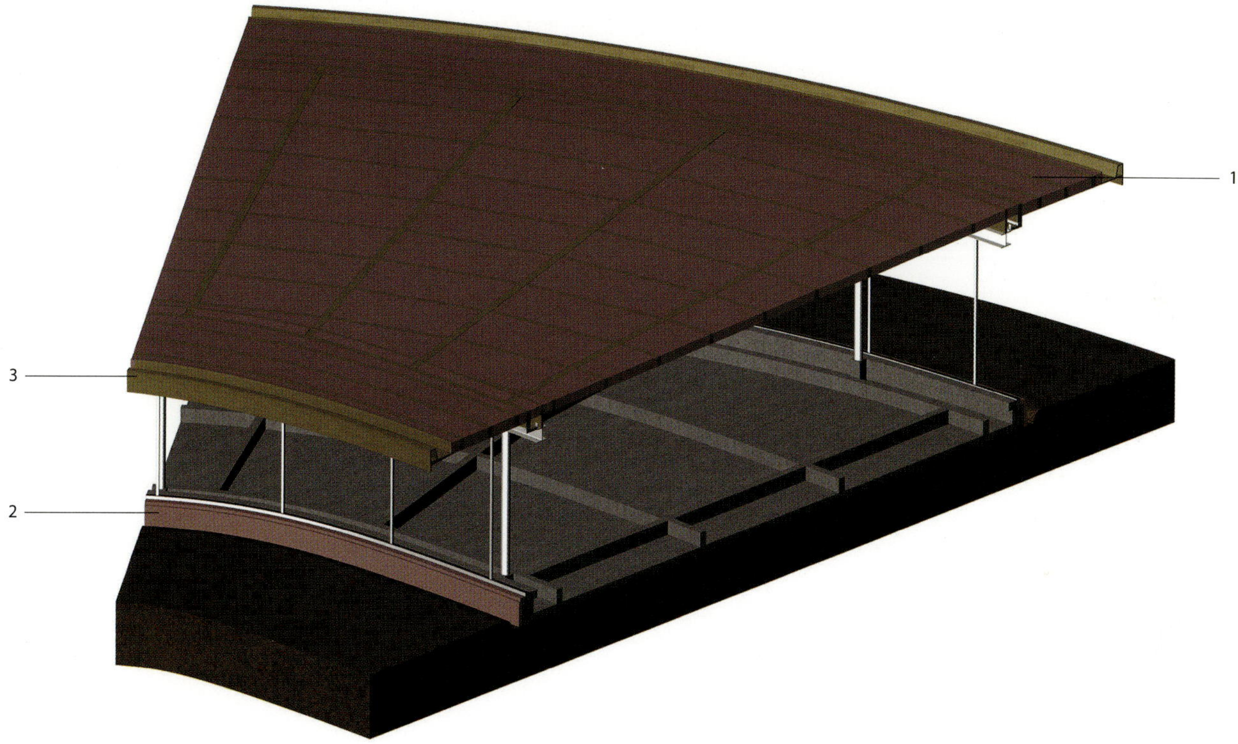

1. Timber sandwiching insulation
   (목재보 사이의 단열재 배열)
2. rigid insulation
   (단열재)
   waterproofing membrane
   (시트방수)
3. Wooden framed rainwater gutter
   (목구조 우수 거터)

Construction Progress (Exterior)

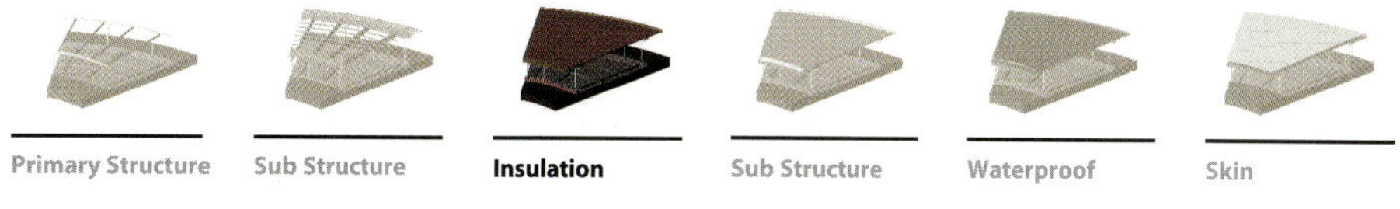

Sub structure

Base Layer

앞서 시공된 단열재 위로 차수막 설치를 위한 바탕면을 한 겹 더 만들었다. 각 처마 끝단에 연속적으로 돌아가는 배수로에 철물 후레싱을 설치했고, 후레싱 끝단부에는 지붕 내측 방향으로 ㄷ형강을 설치했다.

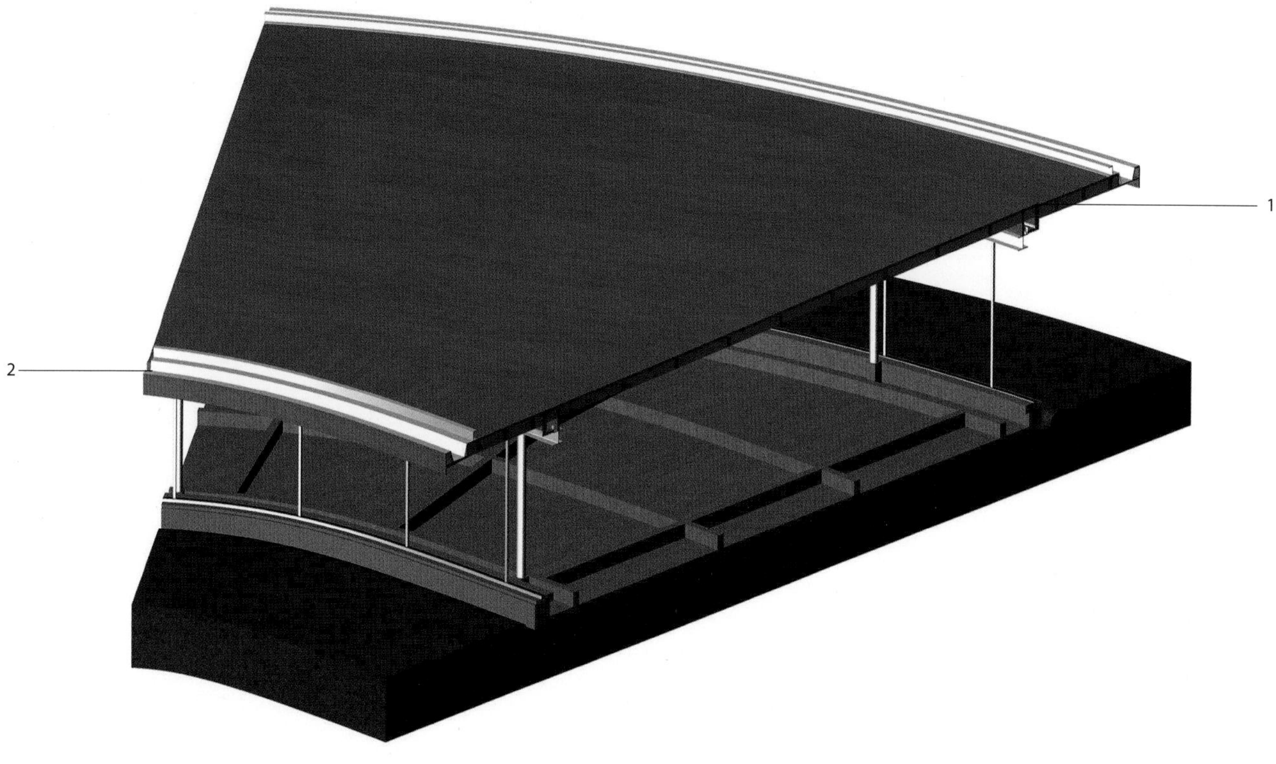

Construction Progress (Exterior)

1. 20mm plywood panel
   (합판)
   25mm corrugated sheeting
   (주름시트)
2. Waterproofing membrane
   (방수시트)

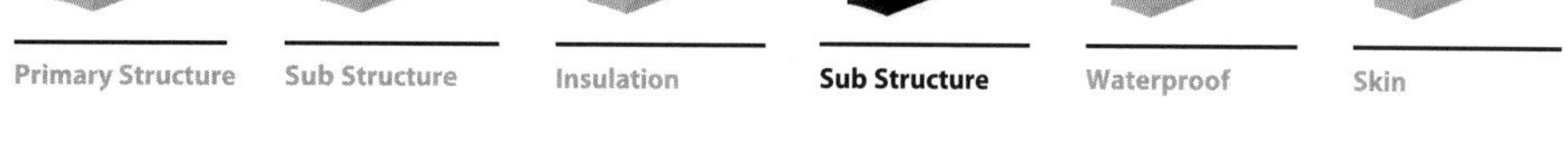

Over Layer

지붕 바탕면에는 외측 차수막이 설치되었고, 차수막 위로는 추후 지붕 마감 판넬 설치를 위한 브라켓(새들)이 설치되었다. ㄷ형강을 기준으로 마감 후레싱을 한번 더 설치했다.

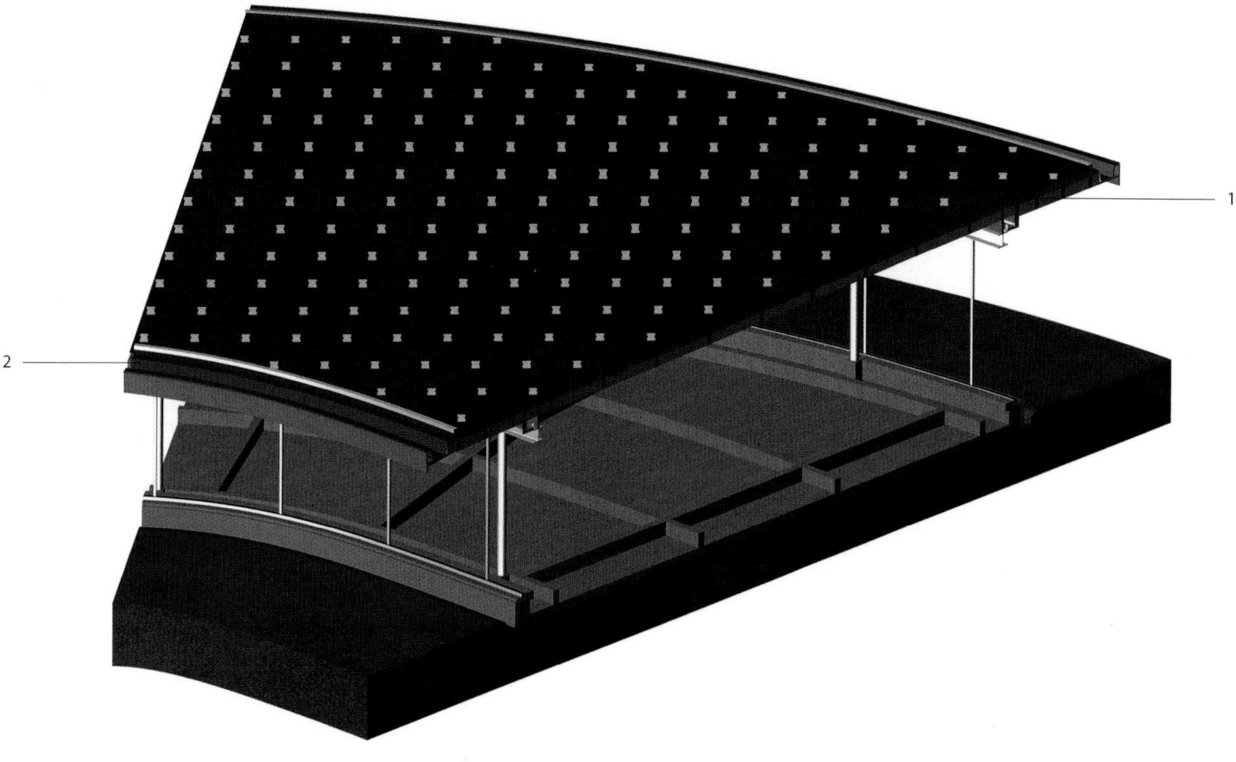

1. roof point fastener
   (지붕마감 지점 화스너)
   air space
   (중공층)
   sprayed waterproofing membrane
   (도막방수)
   40mm rigid insulation
   (단열재)
   waterproofing membrane
   (방수시트)
   vapour permeable course
   (배수판)
2. stainless steel rainwater gutter
   (스테인레스 스틸 우수 거터)

Construction Progress (Exterior)

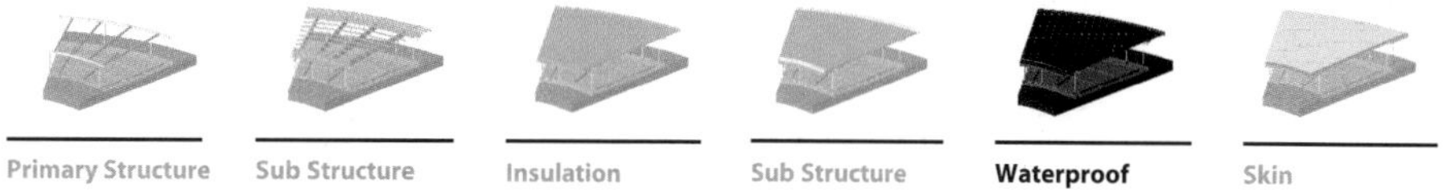

Double Layer

지붕의 마감은 오픈조인트로 구성되어있다. 지붕 판넬의 격자는 1200x2400의 판넬이 사용되었다. 유리 외벽 마감은 최소한의 프레임으로 구성된 곡면 유리가 사용되었다. 콘크리트 턱 위에 얹혀져 넘어지지 않도록 사전에 설치된 행잉 볼트에 결속했다.

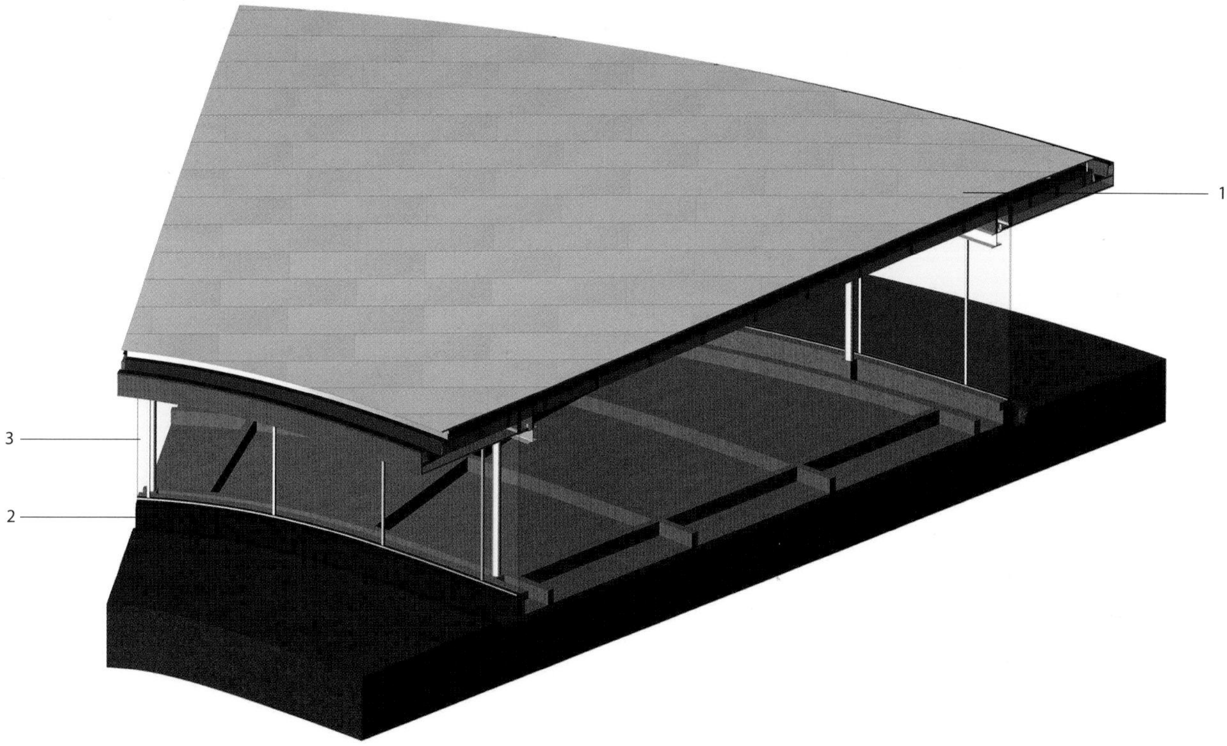

Construction Progress (Exterior)

1. roof comprising curved aluminium sheeting
   (휘어진 알루미늄 시트 지붕마감)
2. earth, gravel layer, drainage blanket
   (지면에 맞닿은 단부마감)
3. 17+15/12/7+7mm glazing units
   (유리 파사드 유닛)

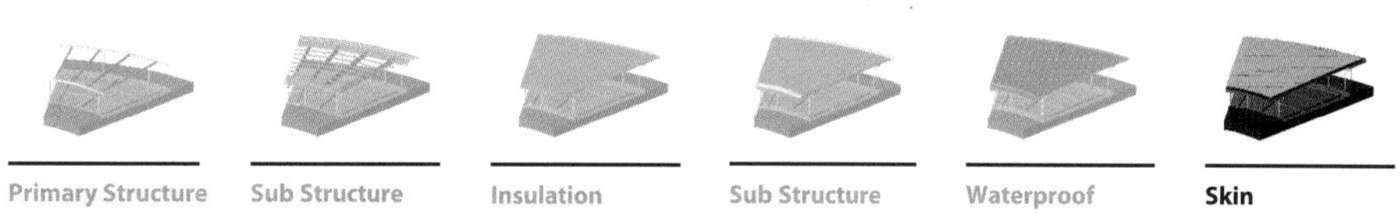

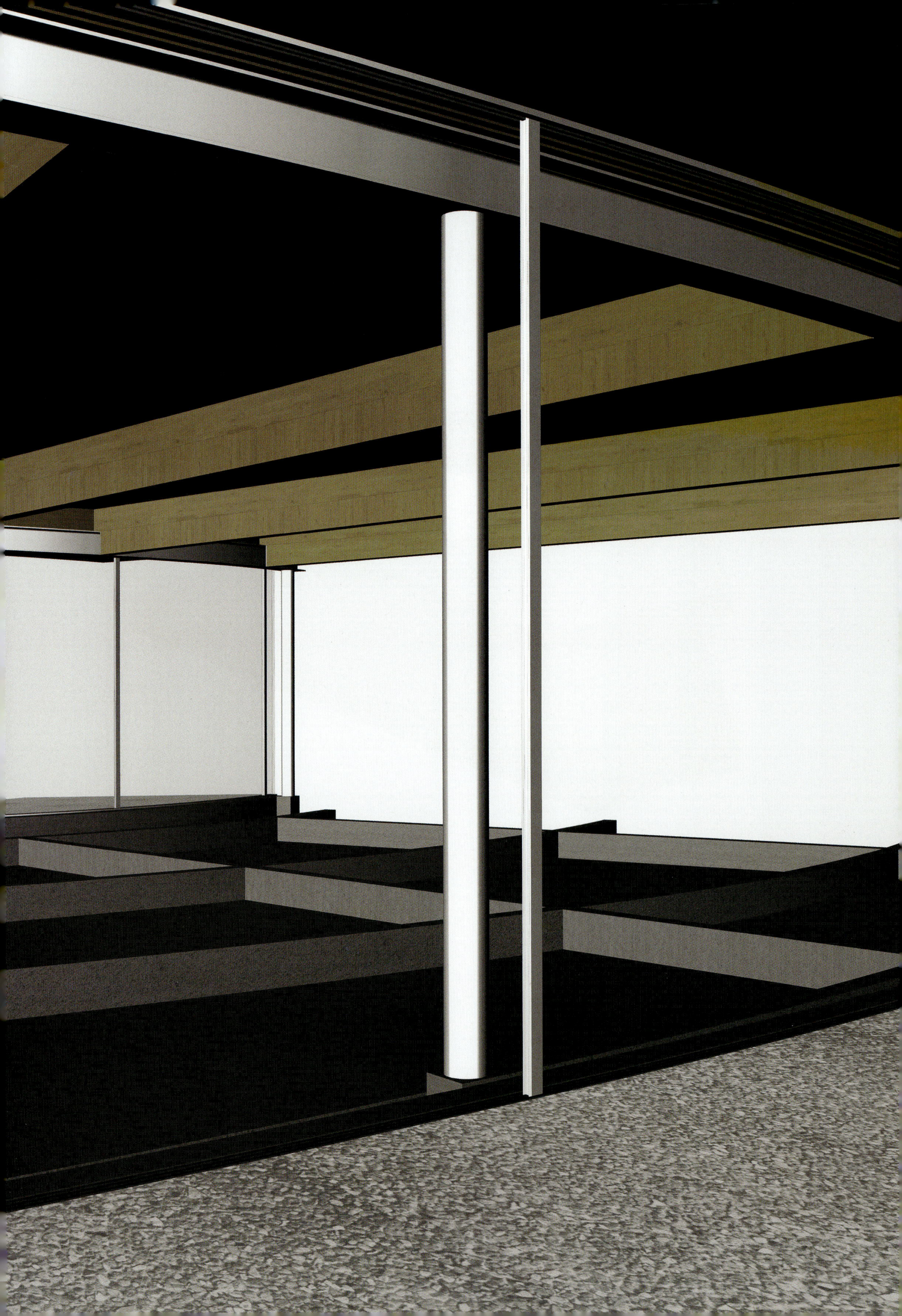

Filled

옥외공간의 바닥면은 자갈로 채워졌고, 유리프레임과 건축물 기초턱에 맞추어 마감하였다. 사용하는 공간과 조경을 위한 공간을 잔디와 자갈로 구분했다.

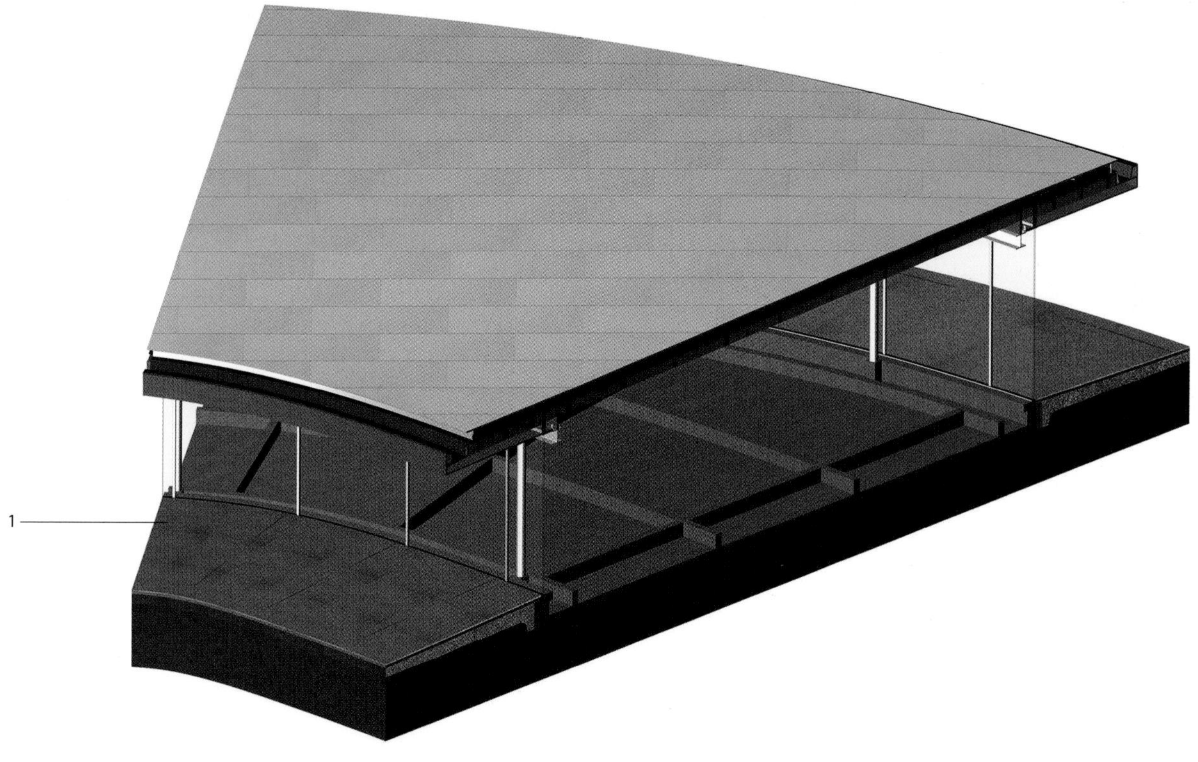

1. walkway comprising gravel, 60mm screed
(다져진 콩자갈 외부 마감 – 보행로)

Construction Progress (Interior)

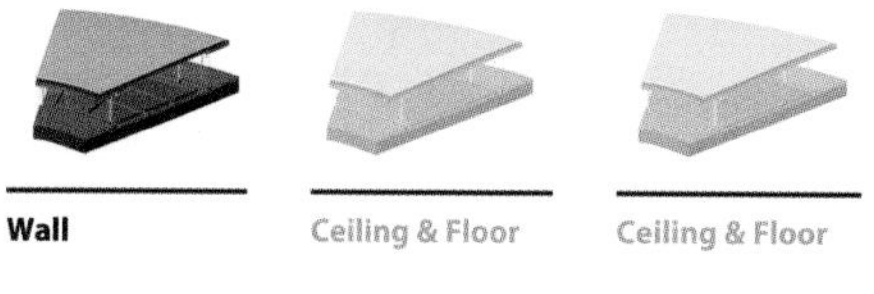

Line up

천장 설치를 위해 흡음보드를 시공했고, 바닥면에는 바닥마감을 위해 지중 보 바닥 슬라브 위 흡기 그릴박스를 설치 했다. 그릴 라인은 기둥이 설치 된 열에 맞추어 설치된 것을 확인할 수 있다.

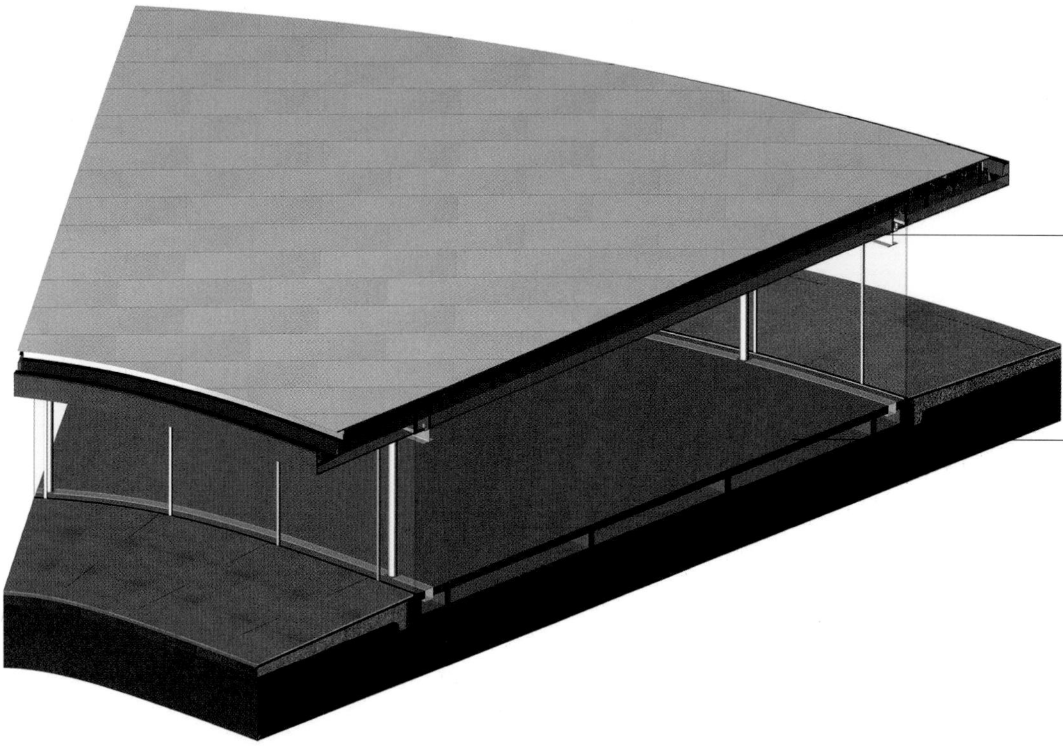

1. 150mm reinforced concrete slab
(철근콘크리트 슬래브)

2. 45mm acoustic panel
(어쿠스틱 패널)
false ceiling of douglas
(세장 판형 목재천장 – Hunter douglas 특정제품명)
fir slats on metal frame
(천장 고정용 철재 프레임)
secured by tie rods
(로드바를 통한 천장 보강)

Construction Progress (Interior)

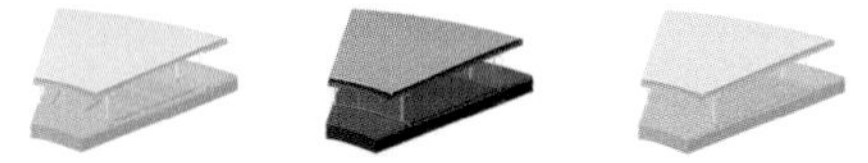

Wood Layer

천장공간은 직선형 목재로 보와 보 사이에 사이딩(Tongue&groove)으로 설치되었다. 바닥면의 마감은 통상적인 우드플로어링, 레진 등이 사용되었다.

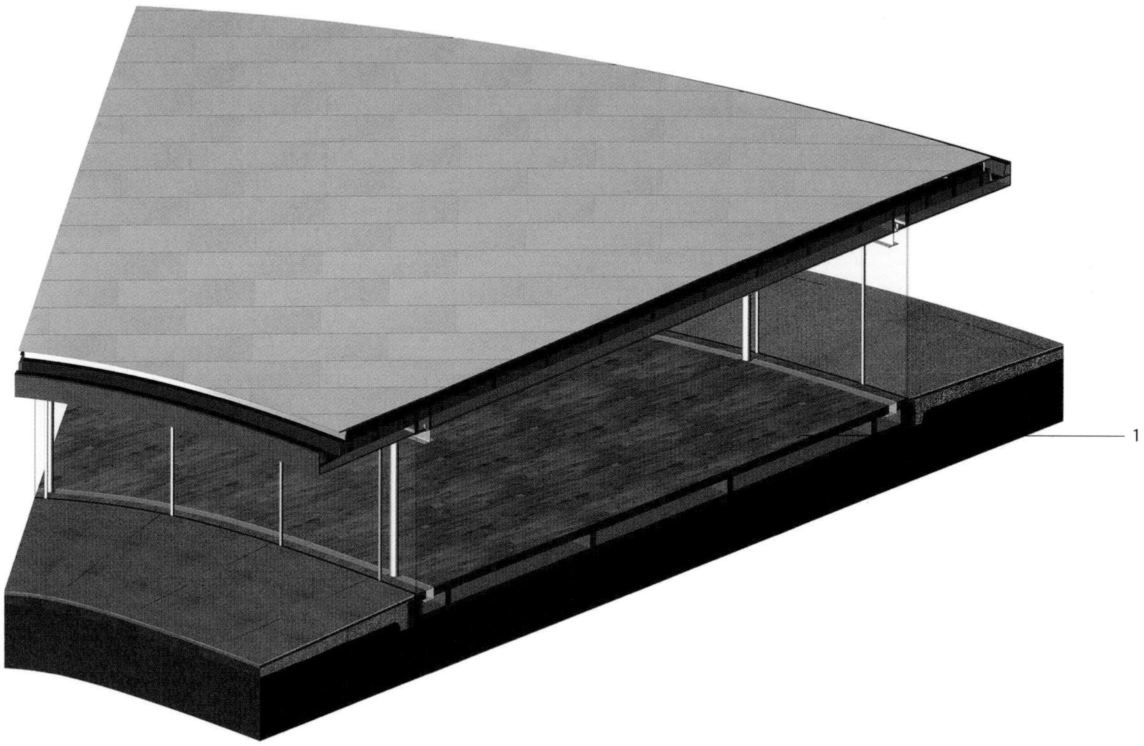

1. Wooden flooring
(목재 바닥재 마감)

Construction Progress (Interior)

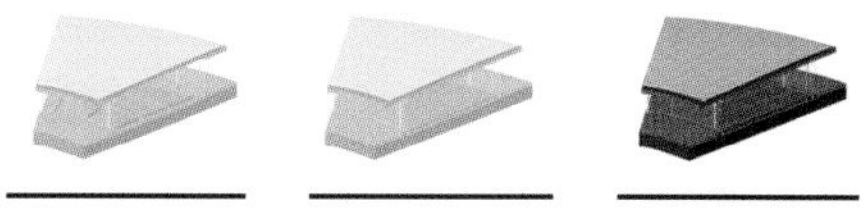

$4,126m^2$

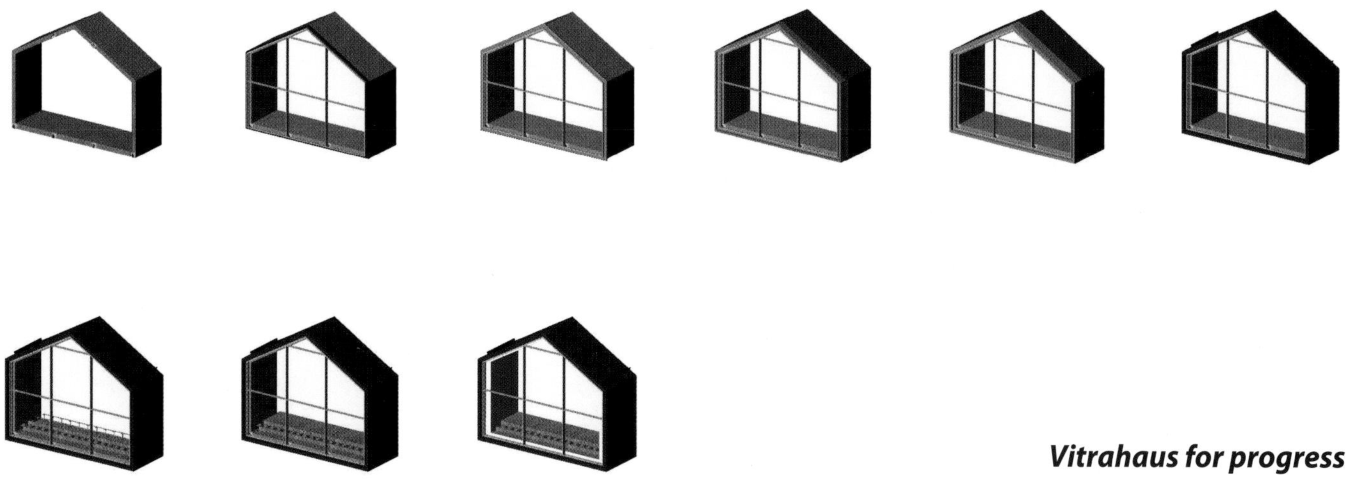

Vitrahaus for progress

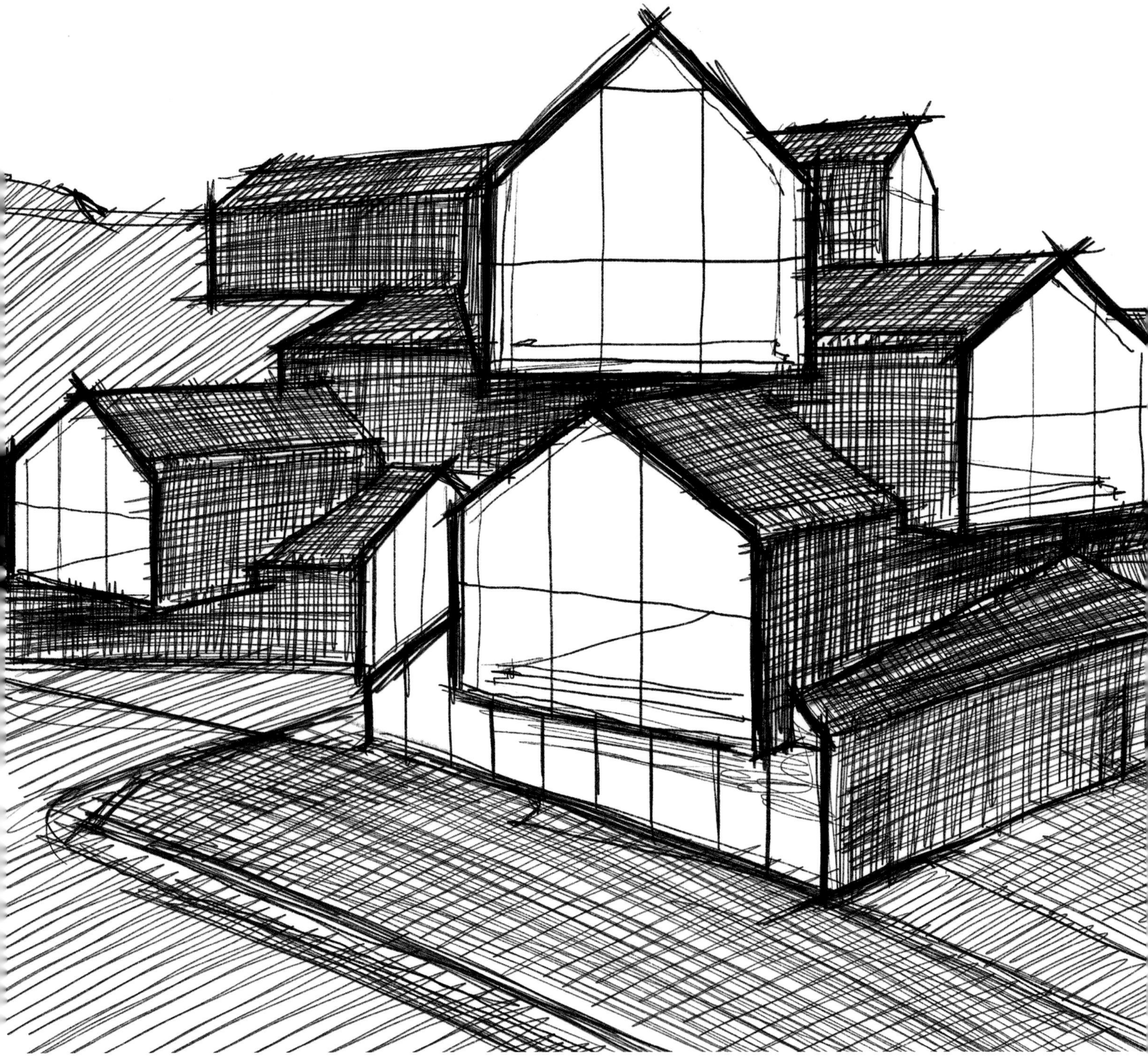

4,126 m^2

Integrated

_Vitrahaus

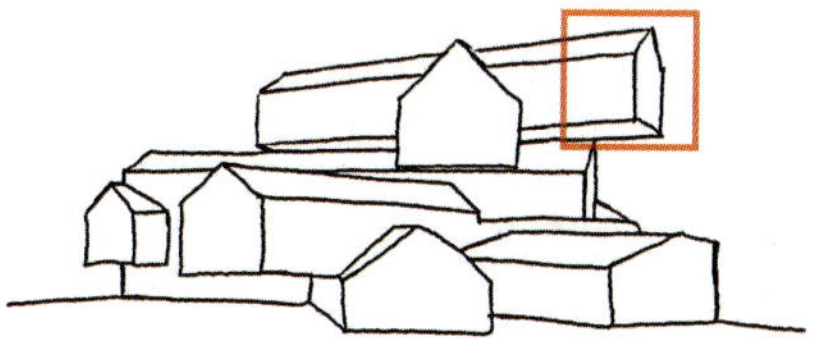

Project year	2009
Location	Weilam Rhein, Germany
Architects	Herzog de Meuron

Primary structre	R.C (Reinforced Concrete Structure)
Insulation	Rockwool Insulation
Rainscreen	Steel sheet
Sub structure	Solid Steel Profile
Exterior Skin	Glazed window & Bituminous ST'L Sheet
Interior Wall Finish	Gypsum Plaster Board
Interior Floor Finish	Raw Cut Oak Parquet
Interior Ceiling Finish	Acoustic Plaster

Primary structure

Shape

계획한 건축물 형상에 맞추어 바닥, 벽, 지붕을 일체화 한 콘크리트 골조를 타설 하였다. 콘크리트 구조물의 외측 단부에는 추후 설치될 커튼월 구조체를 위해 베이스판넬을 매립 앙카 방식으로 설치 했다.

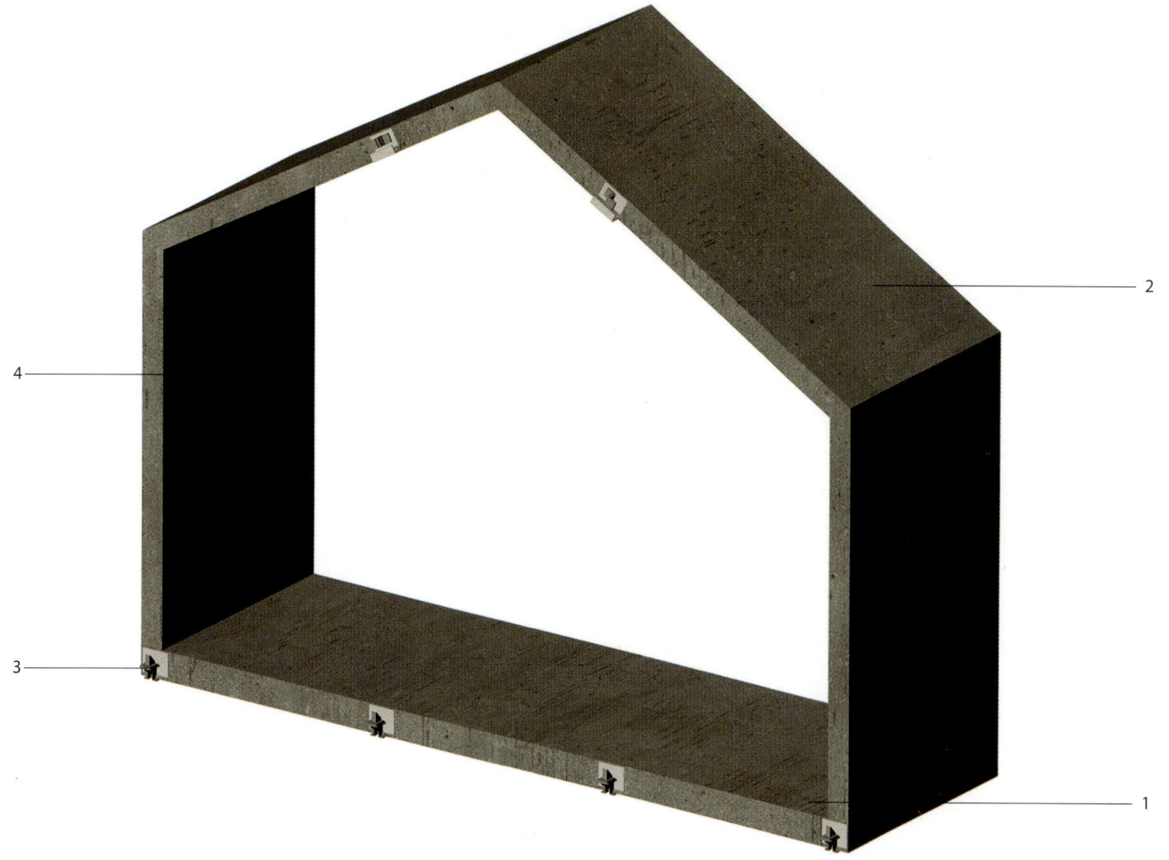

1. 300mm reinforced concrete slab
(철근콘크리트 슬래브)
2. 260/300mm reinforced concrete with cooling system
(철근콘크리트 지붕구조 + 냉방시스템)
3. Embedded ST'L plate bracket
(매립형 스틸플레이트 브라켓)
4. 250mm reinforced concrete
(철근콘크리트 벽체)

Construction Progress (Exterior)

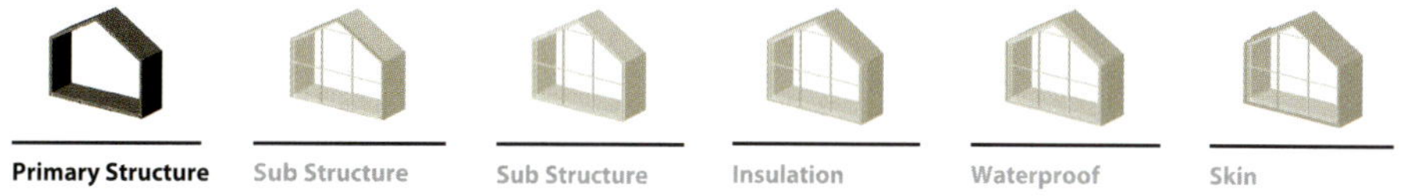

Sub structure

Lattice in Shape

콘크리트단부에 사전 설치된 베이스플레이트에 수직/수평의 그리드(약 2700mm 간격)가 커튼월의 내부 프레임으로 설치되었고, 외측 단부의 형상에 맞춰 커튼월의 외부 프레임도 설치되었다. 커튼월 프레임과 콘크리트 구조물 사이의 틈으로 누수가 발생하지않도록 차수막을 설치하였다.

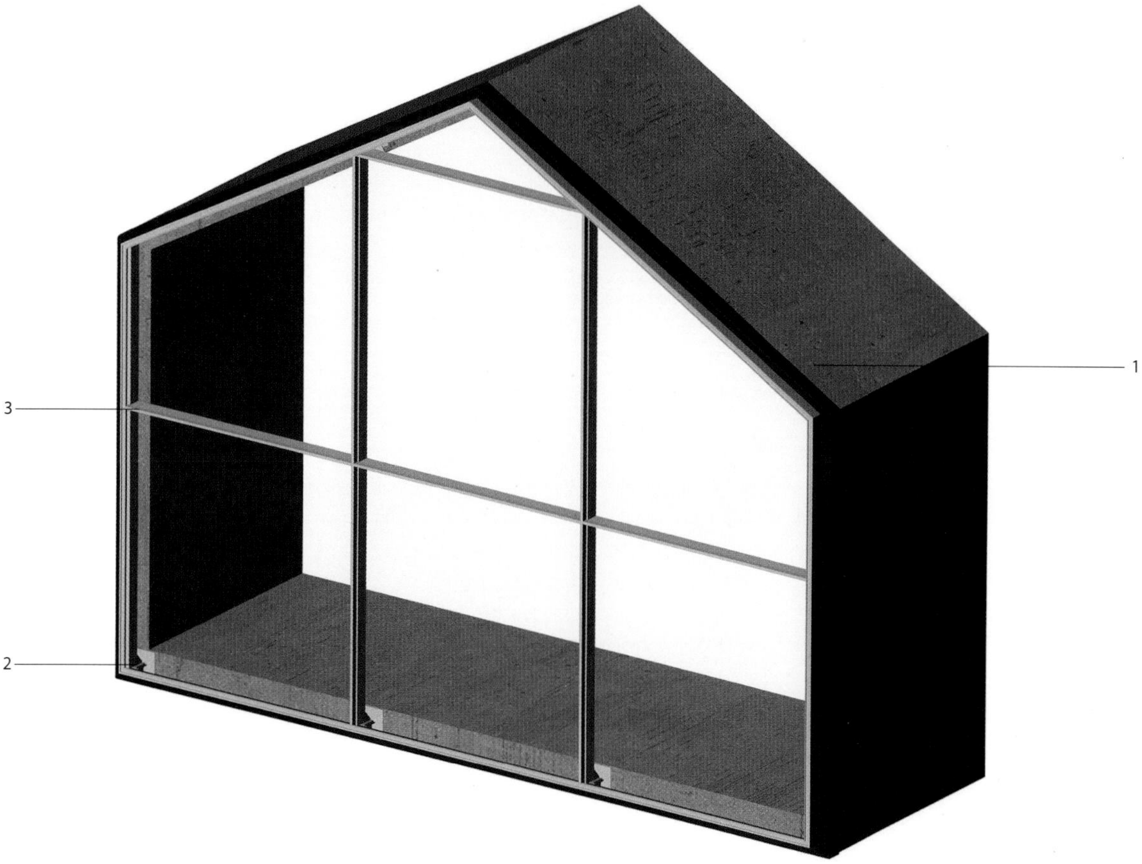

Construction Progress (Exterior)

1. Moisture Barrier
   (방수층)
2. Stainless steel frame of double glazing
   (복층유리 파사드의 스테인레스 스틸 프레임)
3. Façade profile solide steel 30mm x 140mm coated
   (매립형 스틸플레이트 브라켓)

Primary Structure | **Sub Structure** | Sub Structure | Insulation | Waterproof | Skin

Border Base

설치된 차수막과 콘크리트 구조물의 경계에 알루미늄 후레싱으로 마감하였다.

Construction Progress (Exterior)

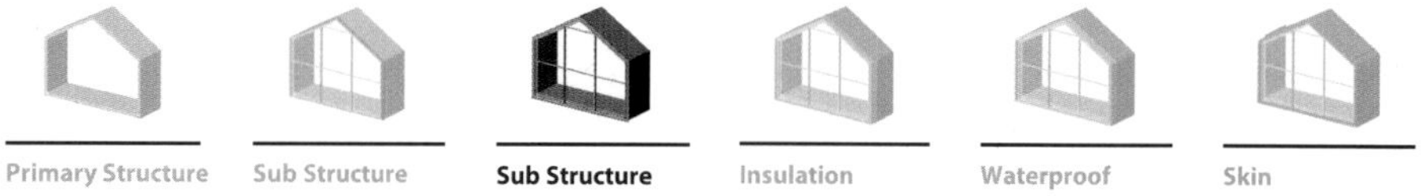

1. Steel plate
(스틸플레이트)

Face and Boundary

콘크리트의 면에는 단열재와 합판으로 마감 재설치를 위한 바탕면을 만들었다. 콘크리트 단부에는 커튼월프레임을 중심으로 양쪽에 단열재를 시공하였다. 커튼월 프레임을 경계(커튼월 프레임의 내측은 유리가 단열/마감 역할)로 전체가 단열재로 감쌌다.

1. 24mm wood boarding, nailed
   (우드 보드)
   140mm insulation, Rockwool
   (락울 단열재)
   140 x 80 mm Rafter
   (목재 간격재)

2. Thermal insulation
   (단열재)

3. Floor construction (Exterior)
   (외부 바닥 구조 – 층 하부)
   150mm insulation, Rockwool
   (락울 단열재)
   10mm Mineral render
   (표면 미장)

Construction Progress (Exterior)

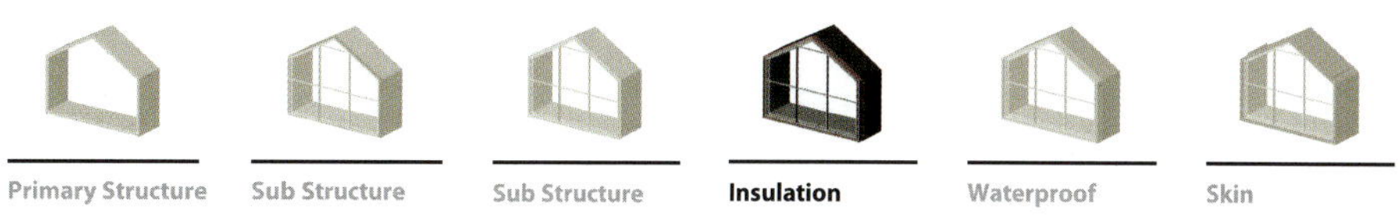

Cap

단부에 설치된 알루미늄 후레싱은 약 700m폭으로 건축물 전반을 감싸는 식으로 시공되었다.

Construction Progress (Exterior)

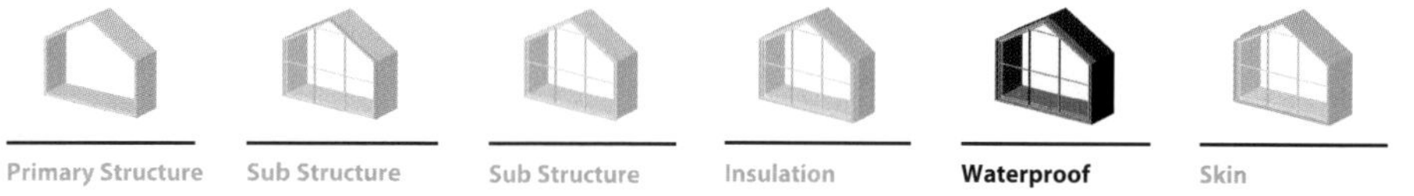

1. Steel sheet with waterproofing
(방수겸용 스틸시트)

Face-to-Face

처음 골조 타설 시의 형상을 그대로 유지하며 설치된 외장 마감재는 600mm폭의 검은색 징크 판넬이 사용되었으며, 돌출 이음 방식으로 시공하였다. 지붕의 끝에는 눈이나 비가 외벽을 타고 흐르지 않도록 배수 라인에 맞추어 가이드 바를 설치하였다.

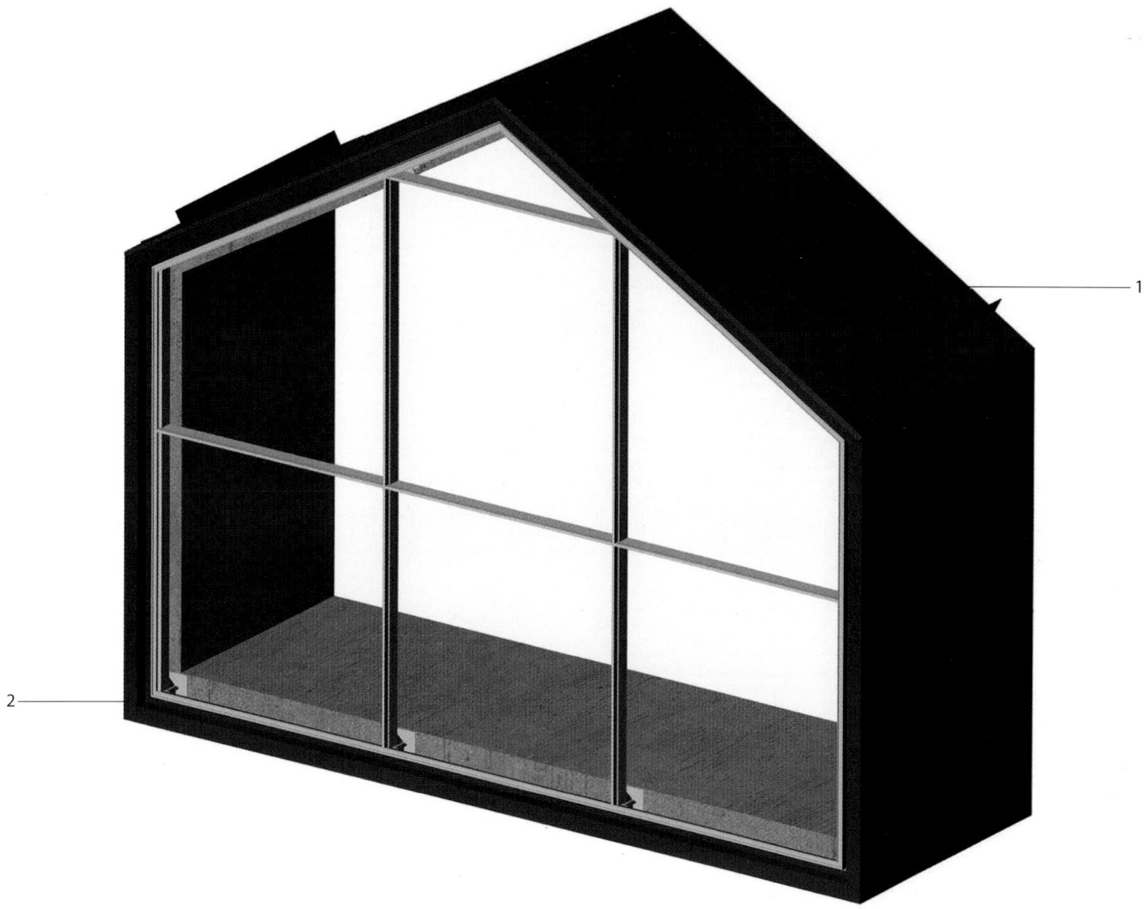

Construction Progress (Exterior)

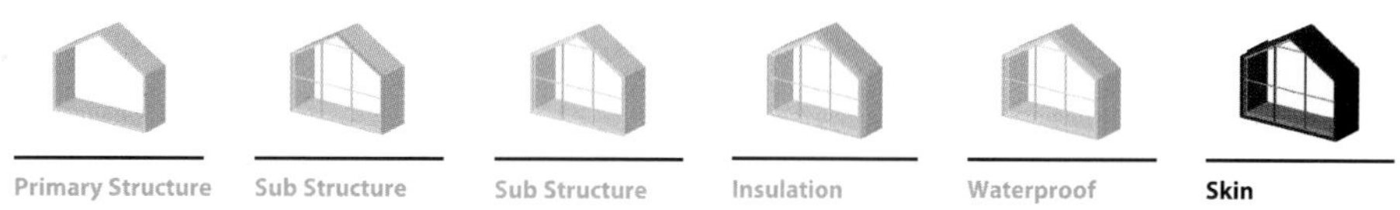

1. 2 layers bituminous roof sheeting, bottom layer nailed
   (2겹 지붕 시트마감)
2. 10mm Mineral Render
   (표면 미장)

Level Set

내부 바닥 면은 전면부터 내부공간으로 단차를 두어 설치 하였다. 건물 외측부터 첫번째 레벨에는 외측 단부를 마감하기 위해 캡플레이트 및 경계바닥면을 시공하였다. 다음 순서로 공조 그릴, 마지막으로 실내사용 바닥 마감 레벨에 맞추어 바닥 면을 구성했다.

1. 455mm floor system
(뜬바닥 구조 시스템)

Construction Progress (Interior)

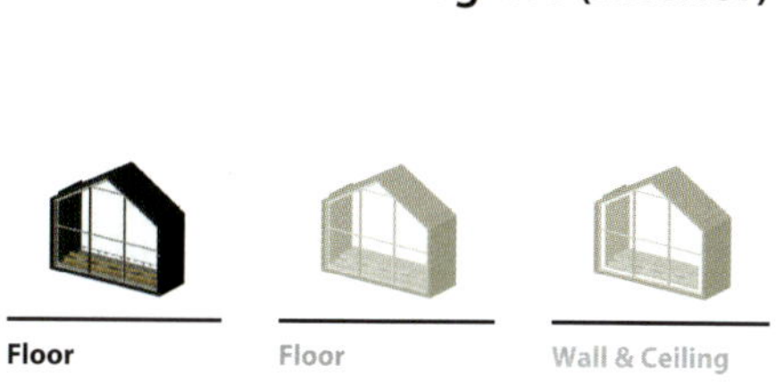

Step Floor

실내사용 바닥 마감 레벨에 맞추어 설치된 바닥서포트 위에는 오크재질의 목재로 시공하였다.

Construction Progress (Interior)

1. 15mm raw cut oak parquet
   (오크재질 바닥 마감)
   10mm chipboard,
   (스트렌스 보드)

Contrast Face

검은색 외벽과 대조되는 흰색 내벽은 건축물 내측의 벽체와 천장면 그리고 외측에서 보이는 인테리어 마감과 함께 단면을 이루고 있다. 목재 합판에 도장 처리로 마감했다.

Construction Progress (Interior)

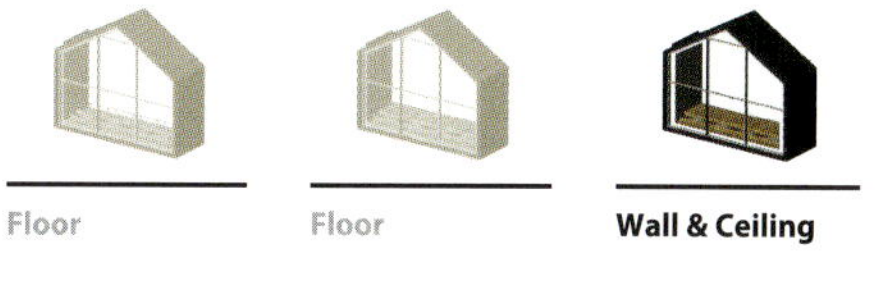

1. 2 x 12.5mm Gypsum Plaster Board
   (석고보드 벽체, 천장재 마감)

2,500 m^2

Integrated

_Concert hall in L`aquila

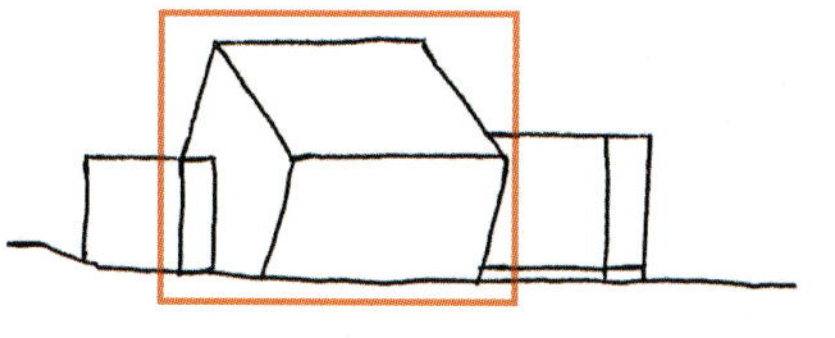

Project year	2012
Location	L'Aquila, Italy
Architects	Renzo Piano

Primary structre	Laminated softwood
Insulation	Thermal Insulation
Rainscreen	Bituminous Sheeting
Sub structure	Softwood battens
Exterior Skin	Oil-impregnated Larch Boarding
Interior Wall Finish	Cross-Boarded Timber
Interior Floor Finish	Laminated Timber Sheeting
Interior Ceiling Finish	Cross-Boarded Timber

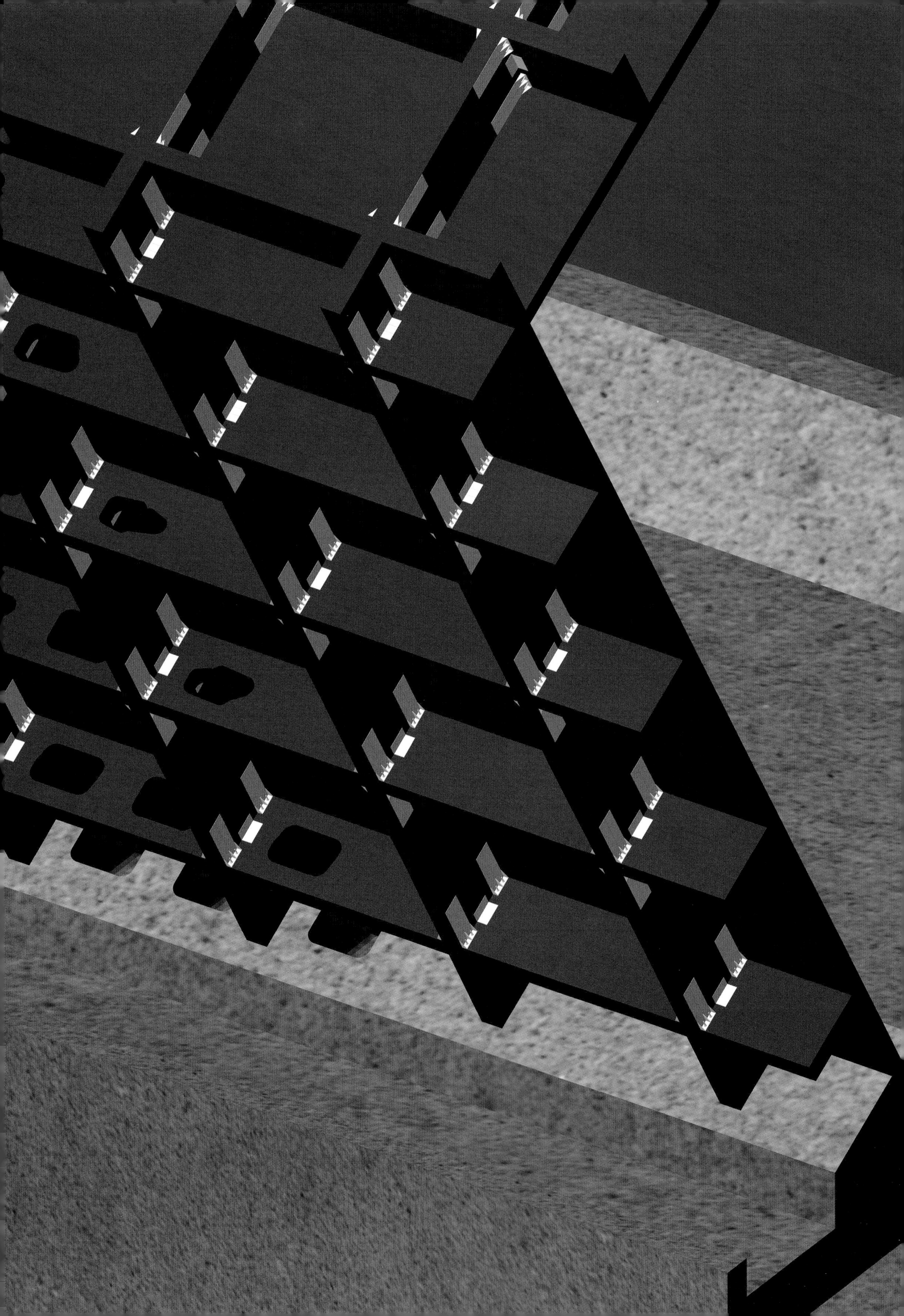

Large Grid

임시 단기 건축물 이지만 구조적 안전을 위해 콘크리트로 기초를 만들었다. 기초부는 설비 계획 및 벽체와 지붕으로 올라가는 리브 방식 결합 목재 구조체를 고정시키기 위한 단면의 형상으로 타설 되었다. 약 2000mm 격자로 각각 구획된 목조는 약 720mm의 단면 폭으로 만들어졌다.

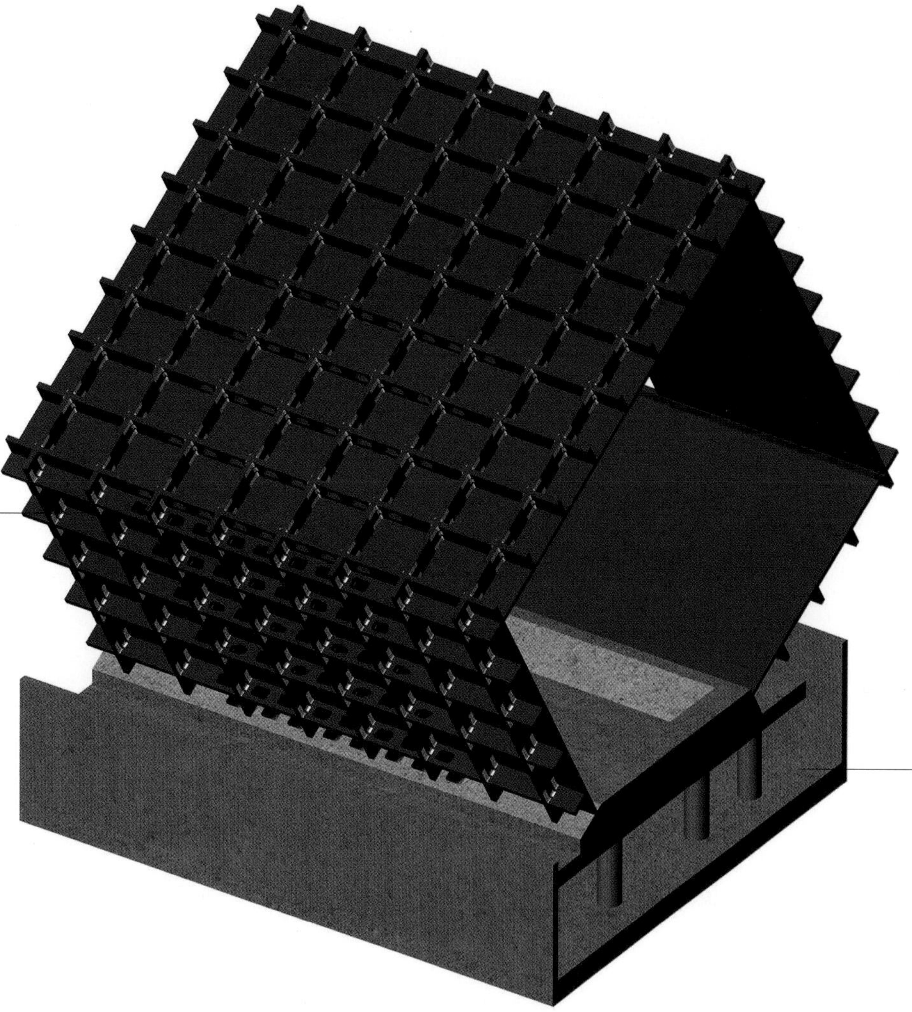

Construction Progress (Exterior)

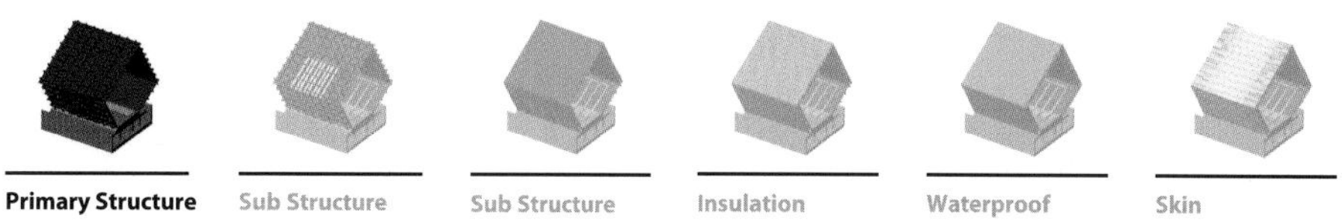

1. Reinforced concrete basement structure
   (철근콘크리트 지하구조체)
2. 200/720 mm laminated softwood beams
   (접합 연목 보)
   202mm seven-layer laminated cross boarded timber with acoustic milling
   (다듬어진 7개층의 CLT보드)

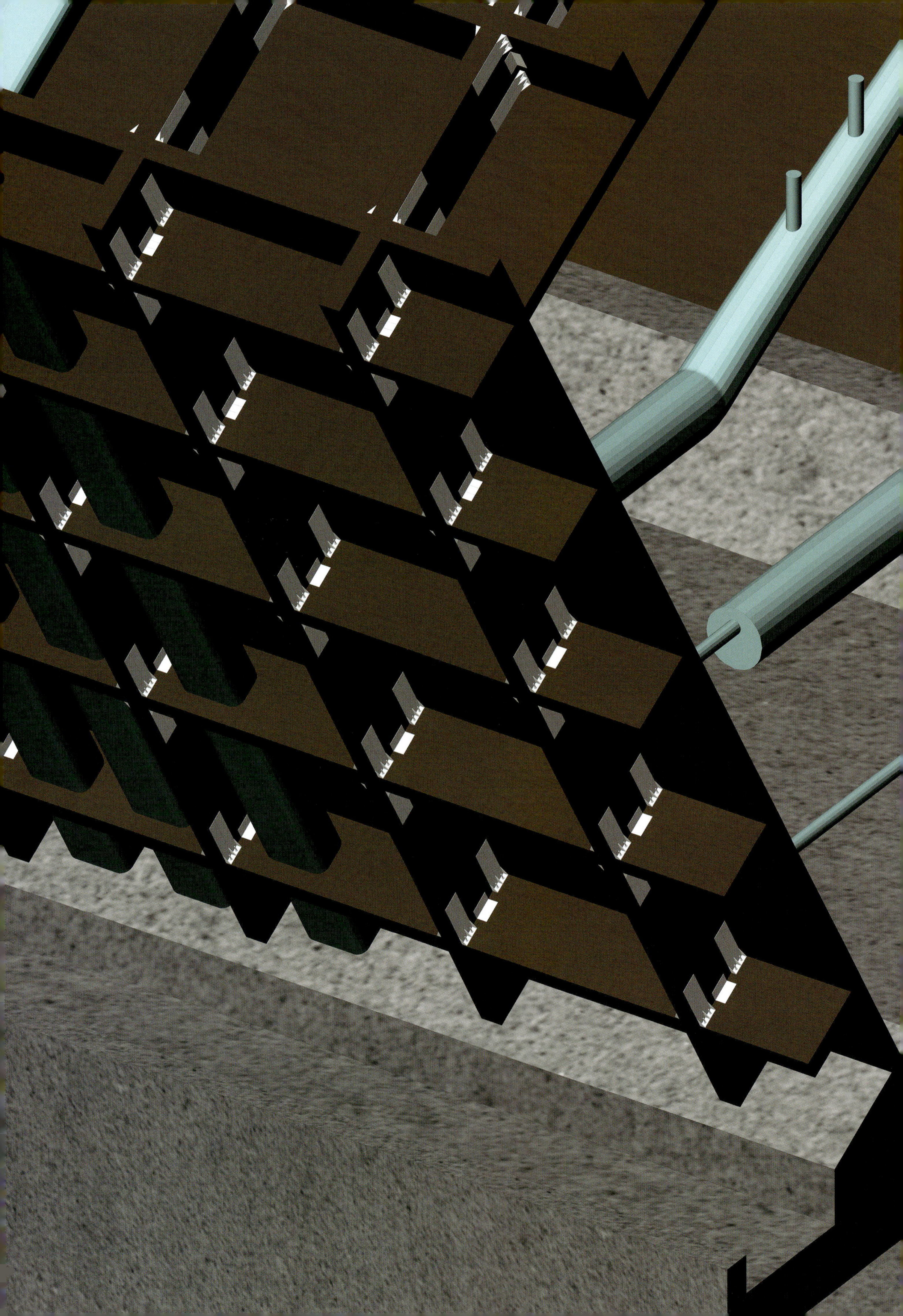

Vein in Grid

격자 틀 목재 사이와 슬라브 및 내부 벽체를 따라 건물의 설비요소들이 사전 계획되어 설치되었다. 설치된 설비 요소는 건축물 자체 이외에 별도로 공간을 차지하지 않고, 각 구조와 일체화시켜 시공했다.

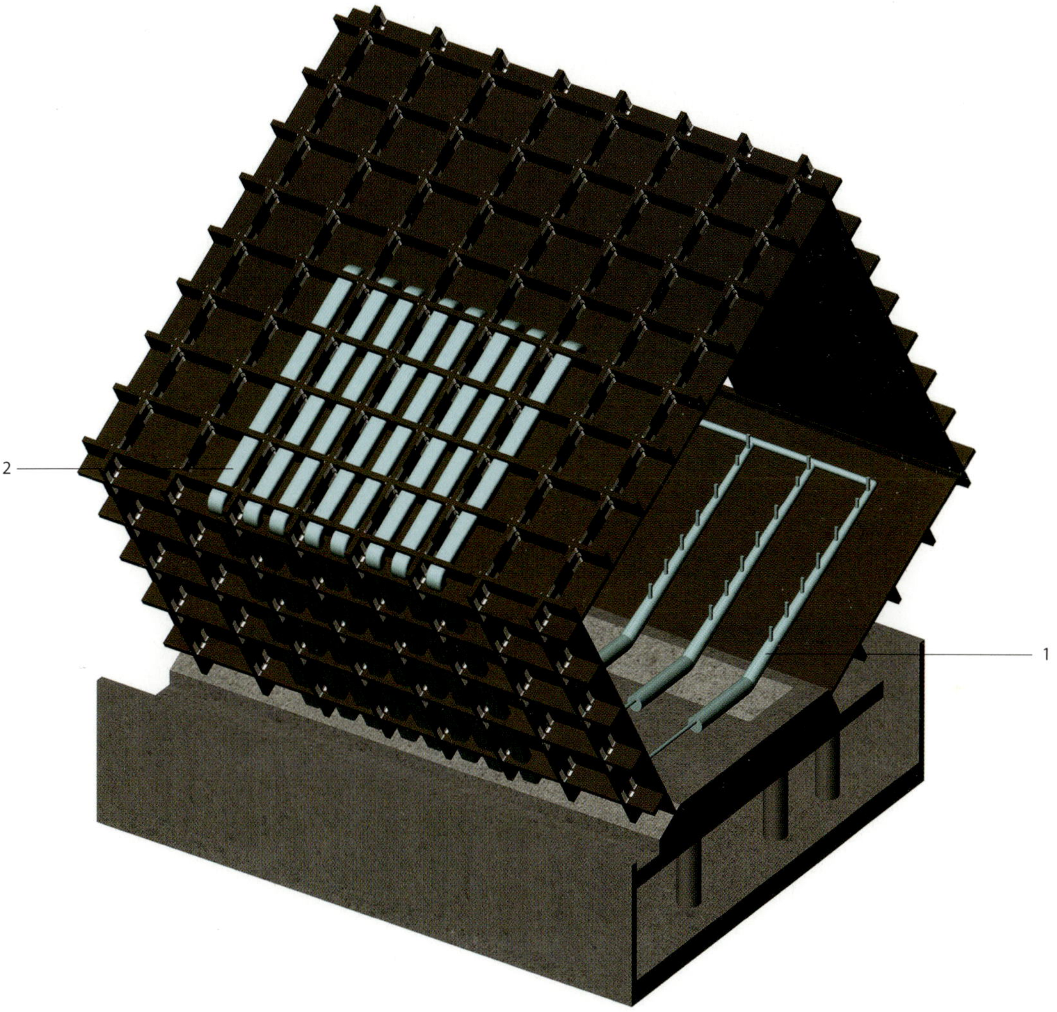

Construction Progress (Exterior)

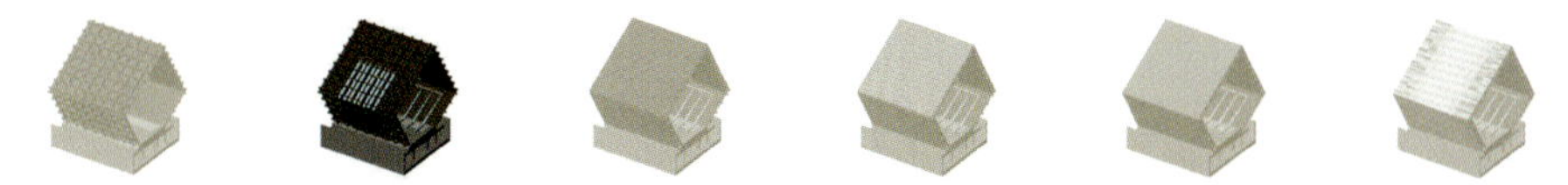

1. Air intake
(급기관)

2. Air extract
(배기관)

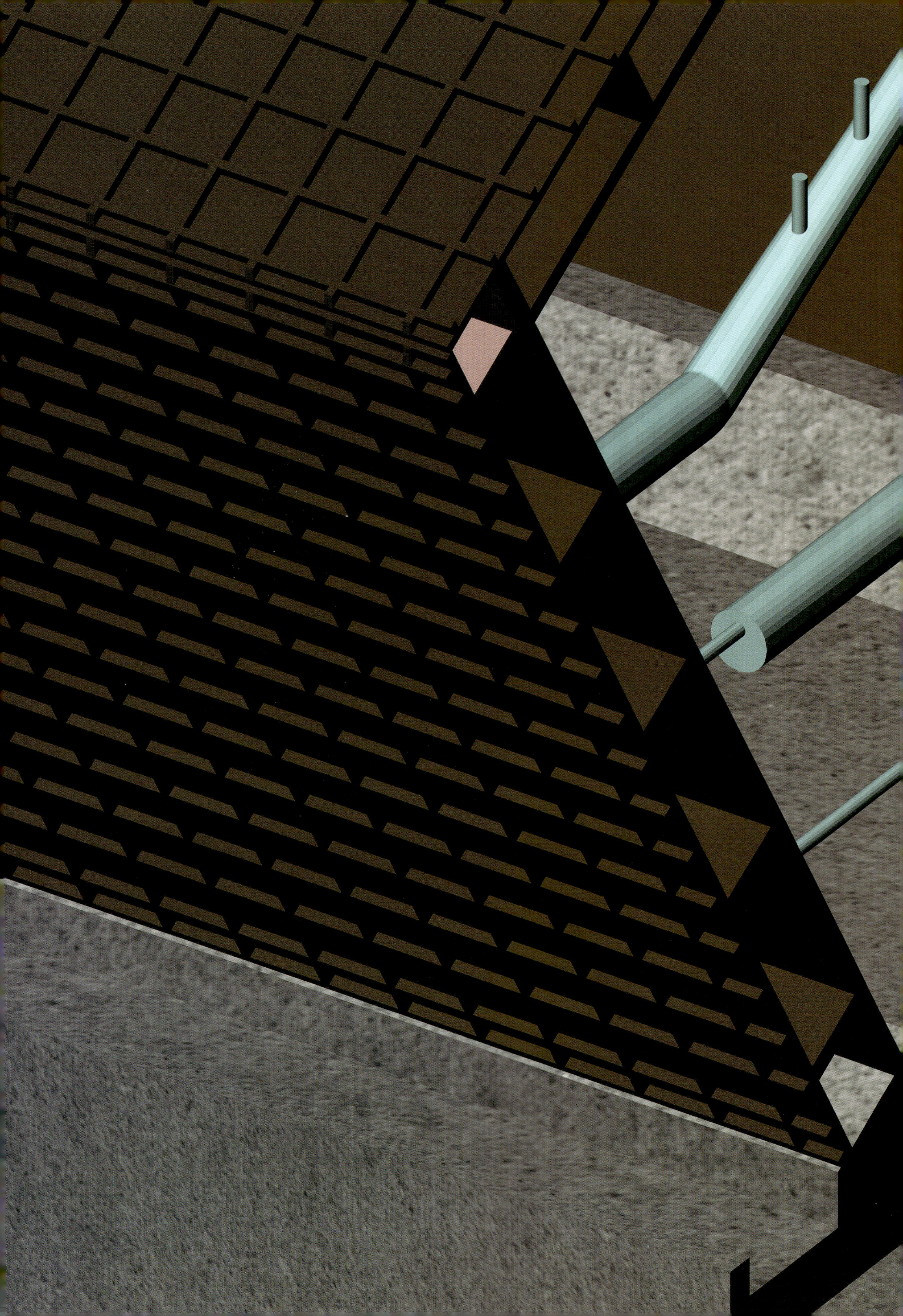

Small Grid

내측의 격자형 목구조 밖으로 다시 한번 격자 목재 판을 덮어 지붕 겸 벽체를 완성했다. 완성된 외측 목재덮개에는 약 600mm로 내부의 격자 그리드보다 더욱 세밀한격자로 구획되어 있다.

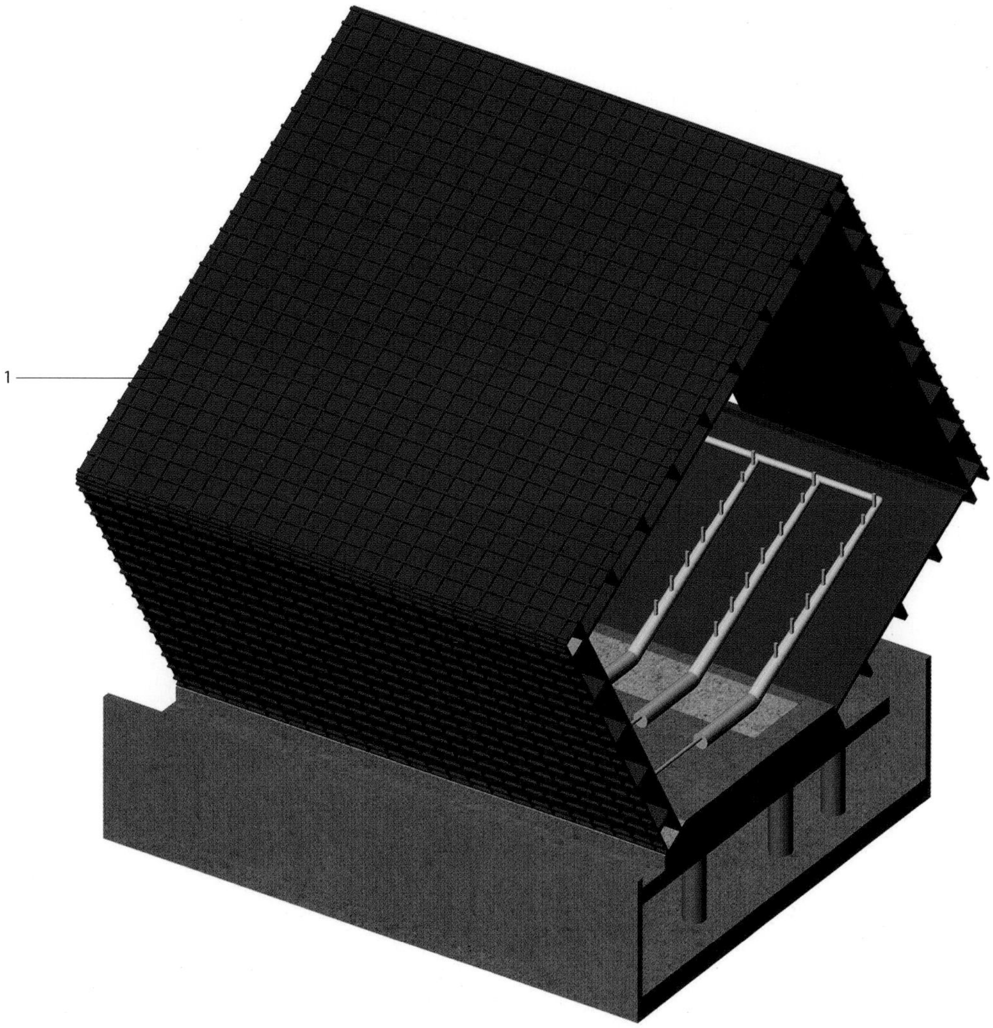

Construction Progress (Exterior)

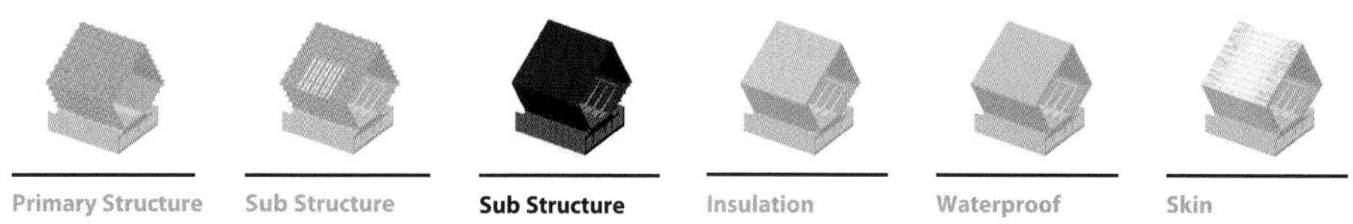

1. 80/100 mm softwood bearers
(연목 각재 격자구조)
96mm three-layer laminated softwood
(3겹의 접합 연목)

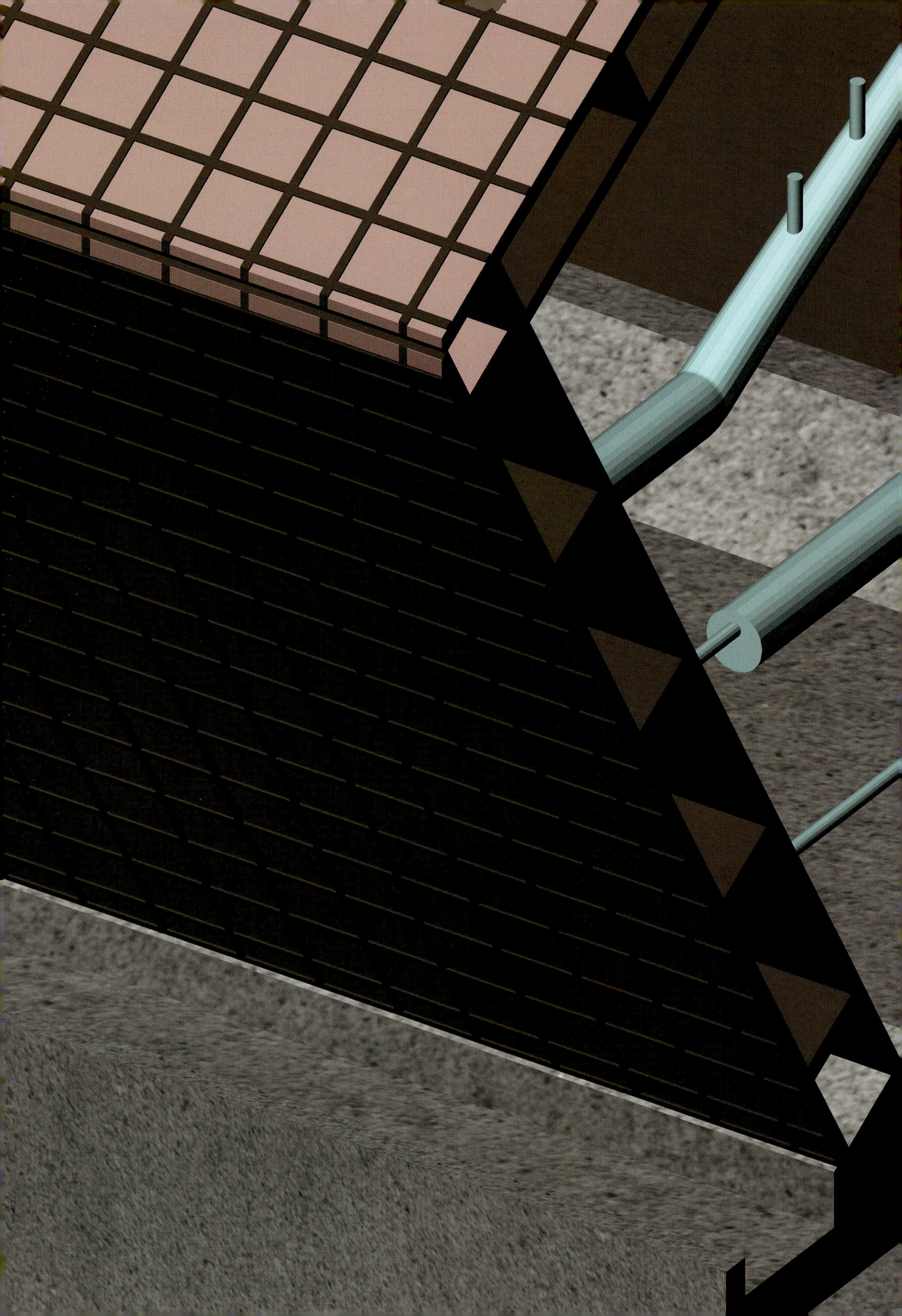

Coherent

600mm 간격 그리드에 80mm~100mm두께의 단열재가 설치되었다.

Construction Progress (Exterior)

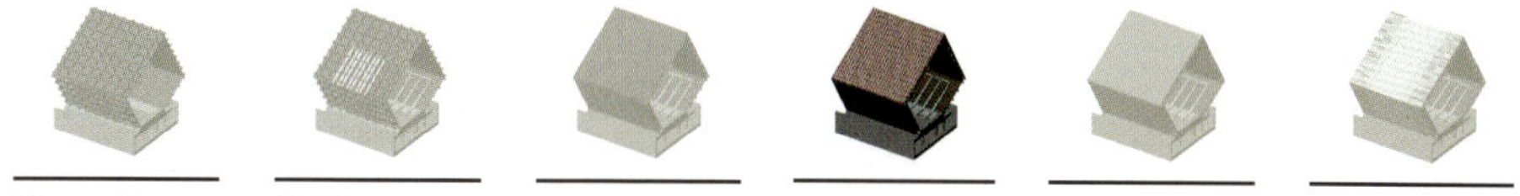

1. 80mm thermal insulation
(with 80/100 mm softwood bearers)
(단열재 - 격자 연목 각재 사이에 배치)

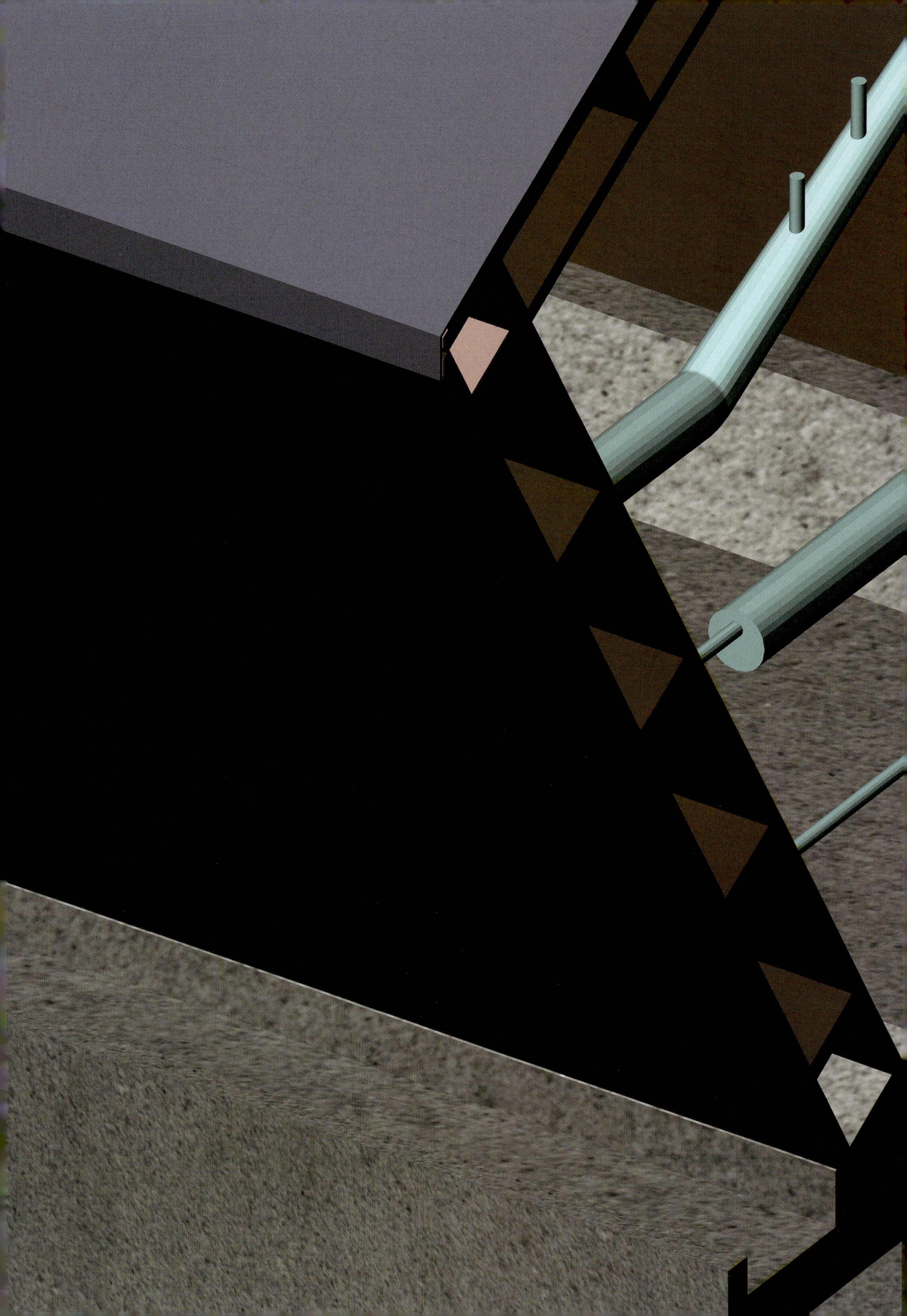

Covering

벽체와 지붕 단열재 위 목재합판으로 바탕면처리를 한 뒤, 방수 시트를 시공하여 건축물 전체를 감싸는 차수막을 형성했다.

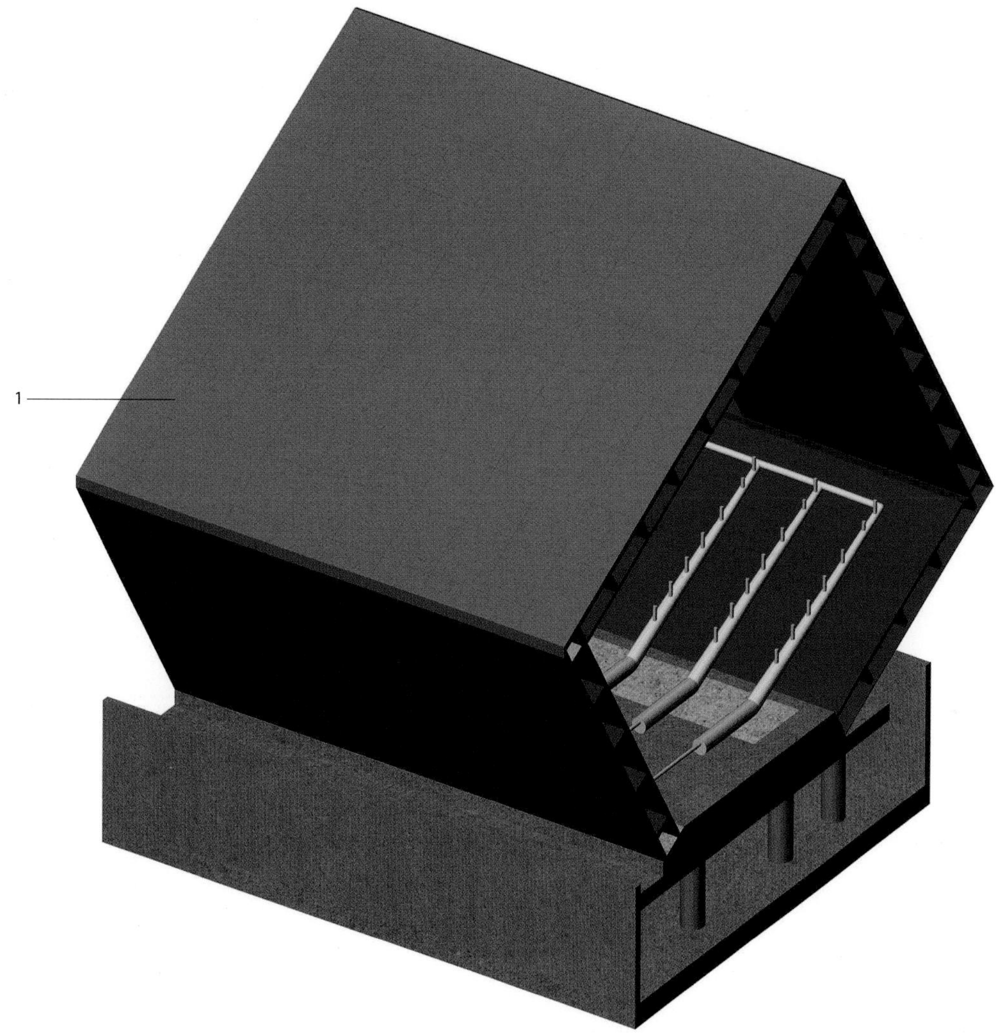

Construction Progress (Exterior)

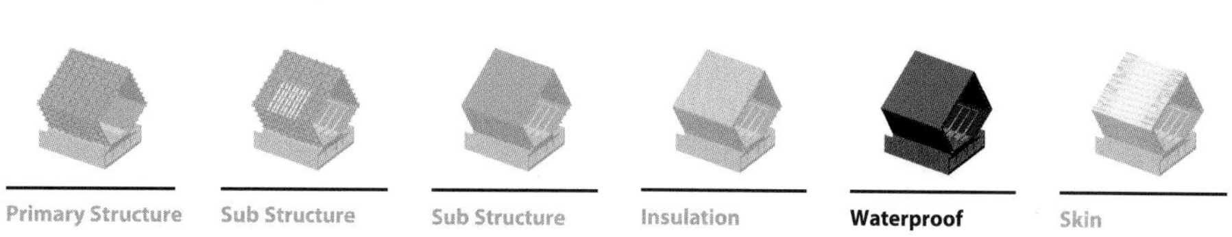

1. bituminous sealing layer
   (시트방수)
   20mm oriented-strand board
   (OSB – 배향성 스트렌스 보드)
   20mm rear ventilated cavity
   (외벽간 환기구)

Grid with Rhythm

다양한 색상의 오일페인트로 마감된 낙엽송 루버를 외부마감재로 설치하였고, 중심에서 측단부로 갈수록 여러 색상이 혼합 배치된다.

Construction Progress (Exterior)

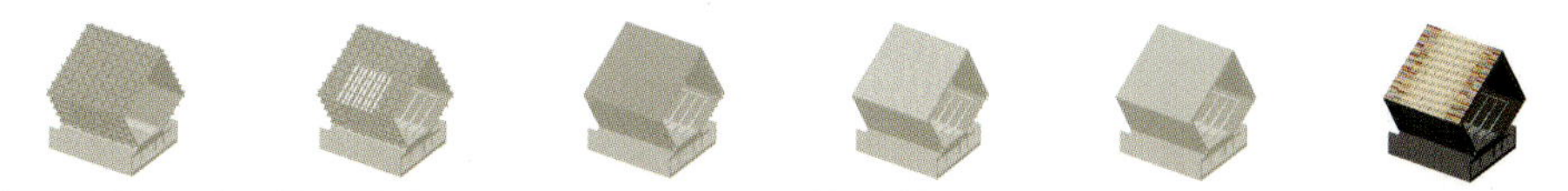

1. 40mm oil-impregnated larch boarding, thermally treated
   (열처리된 낙엽송 외장)
   40/60 mm softwood battens
   (연목 배턴 – 외장고정용)

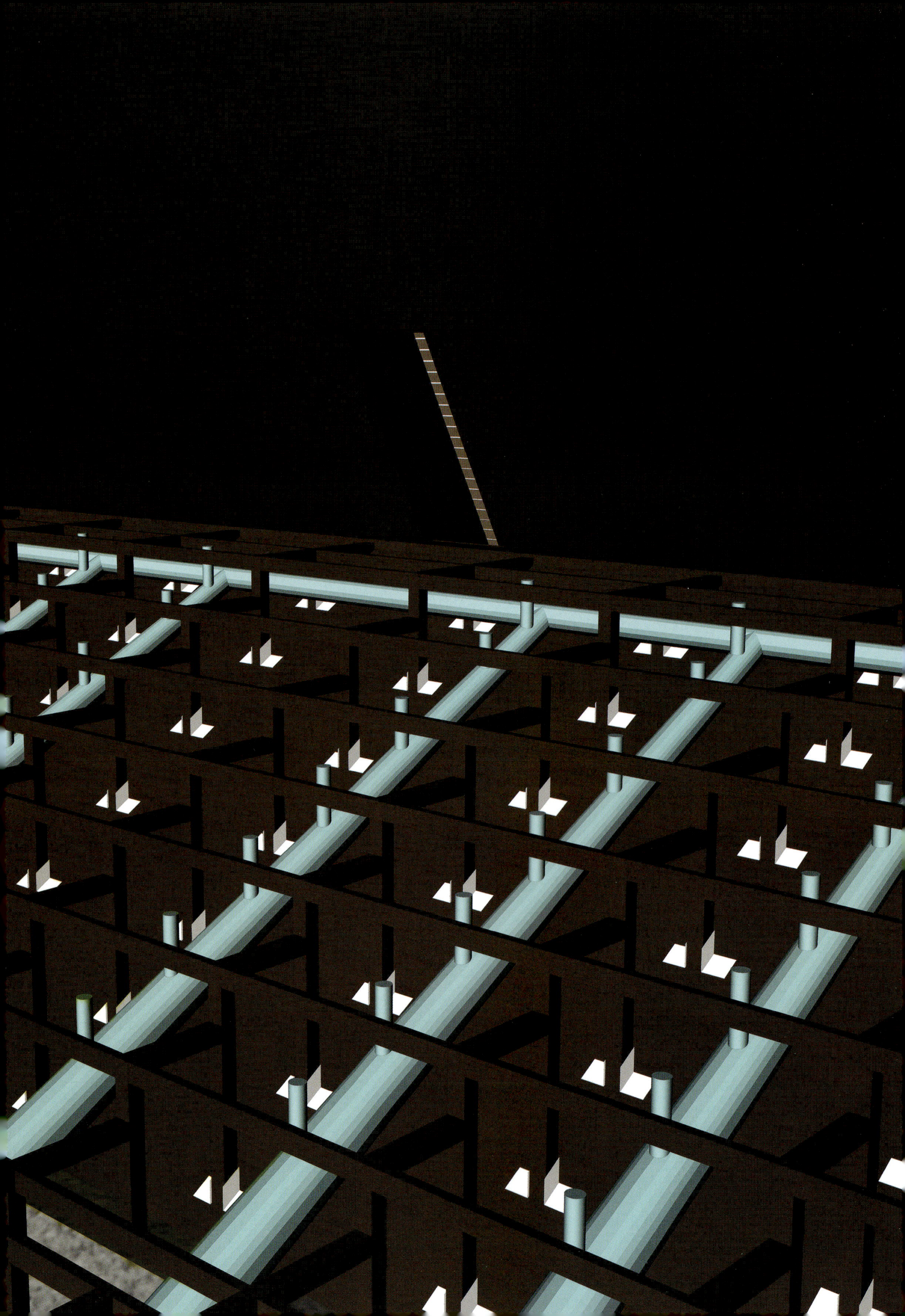

Stepped Grid

건축물 단면은 마름모 형상이다. 내부 경사면을 이루는 면은 계단형의 목구조 프레임으로 콘서트홀 좌석으로 계획 되었다. 계단형의 목조프레임은 실내공간의 계단과, 극장의 객석의 프레임이다.

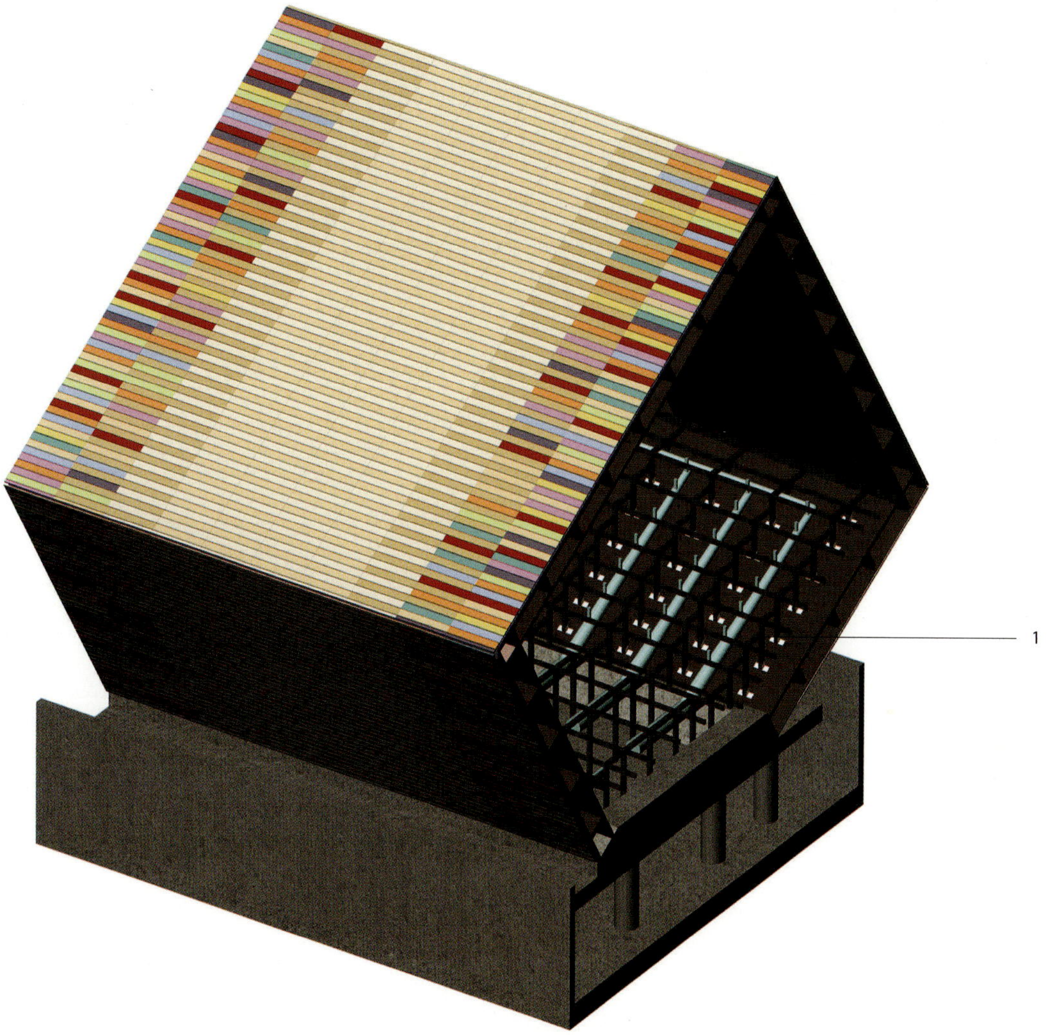

Construction Progress (Interior)

1. Timber floor structure
(목재 각재 바닥구조)

Integrated Material

바닥재는 목재 합판을 가공하여 시공했다. 인테리어 주요 재료와 뼈대가 목조로 계획되어 임시 건축물의 계획 의도와 콘서트 홀 용도를 위한 해체 용이성 및 객석을 위한 기울임 각도와 음향계획까지 종합적으로 고려한 선택이다.

Construction Progress (Interior)

1. floor construction to tier of seating
(관람석 바닥구조)
17mm larch boarding,
(낙엽송 보드 마감)
39mm laminated timber sheeting
(접합목재 시트)

Sound blocking

소리가 외부로 나가지 않도록 흡음의 역할과 동시에, 내부 인테리어 벽체/천장 마감을 위한 붉은 색상의 음막 커튼을 설치하였다.

1. 30mm plywood acoustic panel with softwood veneer
(다듬어진 연목과 합판으로 이뤄진 음향판)

2. Red-glazing (to CLT inner structure)
(적색 반광택 마감)

Construction Progress (Interior)

Floor

Floor

Wall & Ceiling

1,880m^2

Kunsthaus Bregenz for progress

$1,880\ m^2$

Integrated

_Kunsthaus Bregenz

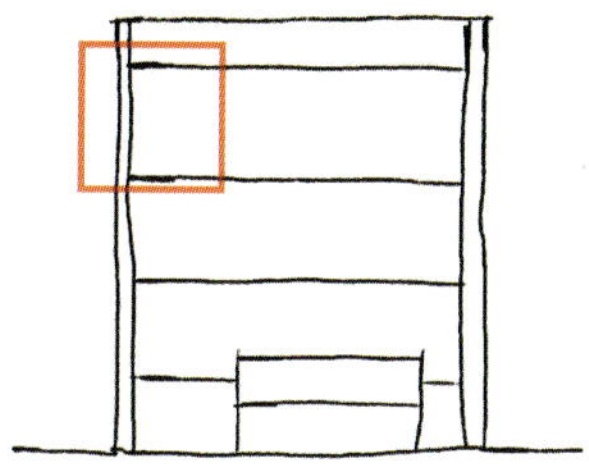

Project year	2015
Location	Bregenz , Germany
Architects	Peter Zumthor

Primary structre	R.C (Reinforced Concrete Structure)
Insulation	Thermal Insulation
Rainscreen	Bituminous Sheeting
Sub structure	ST'L Pipe & I -Beam + C -Channel
Exterior Skin	Frosted Glass & Glazed Glass
Interior Wall Finish	Exposed Concrete Finish
Interior Floor Finish	Polished Concrete
Interior Ceiling Finish	Suspended Laminated Glass

Primary structure

Inclined

기둥 보가 없는 벽식 구조(콘크리트)로 계획되었다. 내외부 벽체는 건물 구조로 사용되며, 각 층의 슬라브는 내부공간에서 외부로 갈수록 경량의 구조가 될 수 있도록 슬라브가 경사지게 만들어졌다.

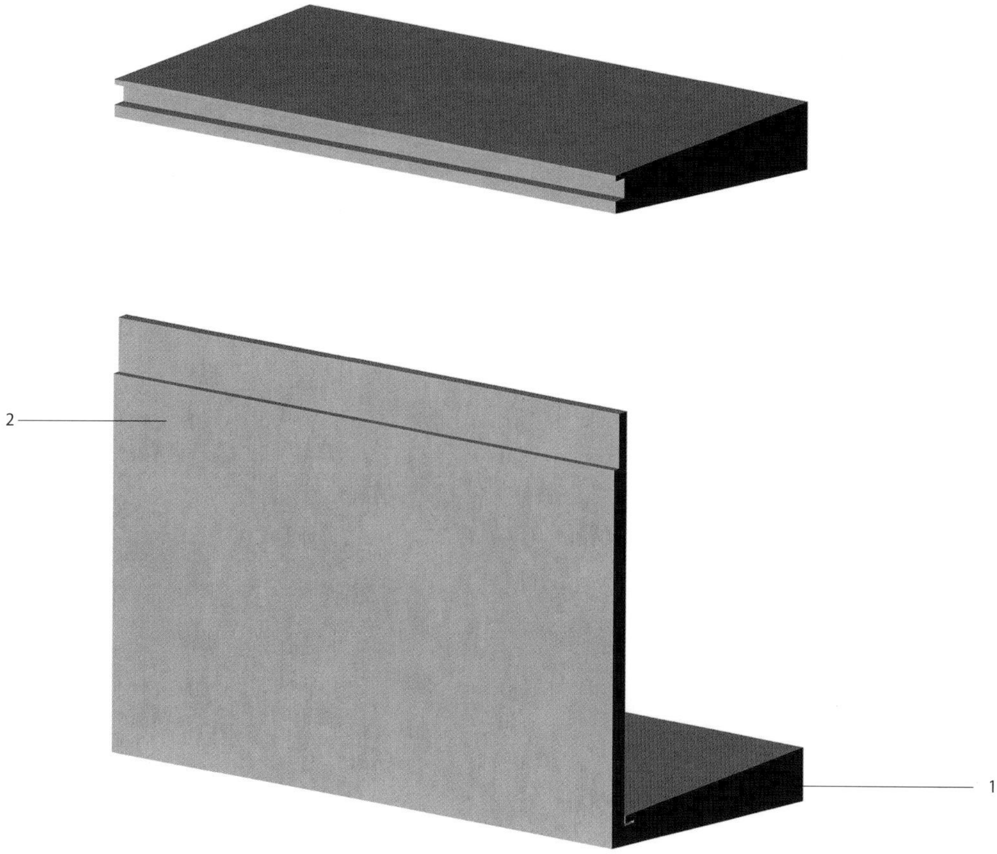

Construction Progress (Exterior)

1. Reinforced Concrete Slab
   (철근콘크리트 슬래브)
2. Concrete Exterior Shell (Exposed)
   (노출 콘크리트 벽체)

Insulation

Partly

커튼월이 설치되는 오프닝 구간 이외의 벽체에는 약 160mm두께의 단열재를 설치하였다. 오프닝 구간에서 벽체 단열재가 설치되는 상단부에는 강재 두겁 및 커튼월 설치를 위한 베이스 면을 만들었다.

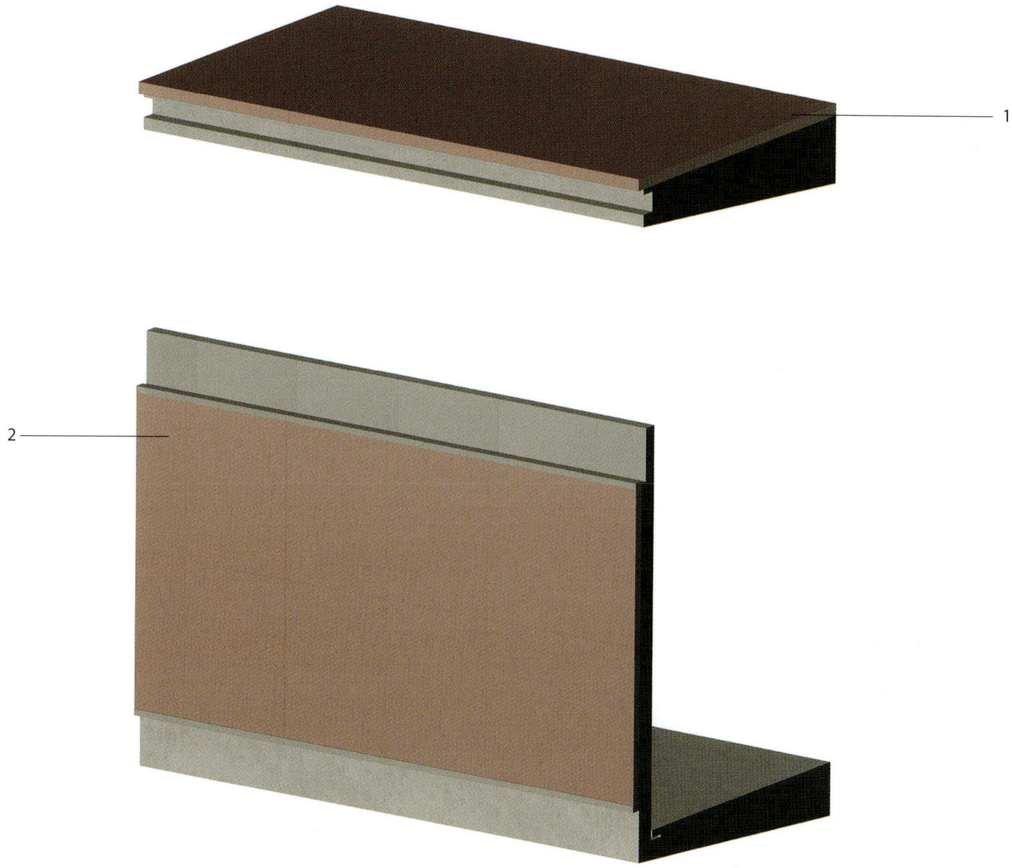

Construction Progress (Exterior)

1. 160mm thermal insulation rock-wool
   (락울 지붕단열재)

2. 160mm thermal insulation rock-wool
   (락울 외벽단열재)

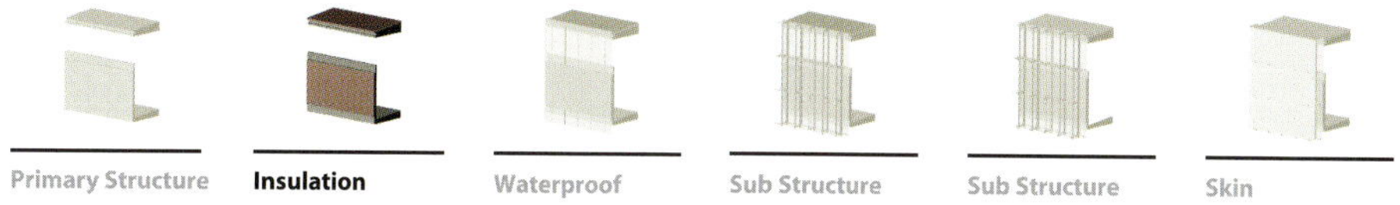

Waterproof

Passing surface

오프닝 구간에 설치된 스틸플레이트에 E-형강을 덧붙여 1차 마감을 위한 틀을 만들었다. 이후 커튼월의 프레임이 ㄷ-형강에 시공된 후, 커튼월과 시트 패널이 추가로 설치된다. 설치된 커튼월과 시트 패널은 차수벽 기능을 하는 외벽이 된다.

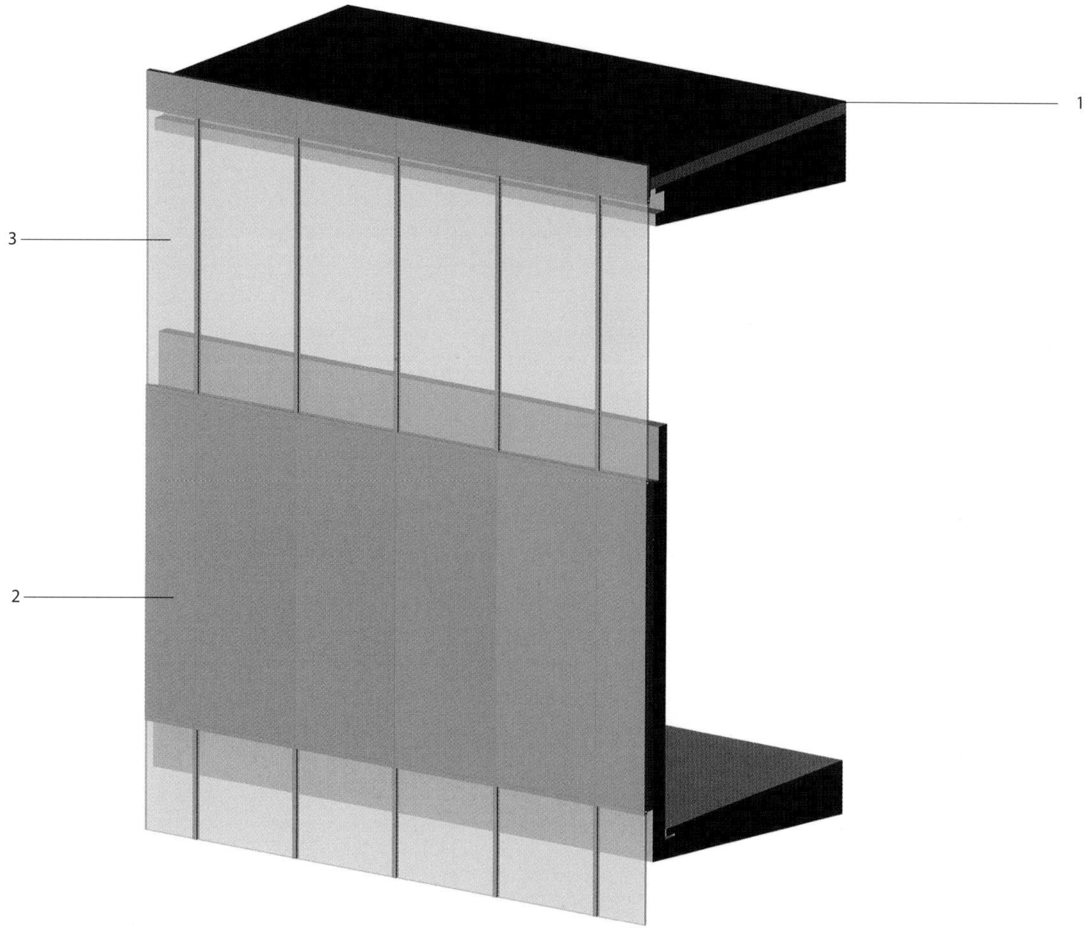

1. Waterproof membrane
   (지붕 방수재)
2. Steel Sheet
   (스틸 시트)
3. Insulating glass upper floor
   2 x 6 mm float glass, extra white, k-value 1.3W/m²K
   (락울 외벽단열재)

Construction Progress (Exterior)

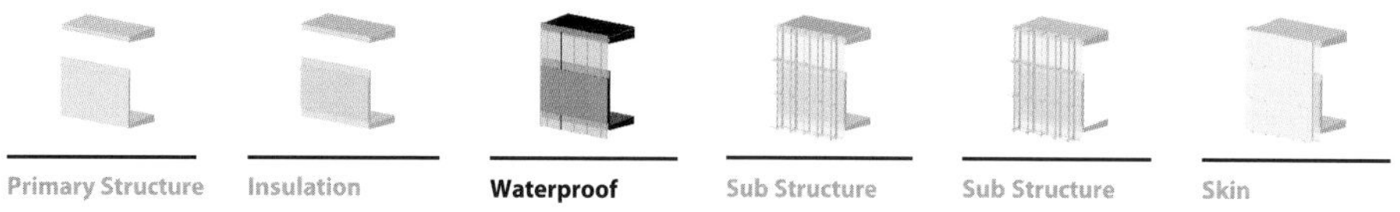

Ladder truss

1400mm x 2800mm의 격자형 입체 트러스는 더블스킨으로 부착되는 외벽 유리의 바탕이다. 내측 마감면부터 외부로 약 1000mm가 내밀어져 더블 스킨 구조가 된다.

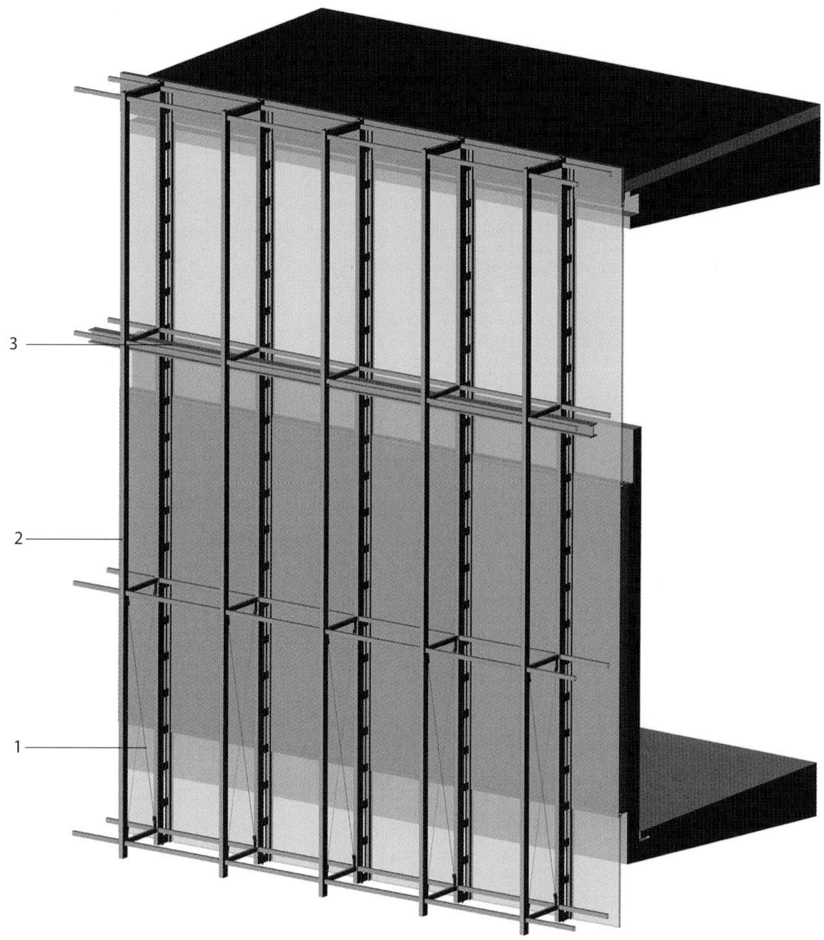

1. Stainless Steel Cable
   (스테인레스 스틸 장선)

2. **Substructure construction**
   (서브스트럭쳐 구조)
   (Windbreaks made of high-strength tensioning steel)
   (모든 철물은 내풍압성과 고장력철물로 이뤄짐)
   Steel pipes 100/60 mm THK 10mm (Vertical)
   (스틸 각관 – 수직부재)
   Steel pipes 60/40 mm THK 6mm (Horizontal)
   (스틸 각관 – 수평부재)
   mica spray coating anthracite
   (운모 무연탄 스프레이 코팅)

3. I-Beam support catwalk
   (캣워크 지지 I 형강)

Construction Progress (Exterior)

Branch

사다리형 트러스에는 최종적으로 설치 될 유리 설치 지점에 맞추어 앵글이 설치되었다.

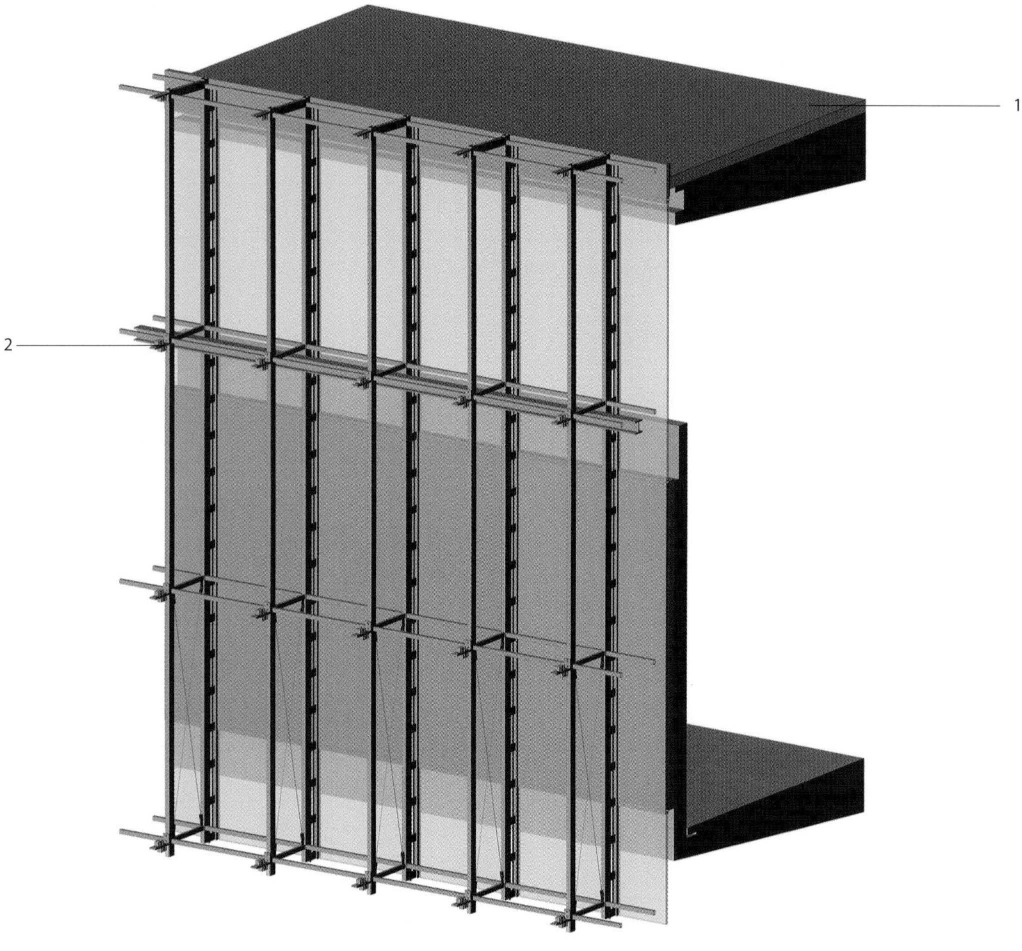

Construction Progress (Exterior)

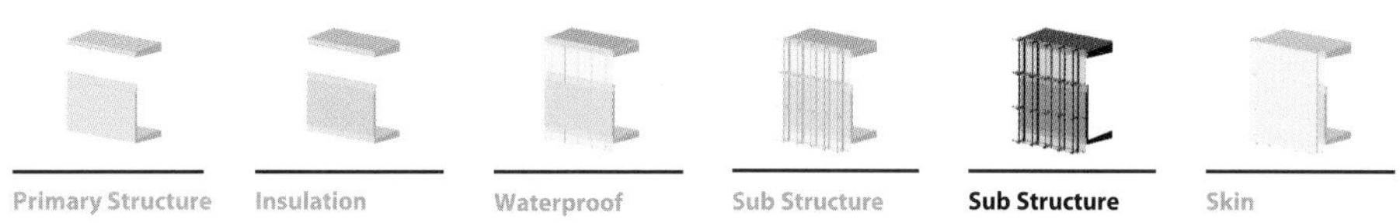

1. Steel Sheet roof finish
(스틸시트 지붕마감)
2. Steel L-Bracket
(외벽 ㄴ형강 브라켓)

Frosted

설치된 앵글에는 간유리(투명한 유리판에 모래 분사나 유리 식각 등의 기법을 적용하여 반투명한유리)가 일정하게 기울어진 채로 설치되었다. 기울어진 각도에 따라 순차적으로 겹쳐 보이는 면이 생기고, 빛의 반사가 시시각각 달라져 유리에서 느낄 수 있는 깊이 감이 배가된다.

Construction Progress (Exterior)

1. Frosted Double-laminated Glazed panel
   (이중접한 프로스트글래스 패널)
2. Stainless steel Flashing
   (스테인레스 스틸 후레싱)

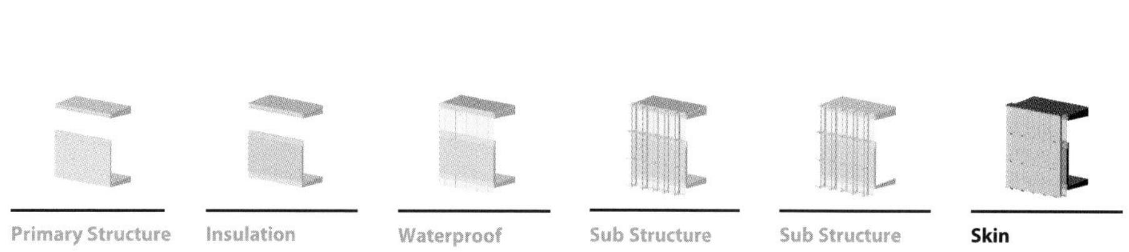

Inner Base

타설 된 콘크리트의 벽체와 슬라브는 면 처리 만을 거친 후 그대로 내부공간의 마감이 된다. 건축계획에 따른 열리고 닫힘을 극적으로 느낄 수 있는 개구부는 곧 내부 공간이자 외부 마감이 되었다. 이렇게 조절된 '영역' 은 그대로 외부의 빛이 들어오는 창이 된다.

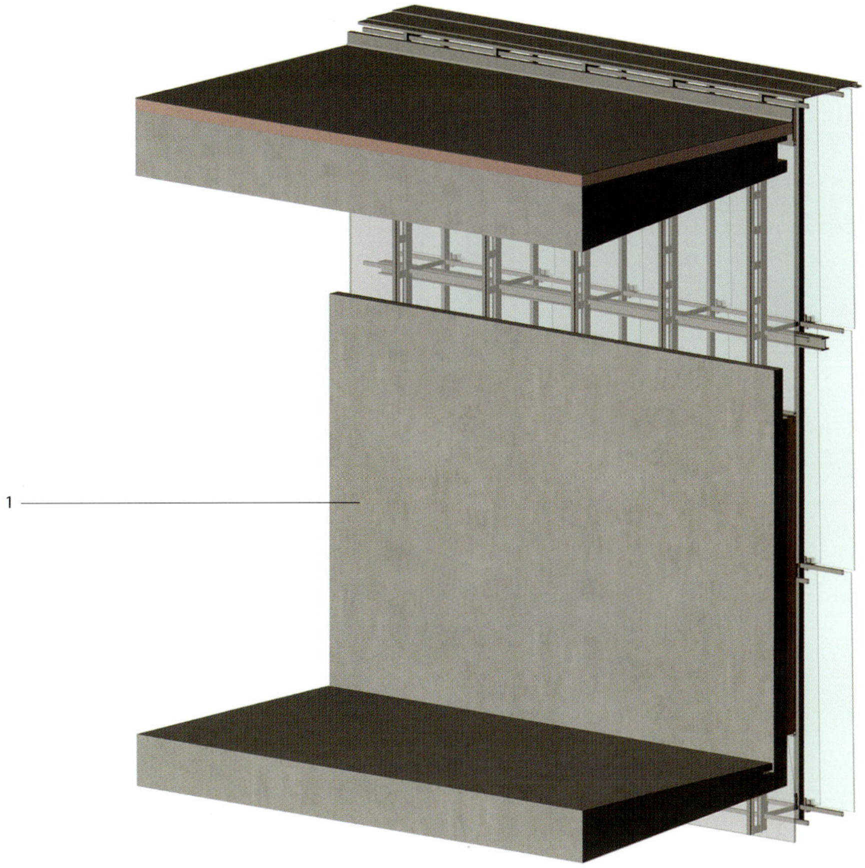

Construction Progress (Interior)

1. Concrete Exterior Shell (Exposed)
(노출 콘크리트 벽체)

Retina Frame

건축물 외부에서 내부로 빛이 비추면 내부 천장에서 한번 더 반사가 된다. 이렇게 산란된 빛은 천장 면을 통해 실내공간으로 유입된다. 빛의 산란을 유도하는 천장은 약 1400mm 규격의 정사각 그리드로 z-bar를 통해 설치되었다.

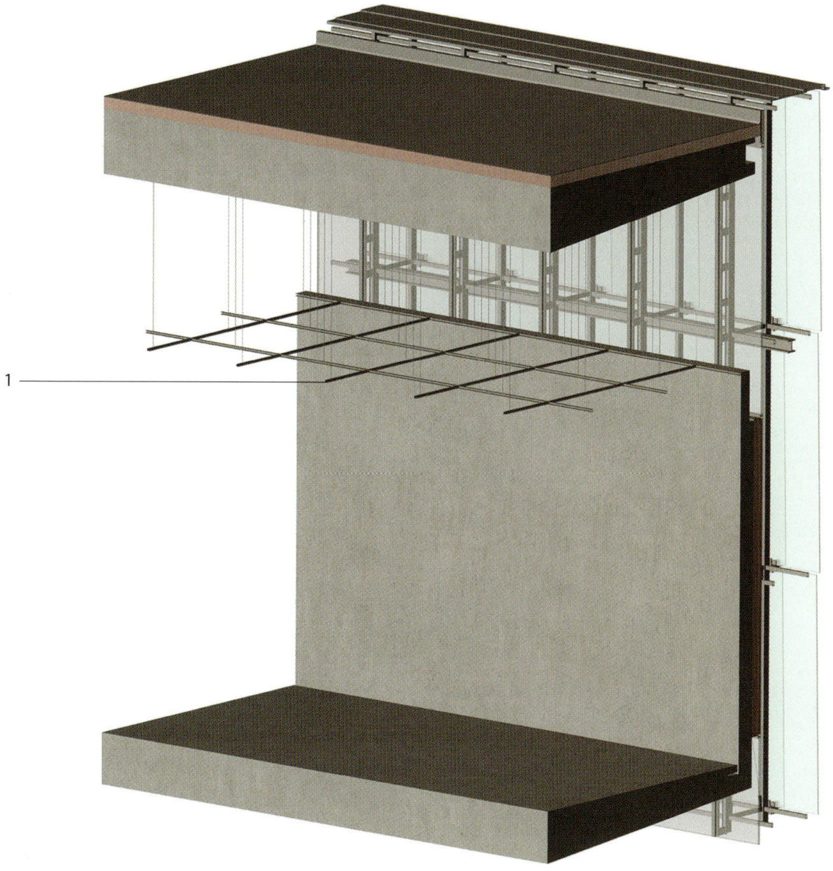

Construction Progress (Interior)

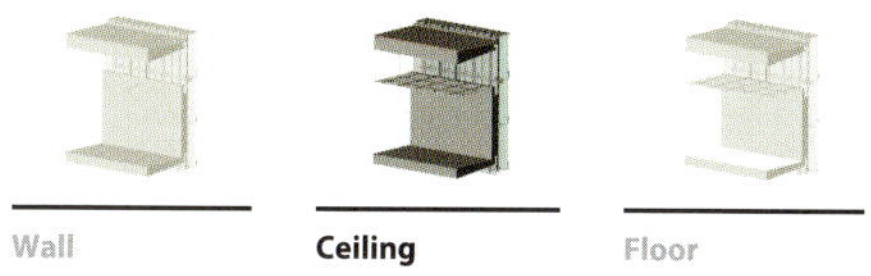

1. Suspended Glass ceiling (Flosted Glass)
(유리천장재 - 프로스트글래스)

Retina

외부에서 들어오는 빛은 천장의 유리패널을 통해 마치 망막에 상이 맺히는 것처럼 건축물에서도 빛의 통로가 된다. 광천장의 기능을 할 수 있도록 유리 패널을 설치하였다. 바닥은 콘크리트면에 면처리 작업을 하여 바닥면을 만들었다.

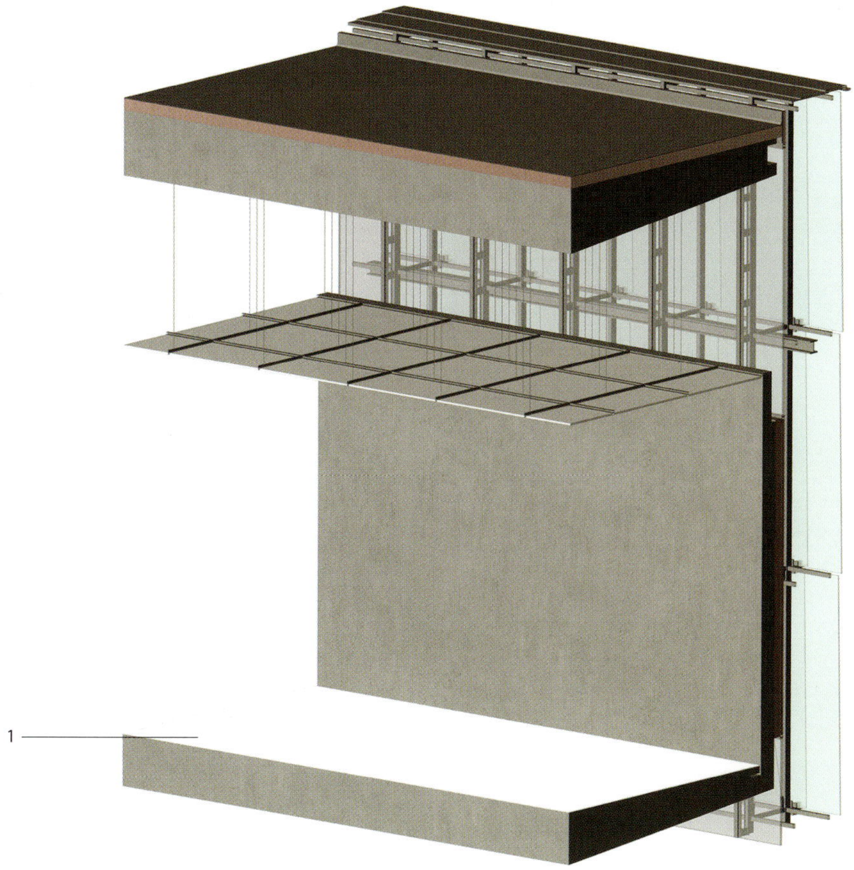

1. Concrete polishing floor finish
(콘크리트 폴리싱 바닥 마감)

Construction Progress (Interior)

$1,080m^2$

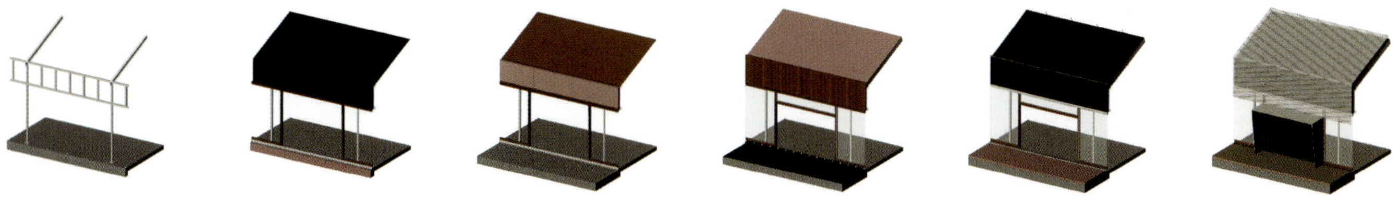

Renovation and Extension of Commercial for progress

1,080 m^2

Integrated

_Renovation and Extension of Commercial Hall in Mannedorf

Project year	2011
Location	Männedorf , Switzerland
Architects	sam Architekten

Primary structre	R.C (Reinforced Concrete Structure)
Insulation	Mineral Wool Insulation
Rainscreen	EPDM Sheet & Gasket Joint
Sub structure	Steel Rod Distancer
Exterior Skin	Aluminium Expanded Metal Mesh
Interior Wall Finish	Plasterboard (perforated, Imprinted)
Interior Floor Finish	Glued Wood Flooring
Interior Ceiling Finish	Plasterboard

+Bone

콘크리트 바닥에 앙카링을 통해 강재 원형 기둥을 세우고, 벽체와 지붕의 틀을 잡아주는 보의 역할을 할 수 있도록 사다리형태의 입체트러스(C-CHANNEL)를 시공하였다. 이후, 기둥 열과 동일한 축열 및 지붕 경사에 맞추어 H-BEAM 보가 시공되었다.

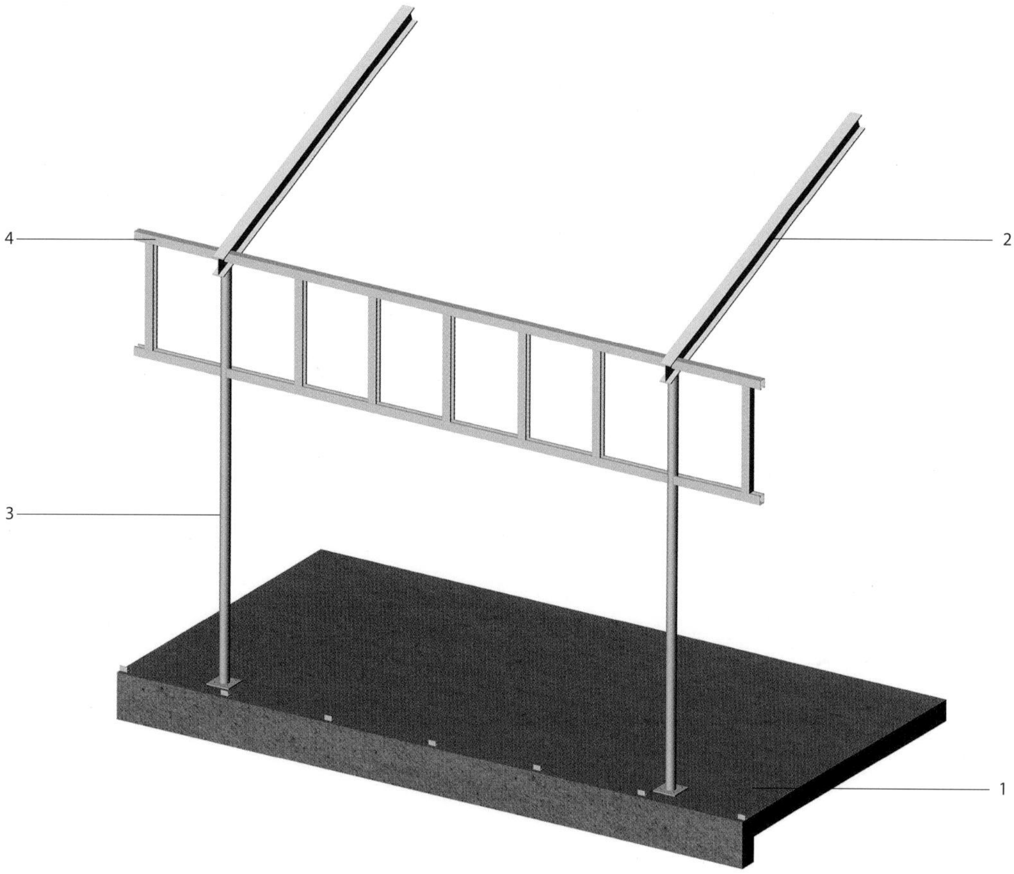

1. Reinforced Concrete slab
   (철근콘크리트 슬래브)
2. 210mm wide flange I-beam
   (I 형강)
3. Steel column
   (철재 기둥)
4. 100mm metal stud
   (철재 구조재)

Construction Progress (Exterior)

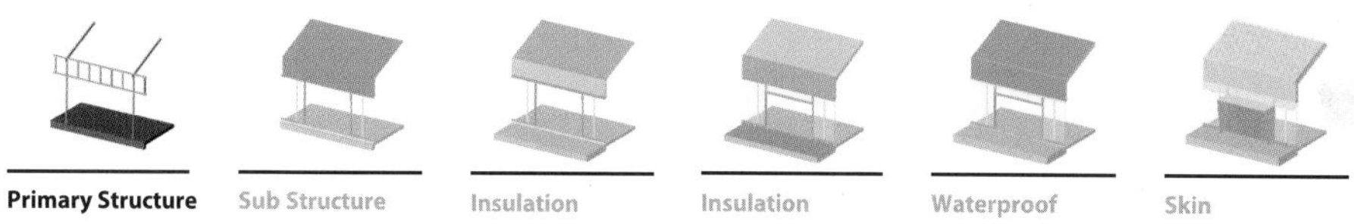

Sub structure

Division of Area

수평 증축 계획에 따라 만들어진 간단한 전실의 역할을 하는 건축물의 일부분이며, 특별히 개구부와 비개구부가 구분 될 필요가 없는 단순한 현관 공간(Foyer,Robby)이다. 유리 설치를 위한 최소한의 목재 커튼월 프레임이 설치되었다.

1. Rigid-foam thermal insulation
   (단열재)
2. Vapour retarder
   ((방습층)
3. C-channel
   (ㄷ 형강)
4. Timber stud
   (철재 구조재)

Construction Progress (Exterior)

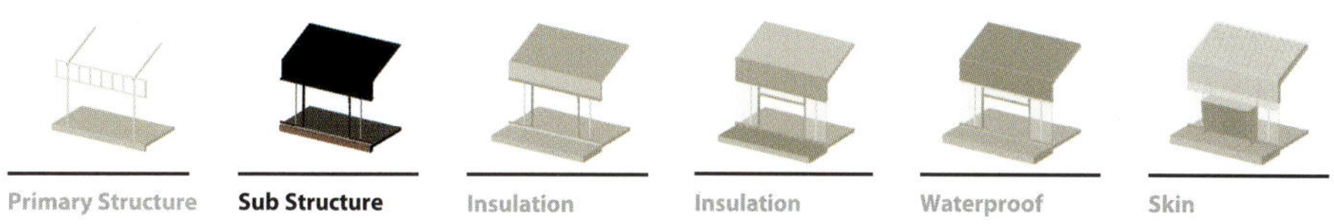

Insulation part1

약 180mm 두께의 단열재가 목재 합판 위에 시공되었다.

Construction Progress (Exterior)

1. Reinforced concrete slab
(철근콘크리트 슬래브)

2. 22mm oriented-strand board
(OSB – 배향성 스트렌스 보드)

3. 200mm insulation
(단열재)

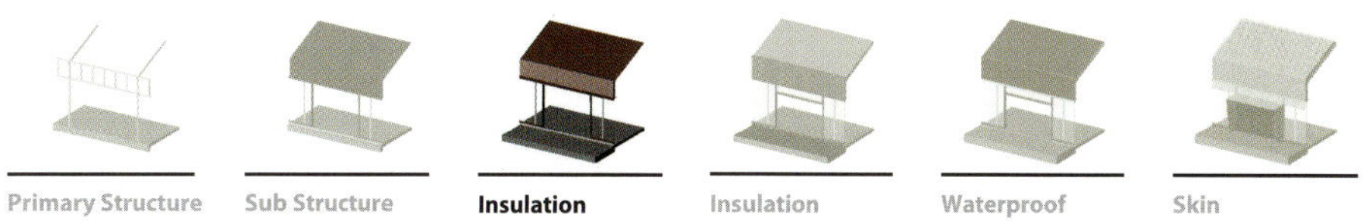

Insulation part2

벽체 단열재 위로 합판 마감을 하였다. 지붕에는 약 60mm 두께의 단열재가 추가로 설치되었고, 지붕과 벽체가 접하는 선을 따라 배수로를 만들기 위해 합판으로 바탕면을 만들었다.

1. Vapour retarder
   (방습층)
2. 260 mm wood composite element with mineral-wool insulation
   (합성목부재와 미네랄울 단열재)
3. Wooden frame with double glazing
   (목재프레임 이중유리)
4. 22mm oriented-strand board
   (OSB – 배향성 스트렌스 보드)

Construction Progress (Exterior)

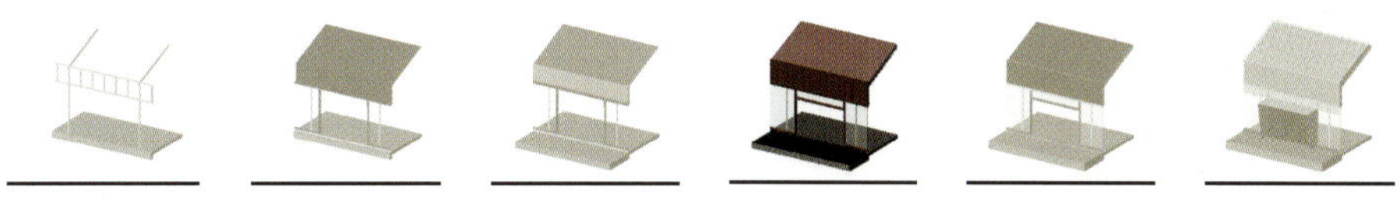

Point member

1차적으로 벽체부터 지붕까지 바탕면 처리를 하였다. 외측 차수막을 시공한 면에 지붕재를 조립하기 위한 철물 받침대를 배치하였다.

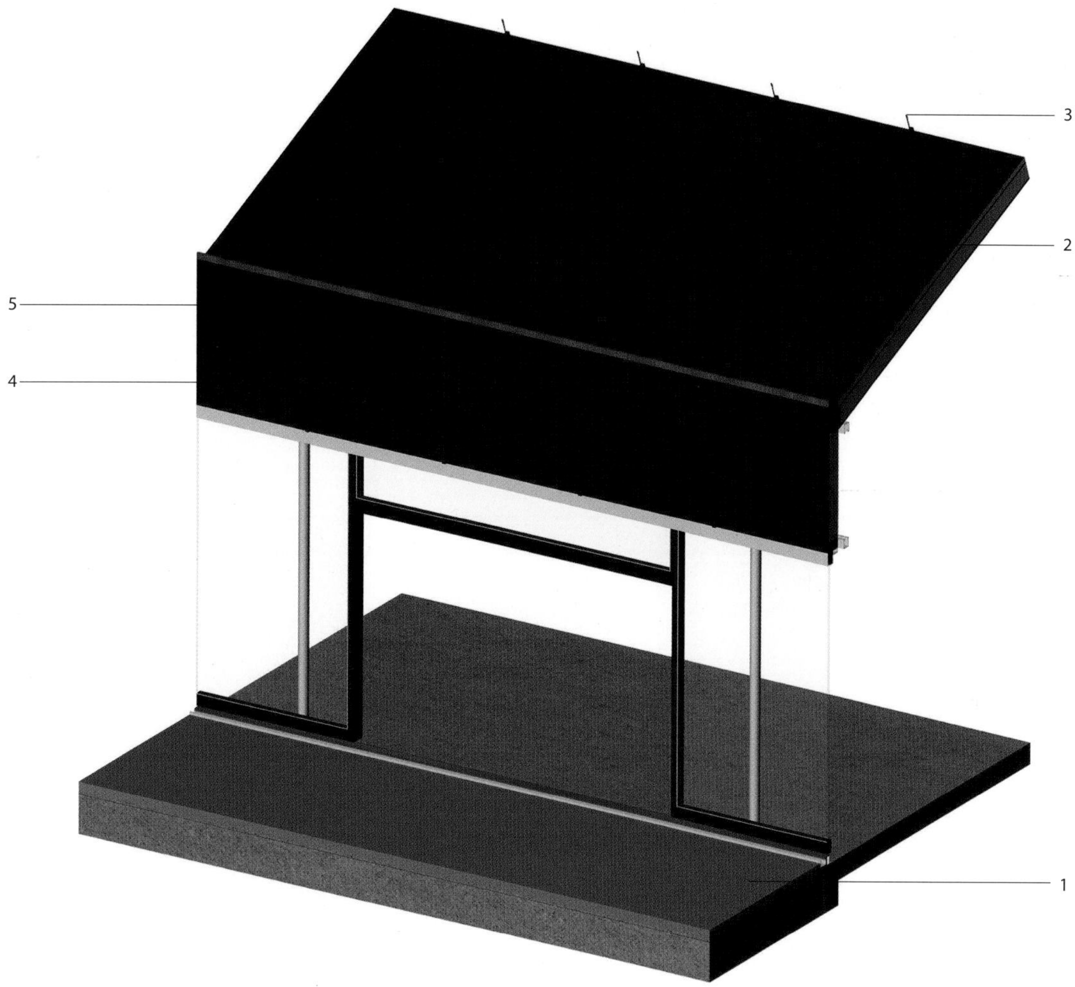

1. Rigid-foam thermal insulation
   (단열재)

2. House wrap, black
   (흑색 하우스랩)
   2mm EPDM sealant
   (EPDM 시트)
   60mm softboard
   (소프트우드)

3. 230mm distancer
   (간격재)

4. House wrap, black
   (흑색 하우스랩)

5. 90mm distancer
   (간격재)

Construction Progress (Exterior)

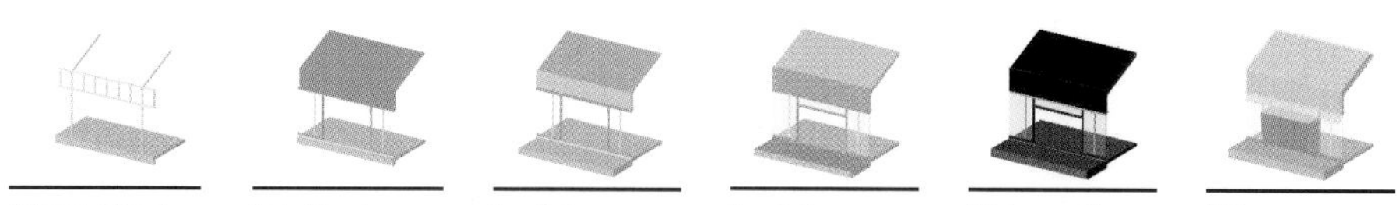

Screen

차수막과 함께 설치된 강재 받침대 위로 지붕부터 벽체까지 연속되는 알루미늄메쉬가 시공되었다. 수평증축된 건축물과 기존 건축물이 하나로 느껴질 수 있도록 건축물 동측부터 서측까지 계속된다.

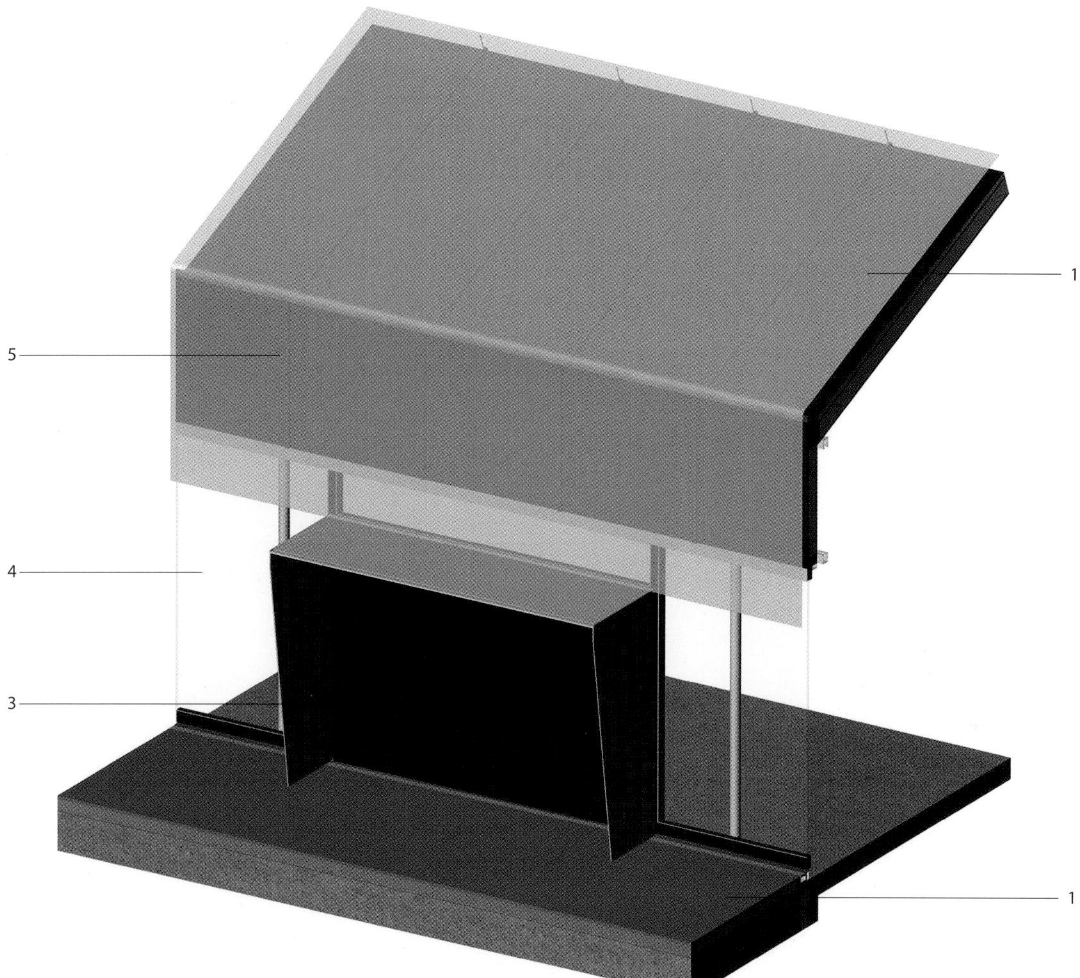

1. Exterior Stone flooring
   (외부 석재바닥)
2. 3/30mm expanded metal, aluminium, anodized
   mesh size : 200/70
   (녹처리된 메쉬 패널)
3. 70mm door leaf, oak veneer on both sides, oiled
   (양방향 오일 처리 및 바니쉬 처리된 목재 출입문)
4. Canopy ; 5mm sheet steel
   (스틸시트 캐노피)
5. 3/30mm expanded metal, aluminium, anodised,
   mesh size : 200/70
   (녹처리된 메쉬 패널)

Construction Progress (Exterior)

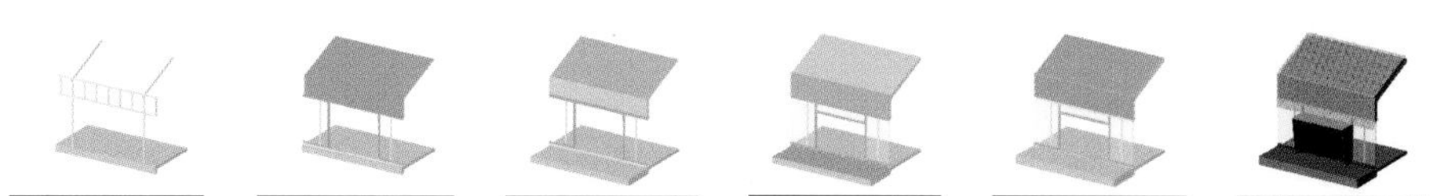

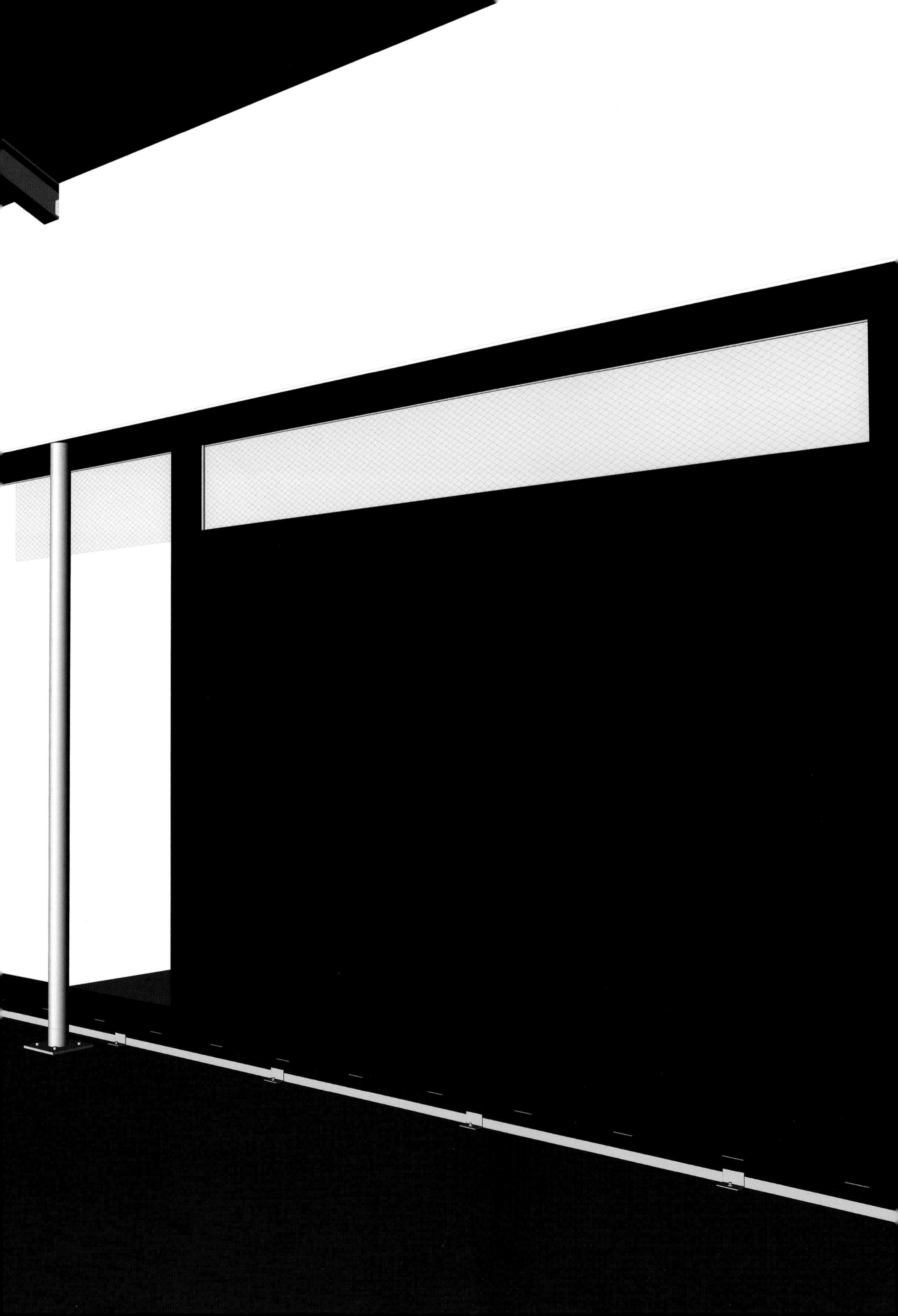

Wood+Paint=1

목재 합판에 흰색 도장으로 내부 벽체 마감을 하였다.

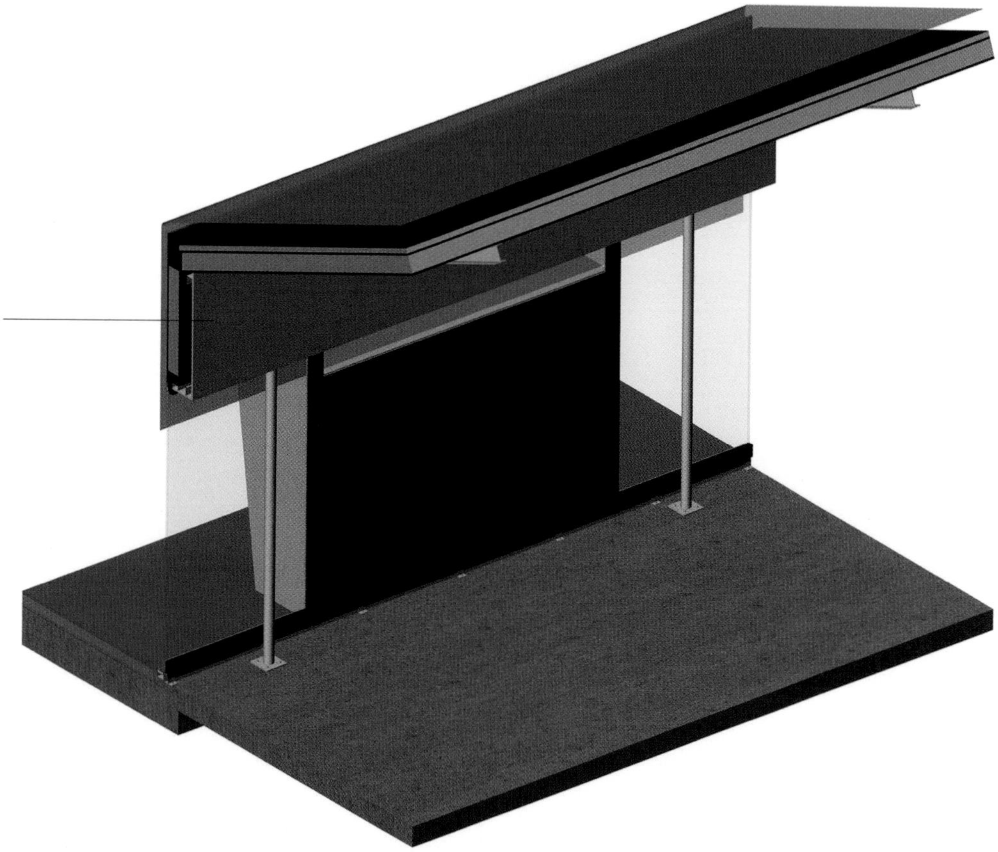

1. 240mm building services layer/
   metal supporting structure, partial insulation fill
   (단열충진 철재 지지 구조재)
   25mm plasterboard
   (합판 마감)

Construction Progress (Interior)

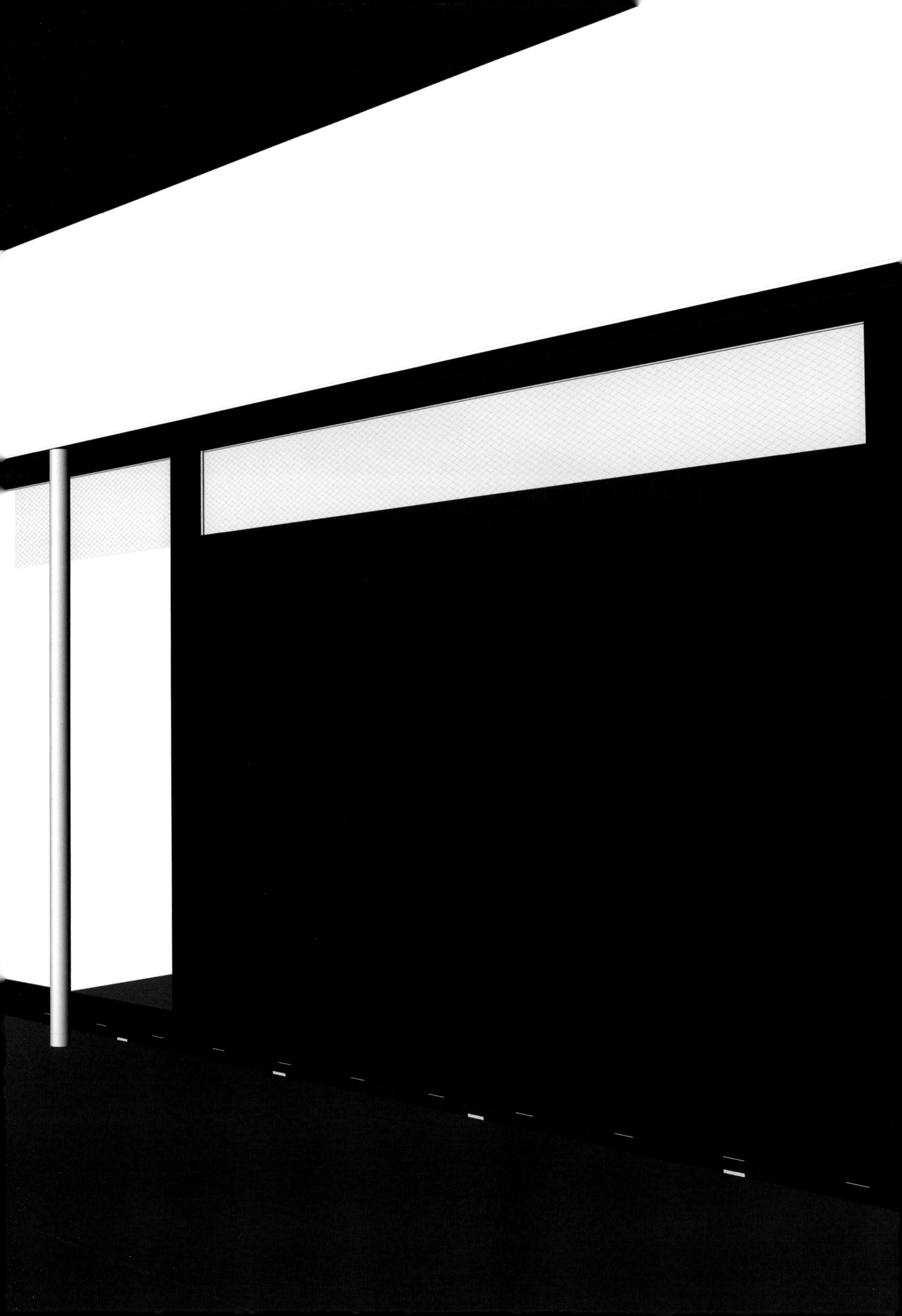

Floor Module

천장 마감 역시 벽체와 같이 합판에 도장으로 마감을 하였다. 바닥에는 30mm의 단열재가 설치되었다.

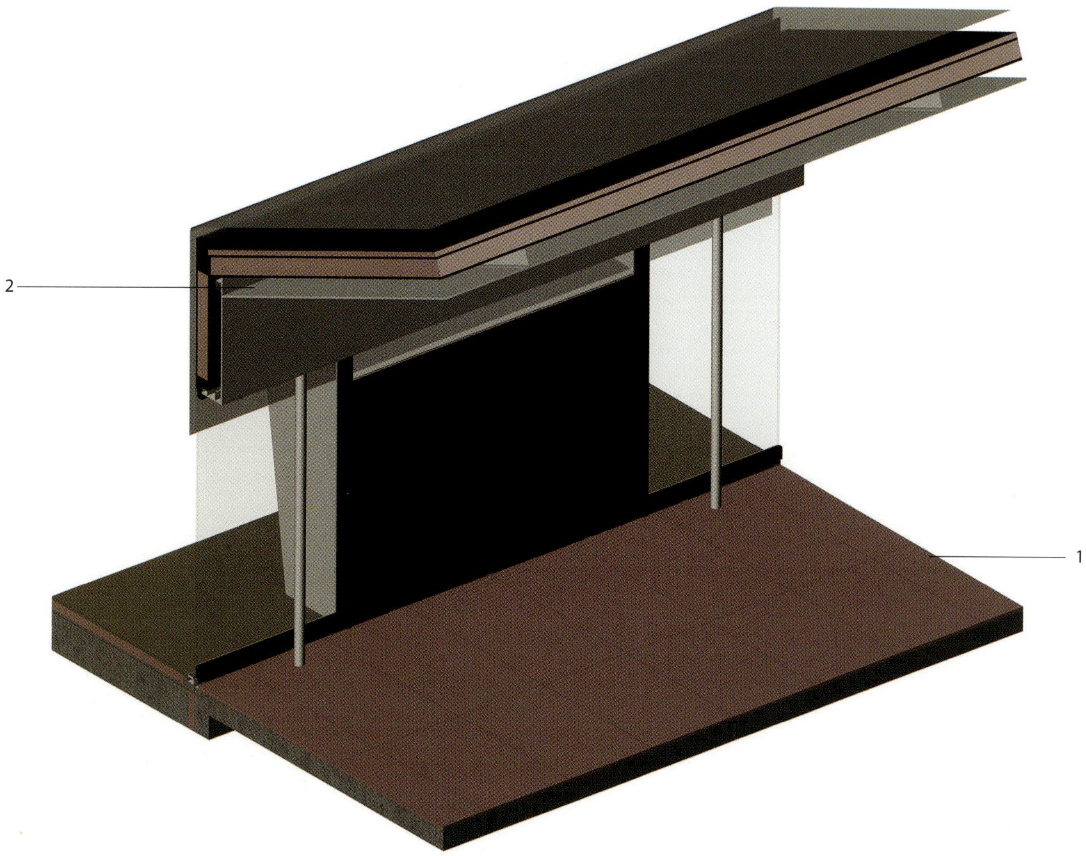

Construction Progress (Interior)

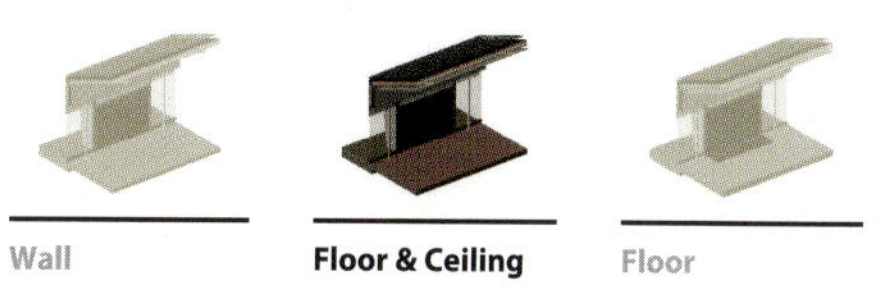

1. 30mm rigid-foam thermal insulation
(바닥 단열재)

2. 25mm plasterboard
(합판)

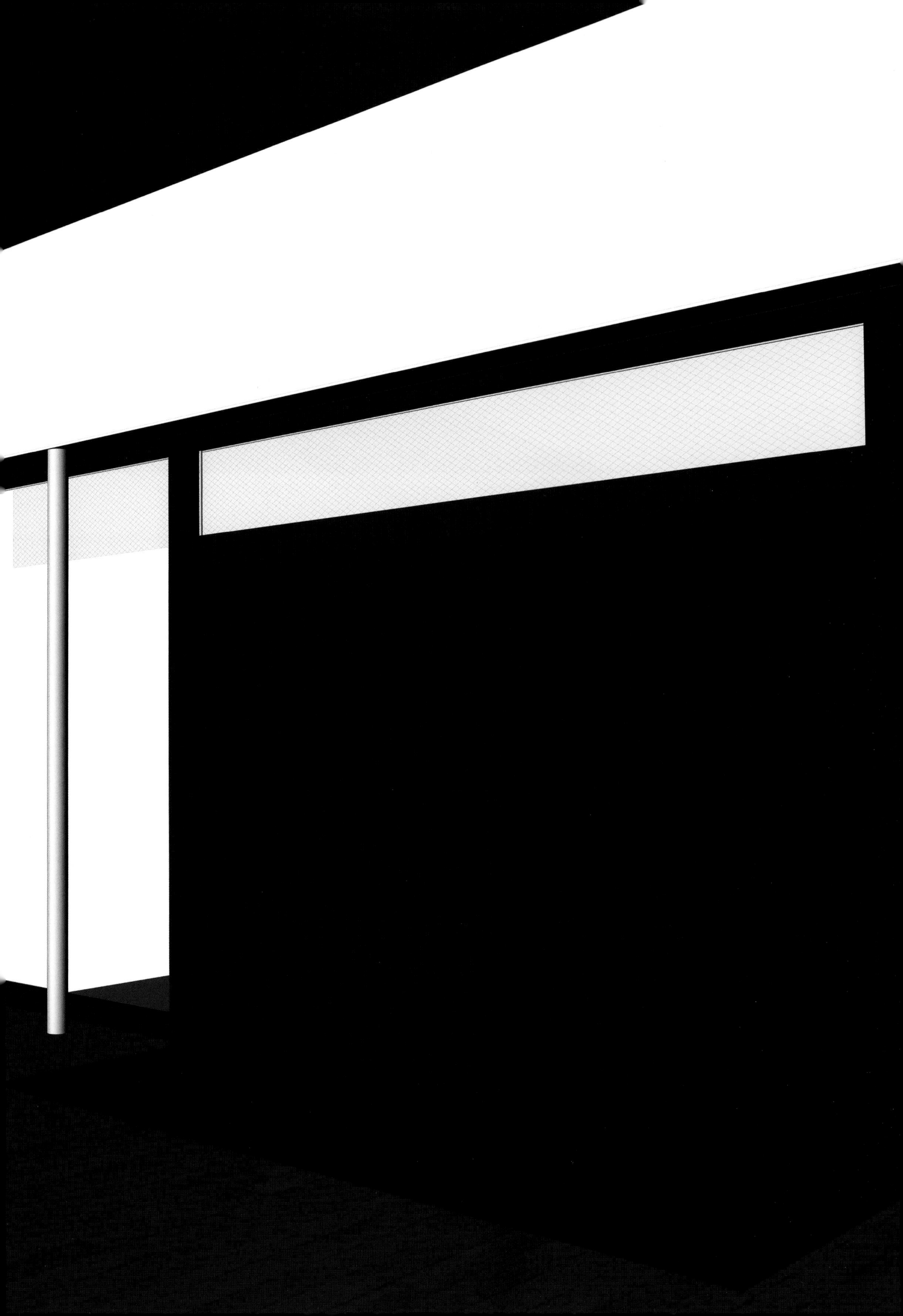

Flooring

바닥에 시공 된 단열재 상부에 50mm의 무근콘크리트를 타설 한 뒤, 목재로 마감을 하였다.

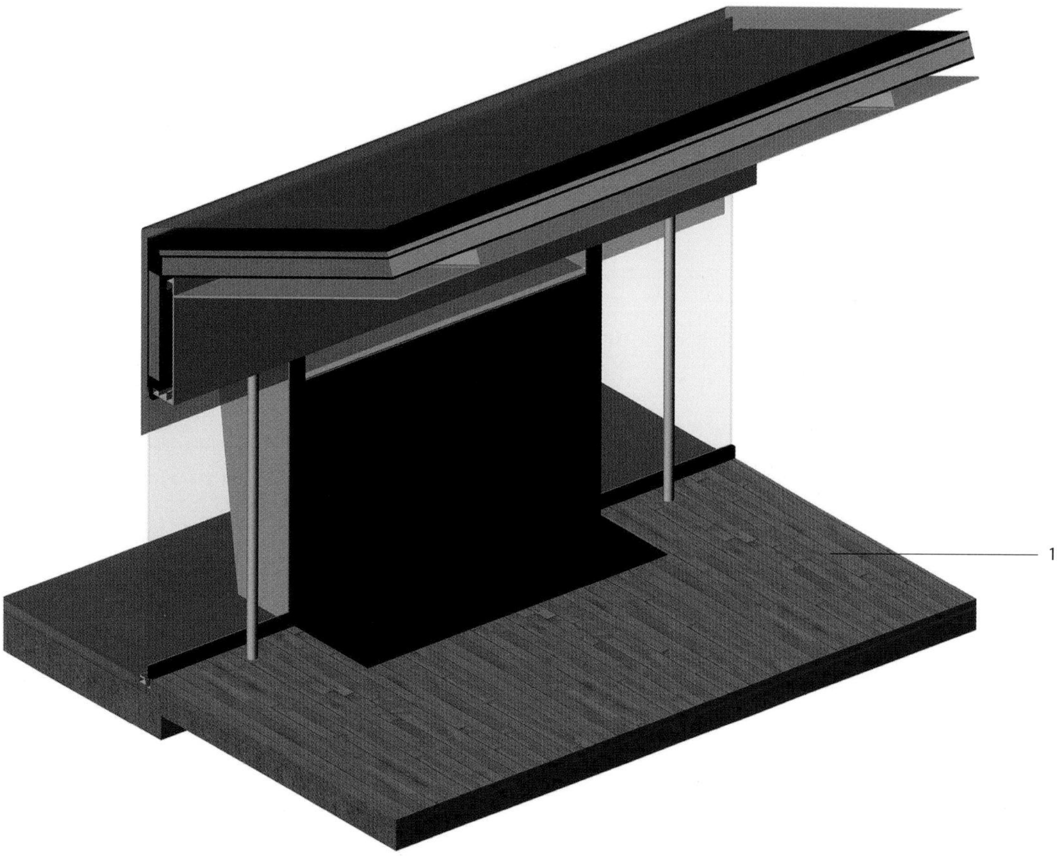

1. Wooden floor
(목재 바닥재)
50mm Plain Concrete
(무근콘크리트)

Construction Progress (Interior)

$495m^2$

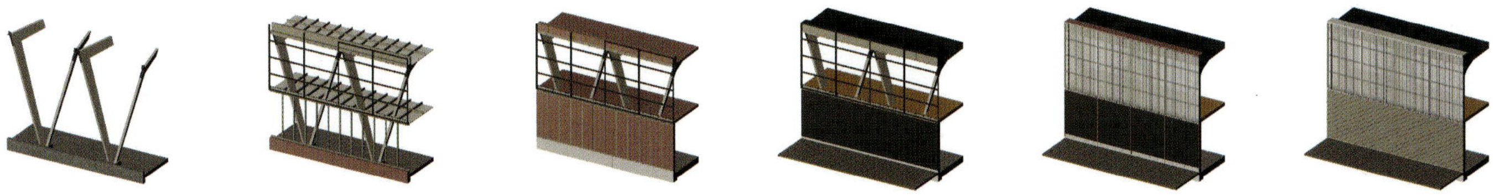

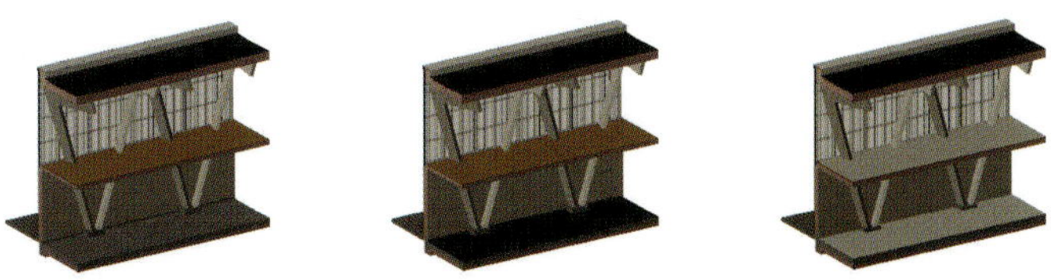

Lavoratory for Water Management for progress

495 m^2

Integrated

_Lavoratory for Water Management in Neubiberg

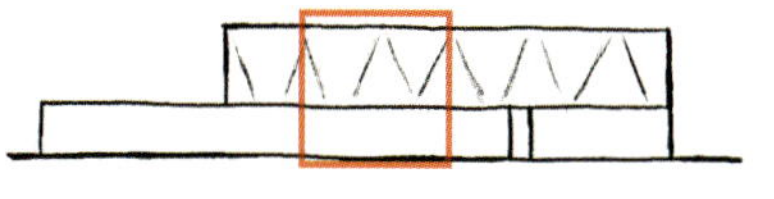

Project year	2011
Location	Neubiberg , Germany
Architects	Brune Architekten

Primary structre	Diagonal Reinforced Concrete Column
Insulation	Mineral - Fiber Thermal Insulation
Rainscreen	Bituminous Sheeting
Sub structure	ST'L Pipe + C -Channel
Exterior Skin	Polycarbonate Sheet
Interior Wall Finish	Plasterboard Painted
Interior Floor Finish	Polyurethane coat, Epoxy Resin
Interior Ceiling Finish	Plasterboard Painted

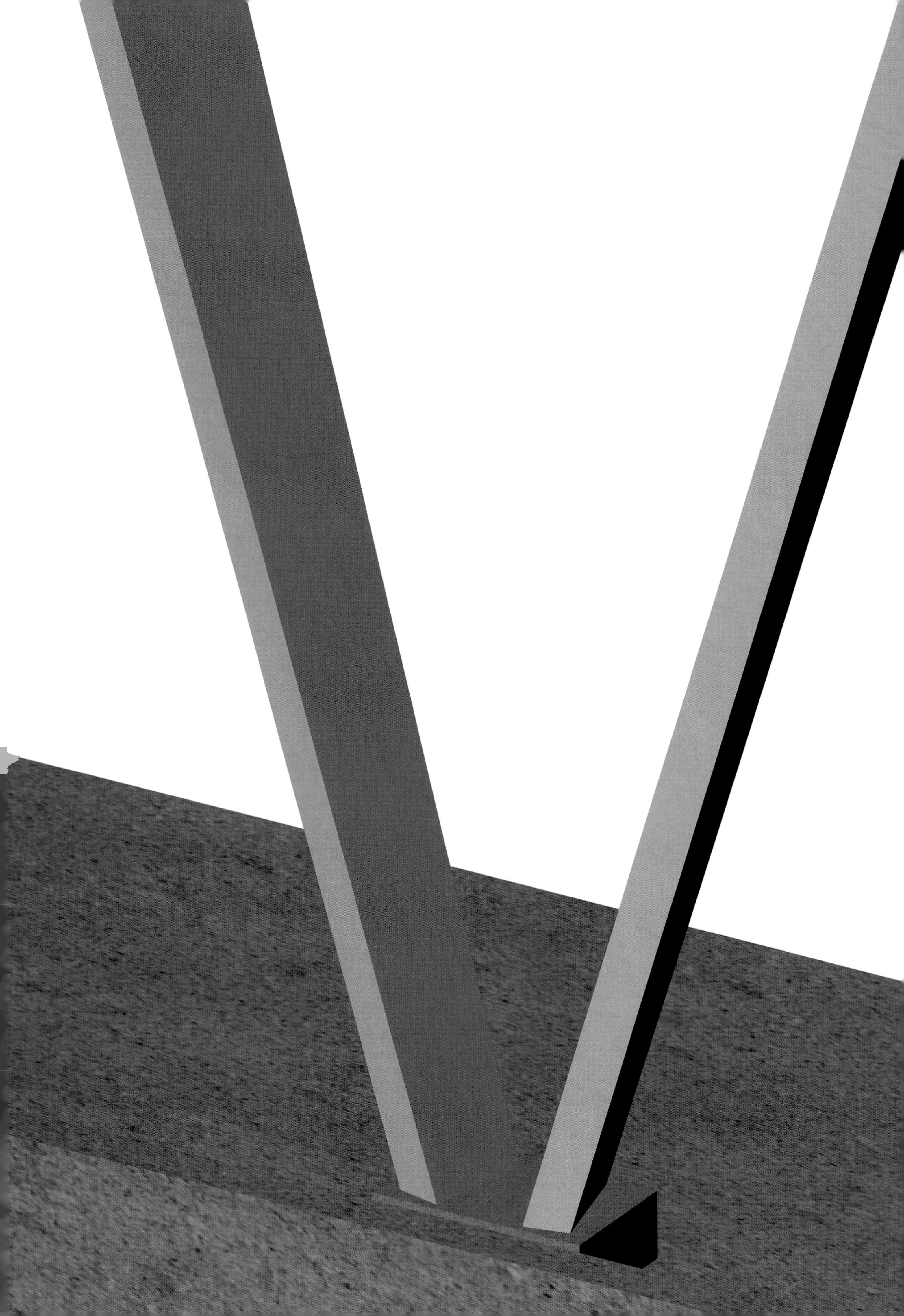

Nonscale but Module

작은 소품부터 가구 및 건축물의 구조에 이르기까지 다양하게 적용할 수 있는 역 트러스 구조물을 반복적으로 활용해 건축물 뼈대를 계획했다. 이처럼 구조시스템이 통합 디자인 된 목재 구조체는 공간의 규모에 따라 연속적으로 연결되어 볼륨의 크기에 따라 가변적으로 적용 할 수 있다.

Construction Progress (Exterior)

1. 250mm reinforced concrete slab
   (철근콘크리트 슬래브)
2. 180/430-750 mm frame girder of glue laminated timber
   (글루램 목구조 프레임)
   semi-transparent coating, white
   (백색 반투명 코팅)
3. ST'L plate Bracket
   (스틸플레이트 브라켓)

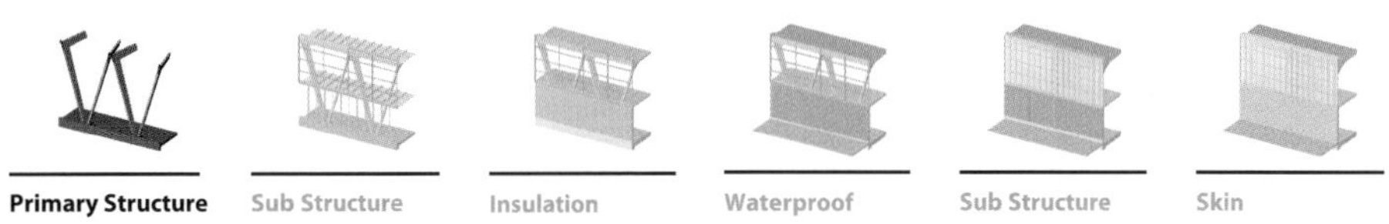

Regular in Non-Scale

공간의 규모에 맞추어 만들어진 목재 트러스 구조에 각 층의 바닥과 벽을 정의하는 부재들이 붙는다. 본 구조에 내 외부의 벽체 마감, 지붕 마감 및 천장 마감이 결합된다.

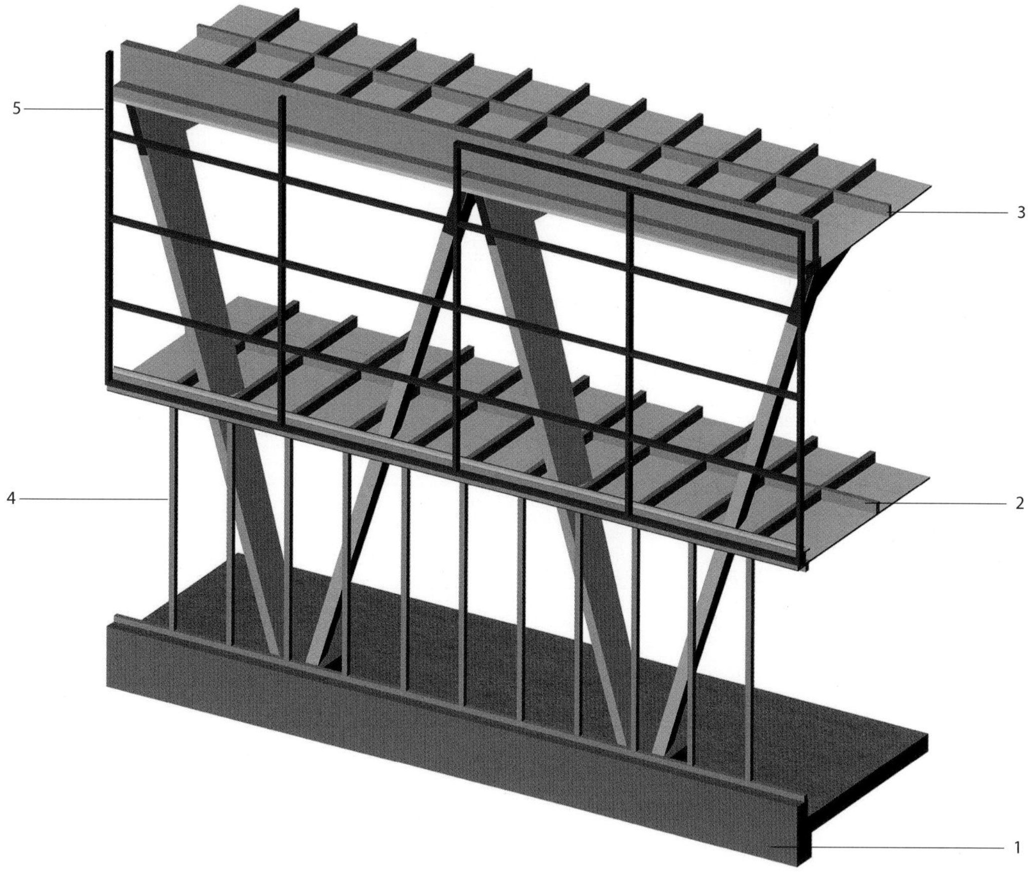

1. 90mm thermal insulation rigid foam
   (단열재)

2. 140/200 mm wooden beam
   (목재 보)
   15mm chipboard
   (스트렌스 보드)

3. Roof Structure
   (지붕구조재)
   80/160mm timber studs
   (목재 스터드 수평 구조재)
   vapour barrier
   (방습층)
   22mm oriented-strand board
   (OSB-배향성 스트렌스보드)

4. 80/160mm timber studs
   (목재 스터드 수직 구조재)

5. 60/100 mm steel RHS
   (스틸각관 프레임)

Construction Progress (Exterior)

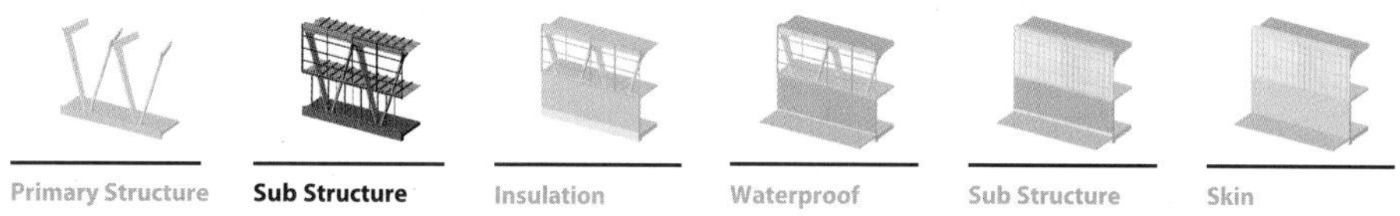

Regular

규격화된 단열재는 외벽과 지붕을 감싸는 격자 그리드의 목구조프레임 사이에 설치된다. 격자 형의 형상에 벗어난 것이 없다.

1. 22mm oriented-strand board
   (OSB-배향성 스트렌스보드)

2. polythene separating layer
   (폴리에틸렌 분리층)
   120mm perimeter insulation
   (단열재)
   50mm in situ concrete subbase
   (현장 버림콘크리트)

3. 200 mm mineral-fiber thermal insulation
   (미네랄 울 단열재)

4. 160 mm mineral-fiber thermal insulation
   (미네랄 울 단열재)

5. 160 mm rigid-foam thermal insulation
   (단열재)

6. rigid-foam thermal insulation
   (단열재)
   glue laminated timber
   (글루램 외벽 구조재)

Construction Progress (Exterior)

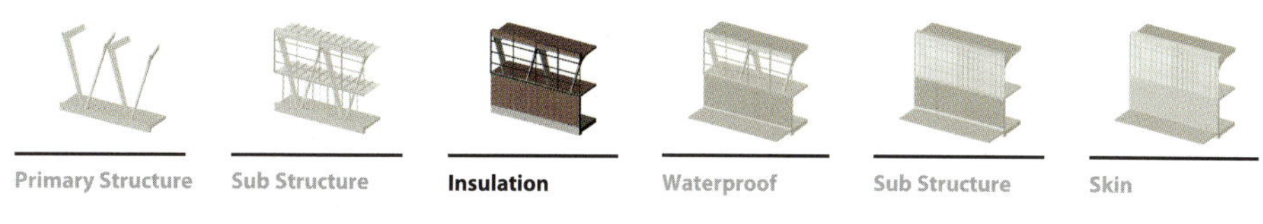

Flat Innerskin

주요 구조(V형, M형)에 덧붙여진 목재 격자 프레임에는 일정한 차수막이 붙는다. 이처럼 간단한 레이아웃의 재료 접합 관계에서는 물이 흐르는 방향을 고려한 커튼월과 방수재의 접합부, 두겹과 벽체, 지붕과 두겹의 접합 디테일에서까지 차수의 역할이 중요하다.

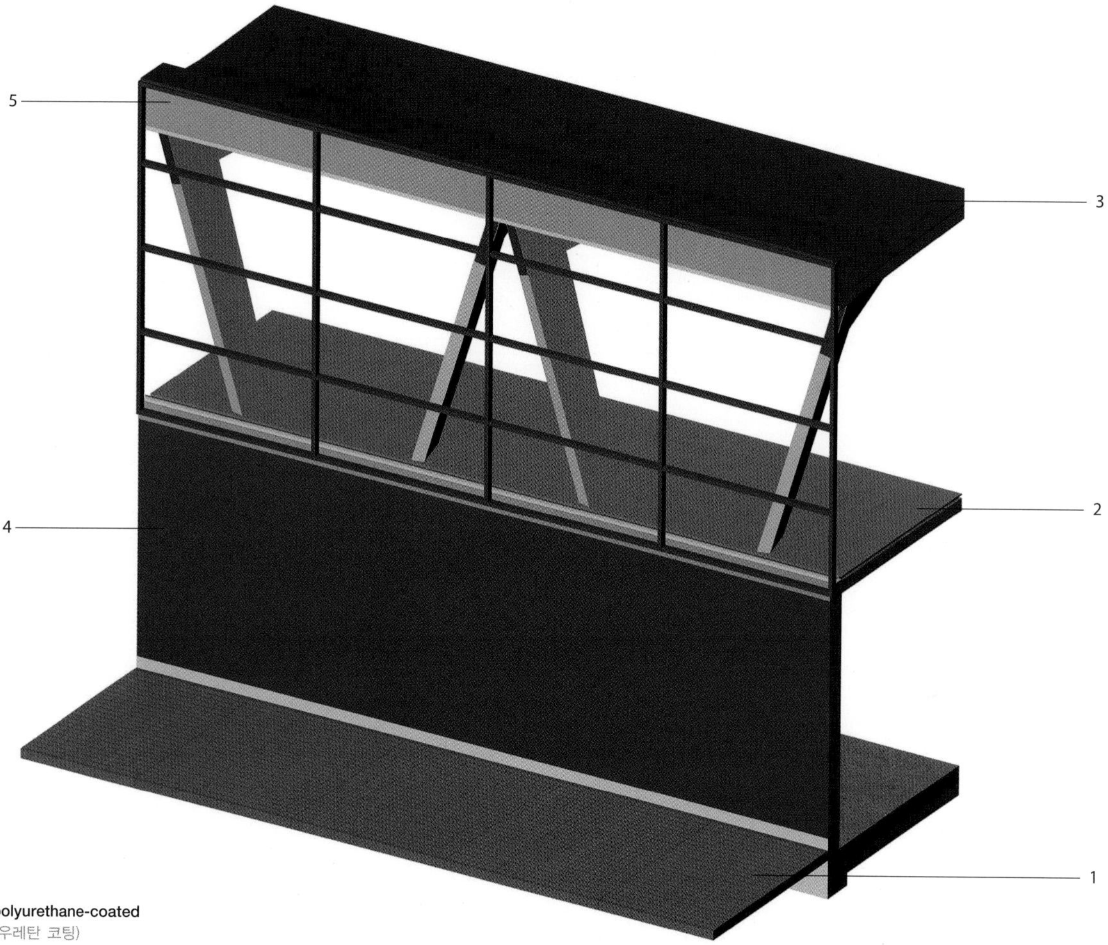

1. Stone Landscape
   (석재 조경)

2. 15mm chipboard, polyurethane-coated
   (스트렌스 보드, 폴리우레탄 코팅)
   15mm chipboard
   (스트렌스 보드)
   15mm impact-sound insulation
   (방음 단열재)
   15mm chipboard
   (스트렌스 보드)

3. two-layer bituminous seal
   (2겹 시트방수)
   40mm thermal insulation
   (단열재)
   two-layer bituminous seal
   (2겹 시트방수)
   160mm mineral-fiber thermal insulation
   (미네랄울 단열재)
   back-up bituminous se
   (백업 시트방수)
   22mm oriented-strand board
   (OSB-배향성 스트렌스보드)

4. sarking membrane
   (벽체 시트방수)
   15 mm oriented-strand board
   (OSB-배향성 스트렌스보드)

5. 30 mm oriented-strand board
   (OSB-배향성 스트렌스보드)

Construction Progress (Exterior)

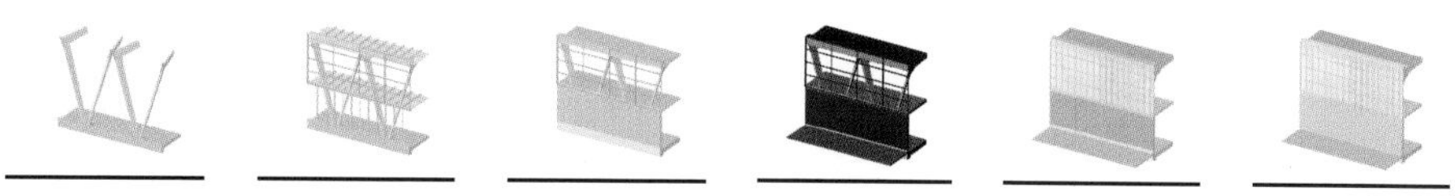

Primary Structure | Sub Structure | Insulation | **Waterproof** | Sub Structure | Skin

Formal

폴리카보네이트 패널이 설치되고, 기존에 설치 된 목재 그리드에 붙는 목재 사이딩에 따라 2차 마감 구조가 만들어 진다. 2차 마감 구조는 차수 벽 상부에 붙는다.

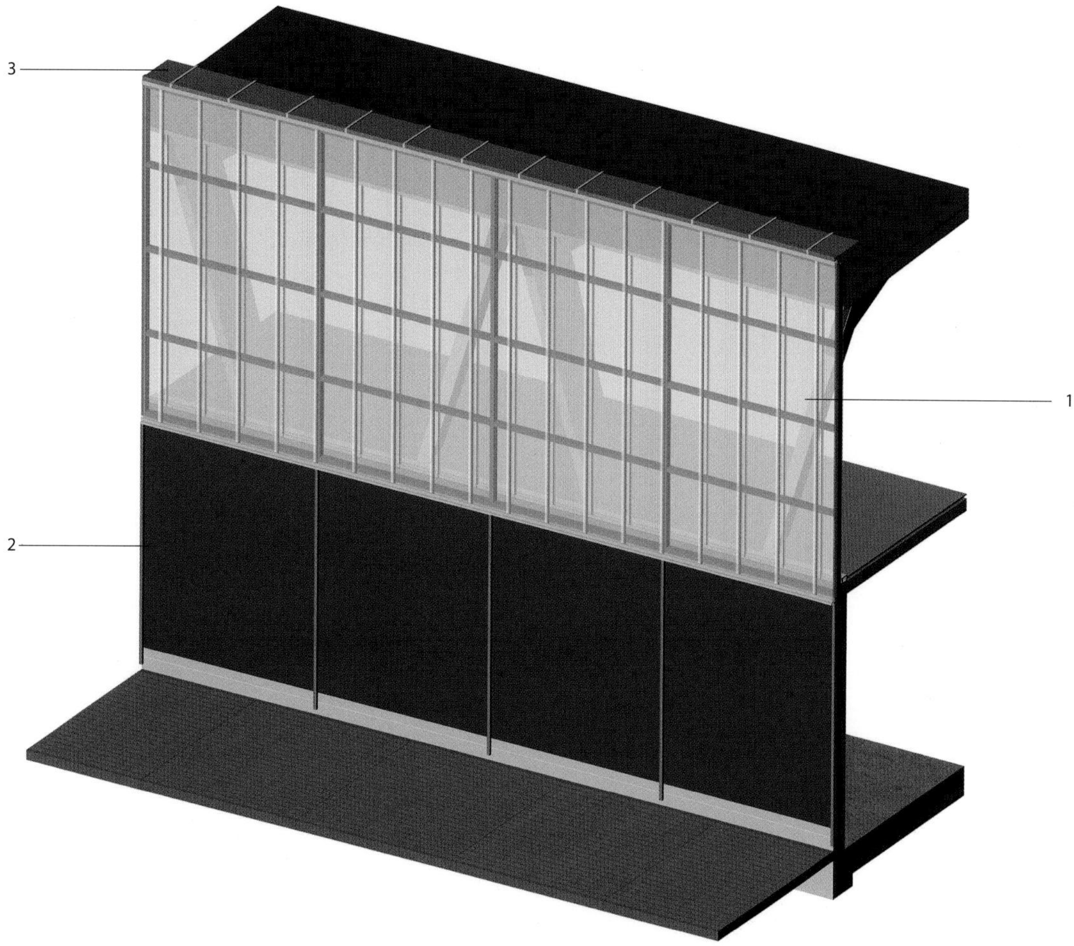

1. 50mm 10-ply polycarbonate sheet in aluminium channel
   (10겹 폴리카보네이트 패널- 알루미늄찬넬 고정)
   thermally zoned, anodised
   (열처리 및, 녹처리)
2. wooden battens
   (목재 배턴)
3. 50mm mineral-fiber thermal insulation
   (미네랄울 단열재 – 후레싱 충진)

Construction Progress (Exterior)

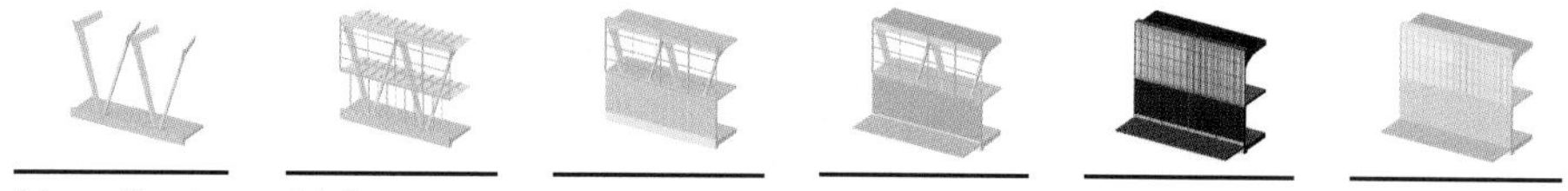

9 in Module

목재 사이딩 패널을 일정 규격으로 가공하여 1층 마감재로 사용했다. 사이딩 한 스팬(Span) 당 2층 외벽 폴리카보네이트 패널 9개의 모듈이 붙는다.

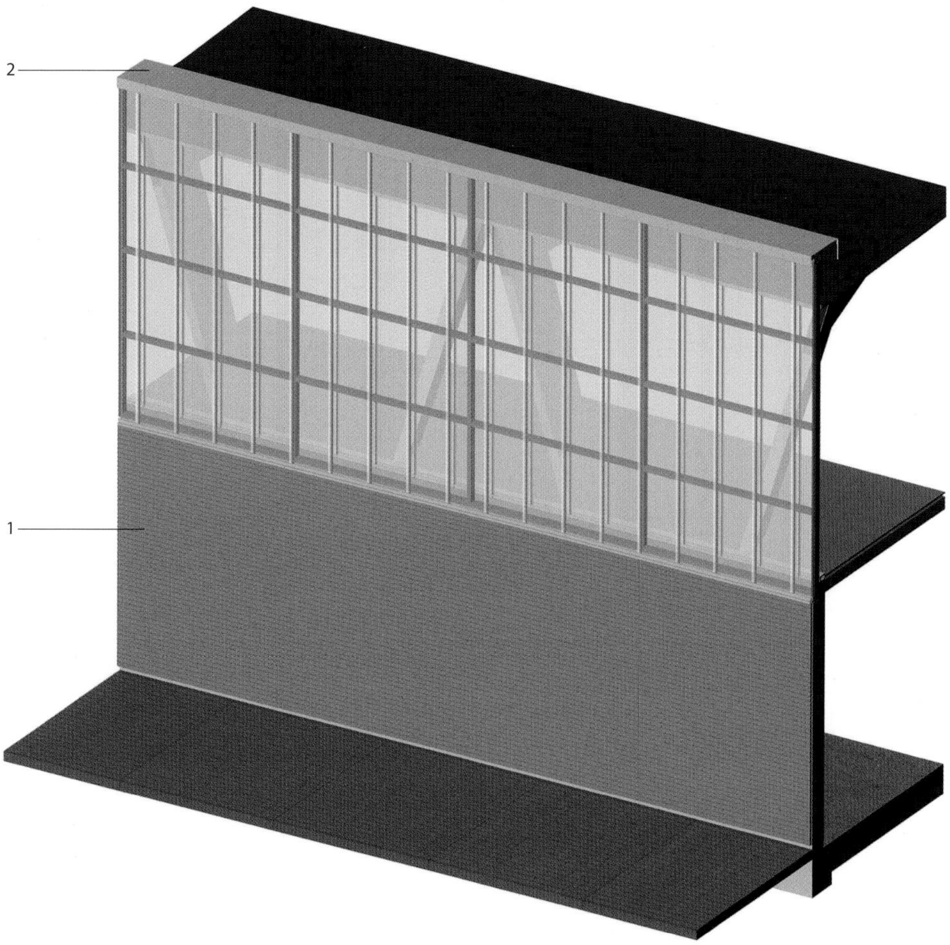

Construction Progress (Exterior)

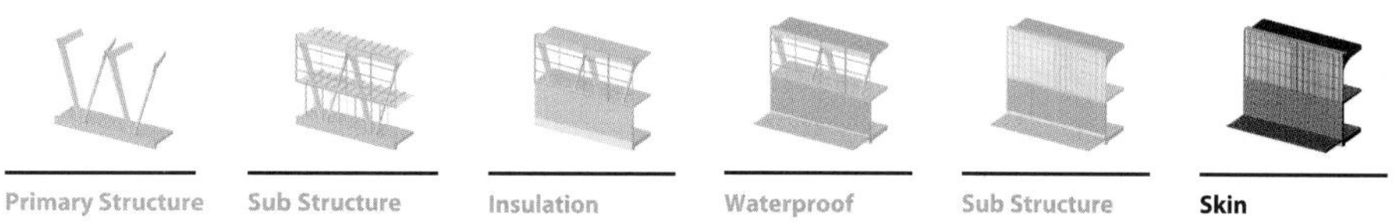

1. 25mm horizontal larch boarding
(낙엽송목재 수평 보드 외장)
2. Aluminium flashing
(알루미늄 후레싱)

Minimalized

격자 그리드에 설치 된 벽체는 별도로 마감 만을 위한 구조가 없다. 필요하지 않은 추가적 구조나 부재를 쓰지 않았다. 외부와 내부의 벽체는 단열재를 사이에 두고 각자의 마감재를 프레임의 앞 뒤에 결합했다.

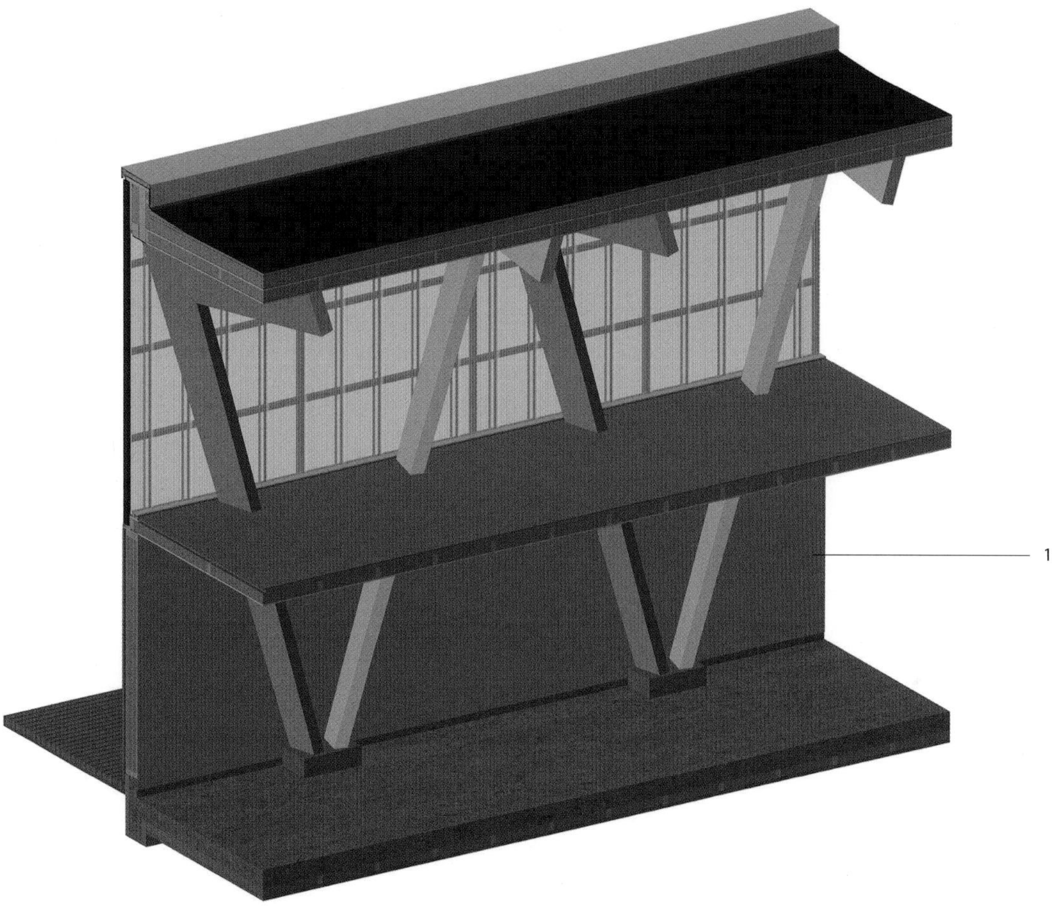

1. 15mm oriented-strand board
(OSB-배향성 스트렌스보드)
vapour barrier
(방습층)
building services layer / 77.5mm thermal insulation
(단열재)
15mm oriented-strand board
(OSB-배향성 스트렌스보드)
12,5 plasterboard, sparckled, painted
(페인트 마감된 플라스터보드)

Construction Progress (Interior)

Stick to

천장의 마감도 벽체와 더불어 별도의 천장 공간이 없으며, 구조프레임에 직접 설치 하였다. 바닥에는 콘크리트면에 우레탄을 이용하여, 마감재와의 분리층을 형성하였다.

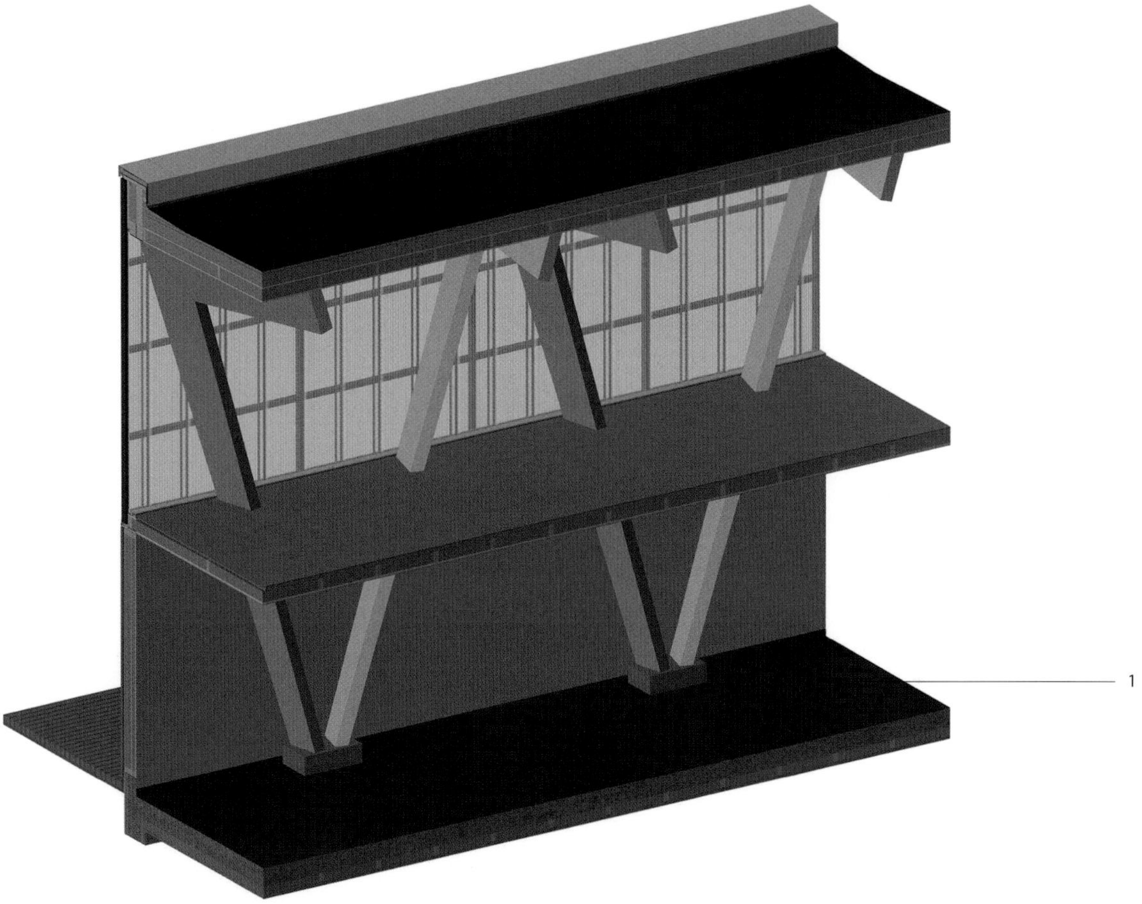

Construction Progress (Interior)

1. Polythene separating layer
(폴리우레탄 분리층)

Interior Floor Finish

Minimal Flat

바닥의 마감도 하지나 기타 부가적인 2차적 구조물이 없다. 바닥면을 만들기 위한 최소한의 면처리를 하였다.

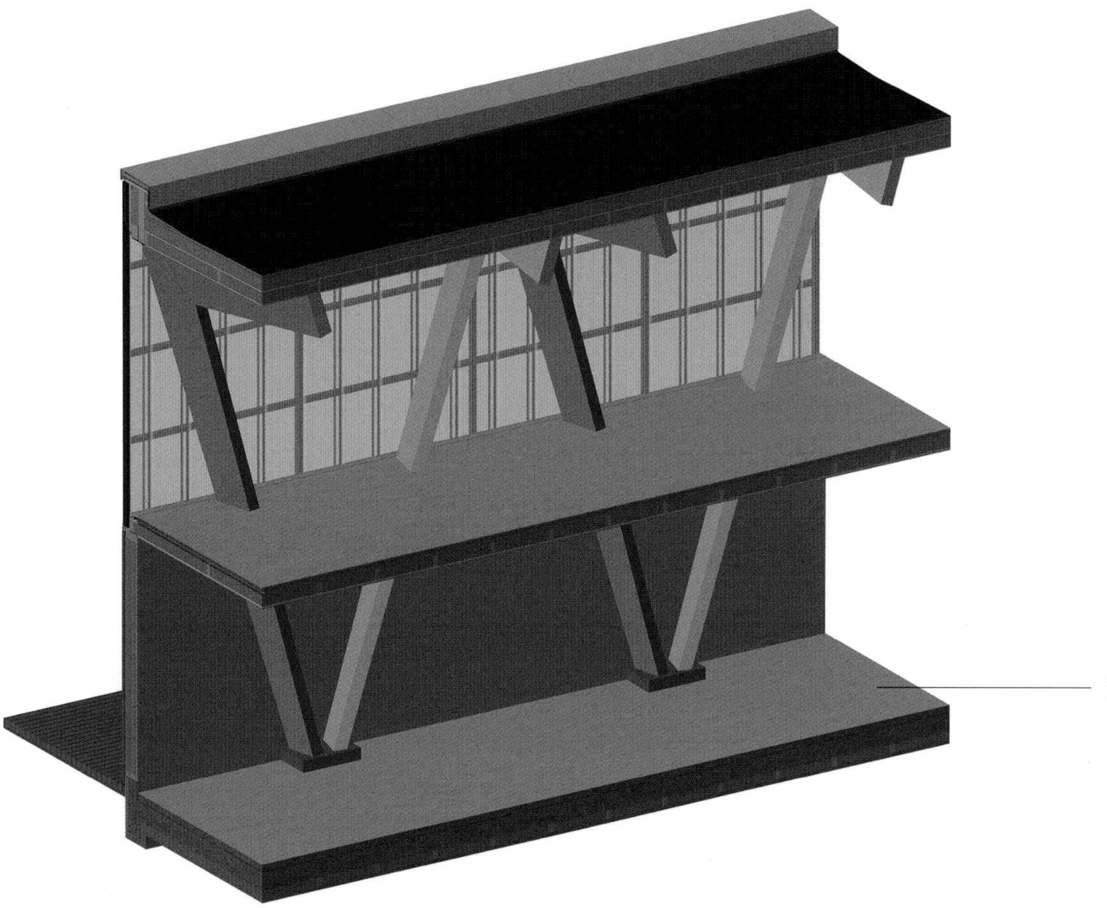

1. 5mm epoxy-resin coating
(에폭시 레진 코팅 마감)
95mm heating screed, reinforced
(난방 코일 포함 철근콘크리트층)

Construction Progress (Interior)

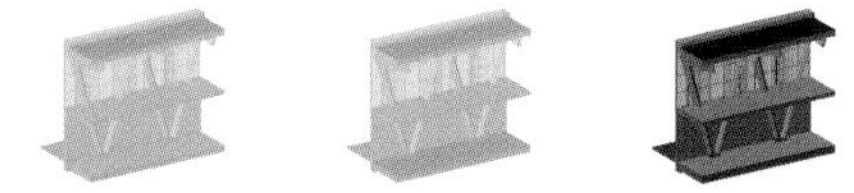

Wall

Floor & Ceiling

Floor

Director's Cut

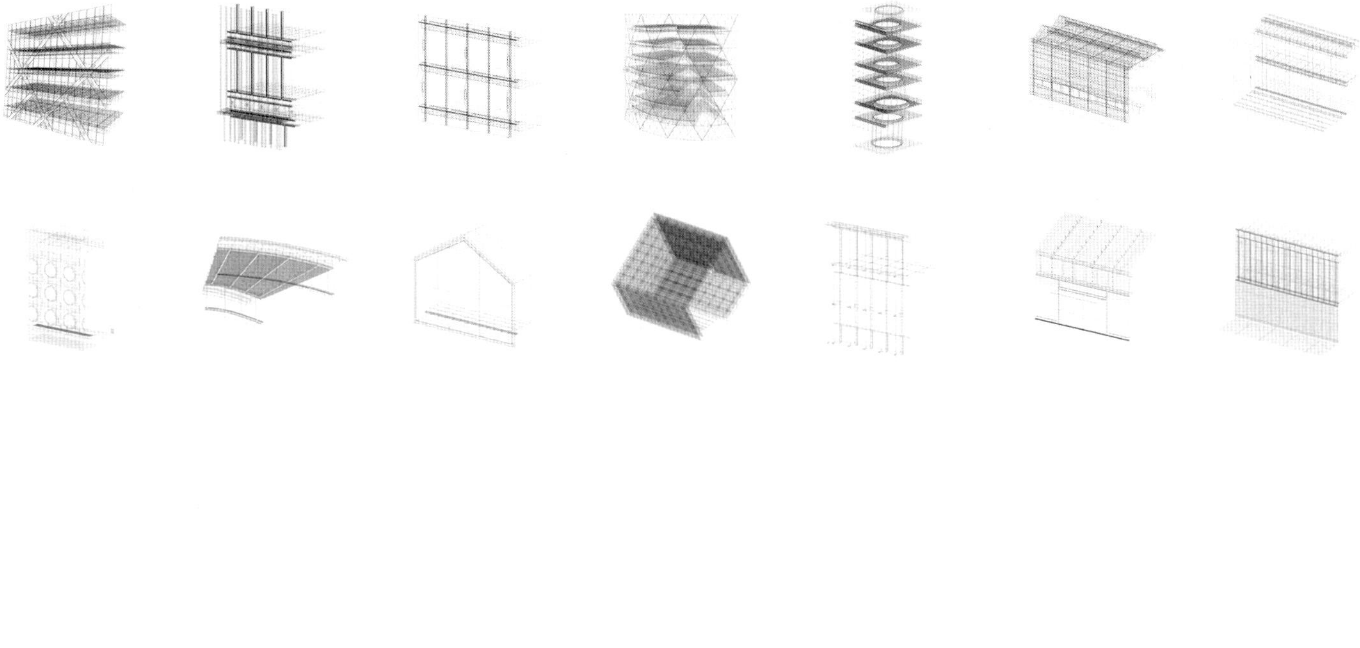

473,000m²

CMG Headquarters By OMA

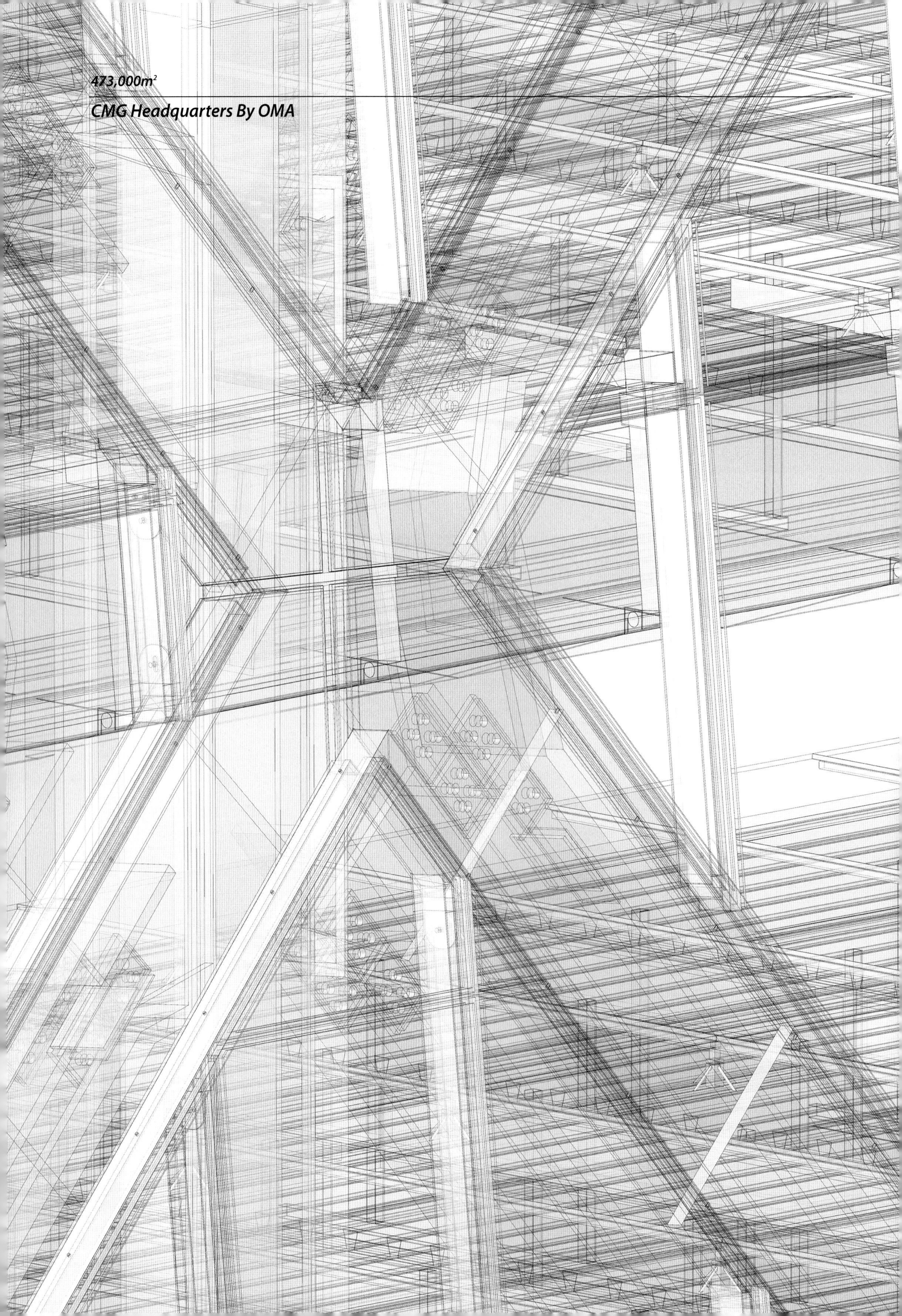

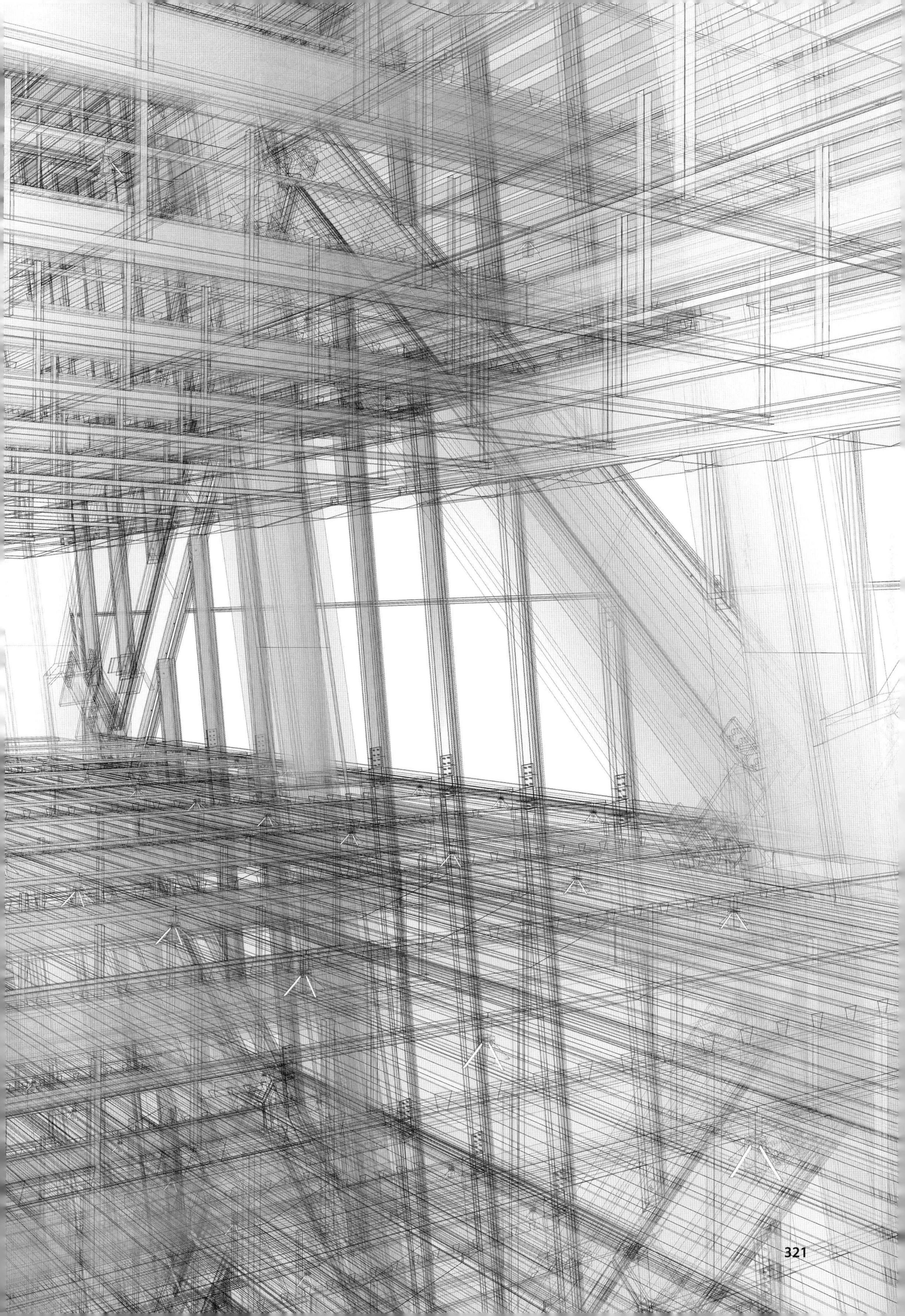

188,902m^2

Amorepacific Headquarters By David Chipperfield

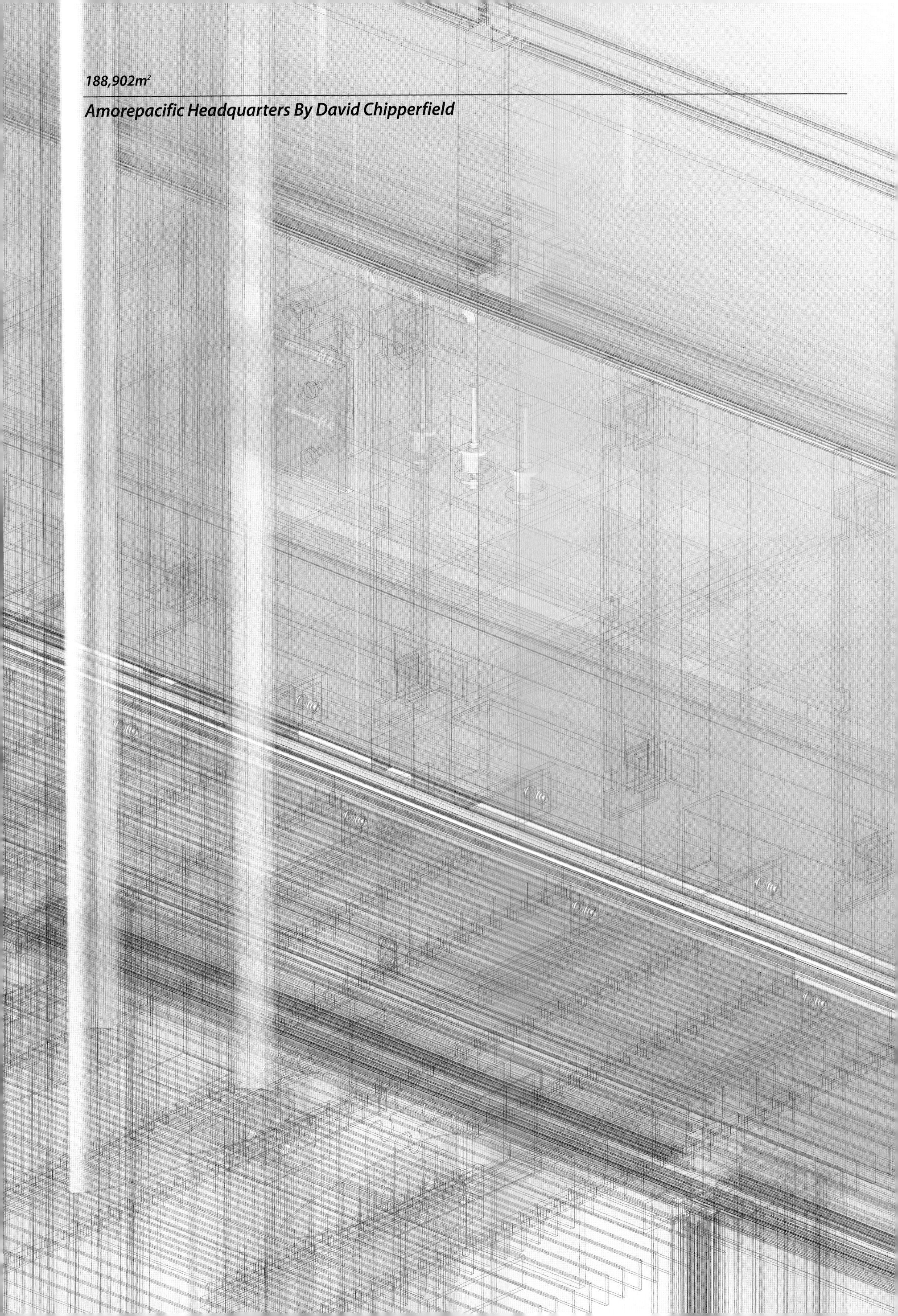

120,000m^2

Elbphilharmonie By Herzog de Meuron

76,400m^2

Swiss Re Headquarters By Foster + Partners

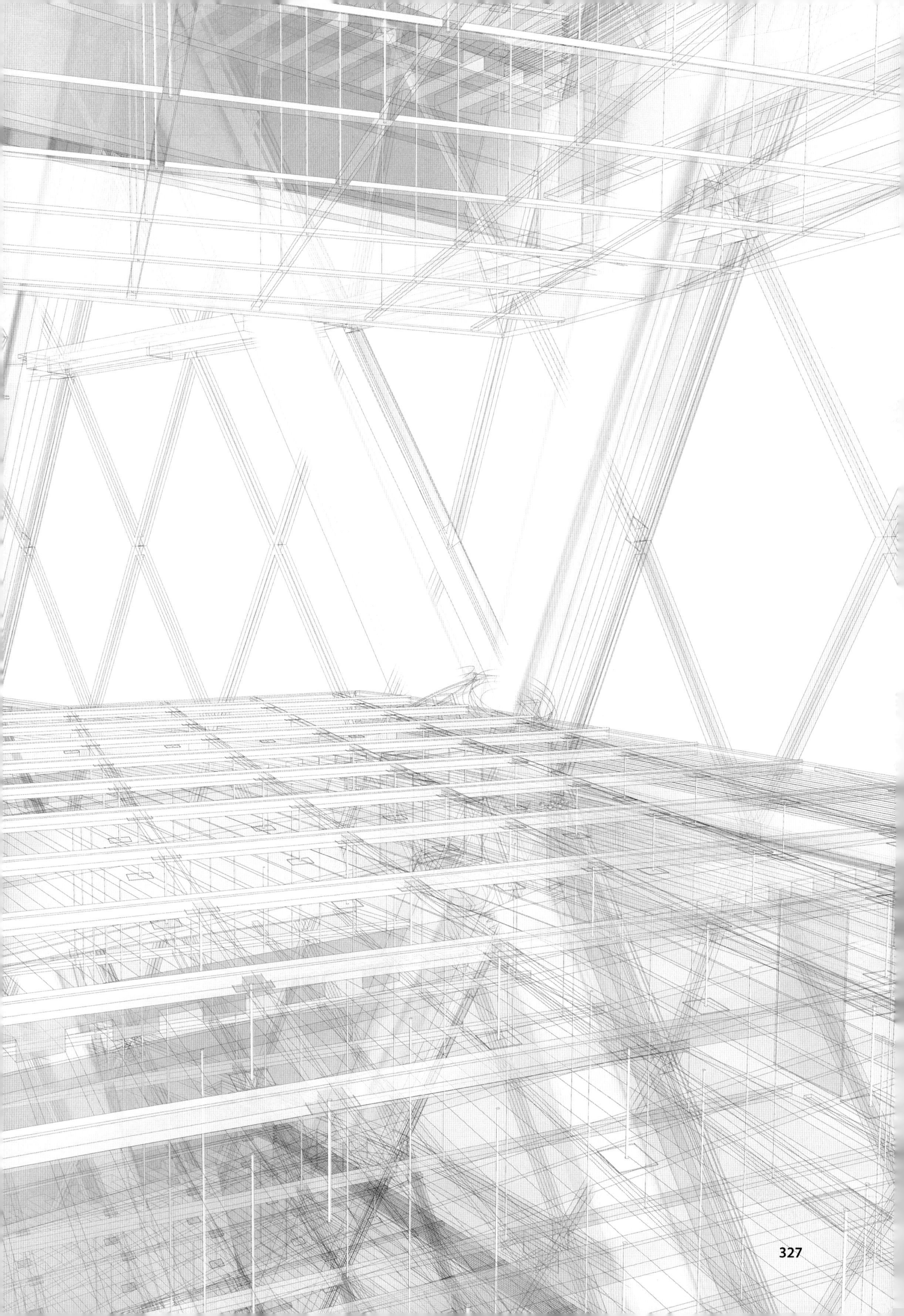

21,682m²

Sendai Mediatheque By Toyo Ito

13,000m^2

Service Facilities of the SBB in Zurich By EM2N

$12,100m^2$

Government Building in Zamora By Alberto Campo Baeza

10,653m²

Hospitalhof in stuttgart By LRO Lederer Ragnarsdottir Oei

7,710m²

Community center Grace Farms By SANAA

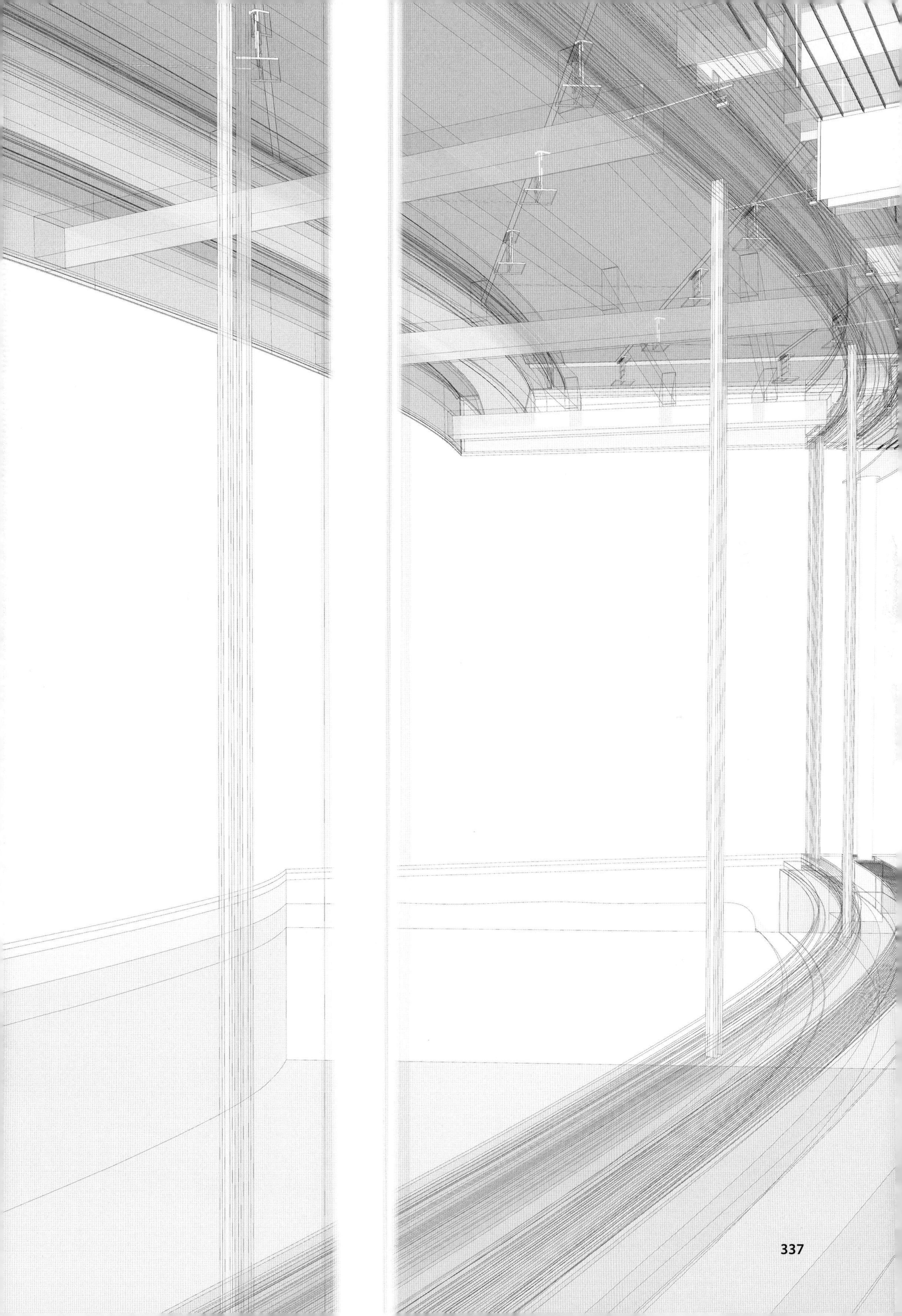

4,126m^2

Vitrahaus By Herzog de Meuron

2,500m²

Concert hall in L'aquila By Renzo Piano

1,880m²

Kunsthaus By Peter Zumthor

1,080m²

Renovation and Extension of Commercial Hall in Mannedorf By SAM Architekten

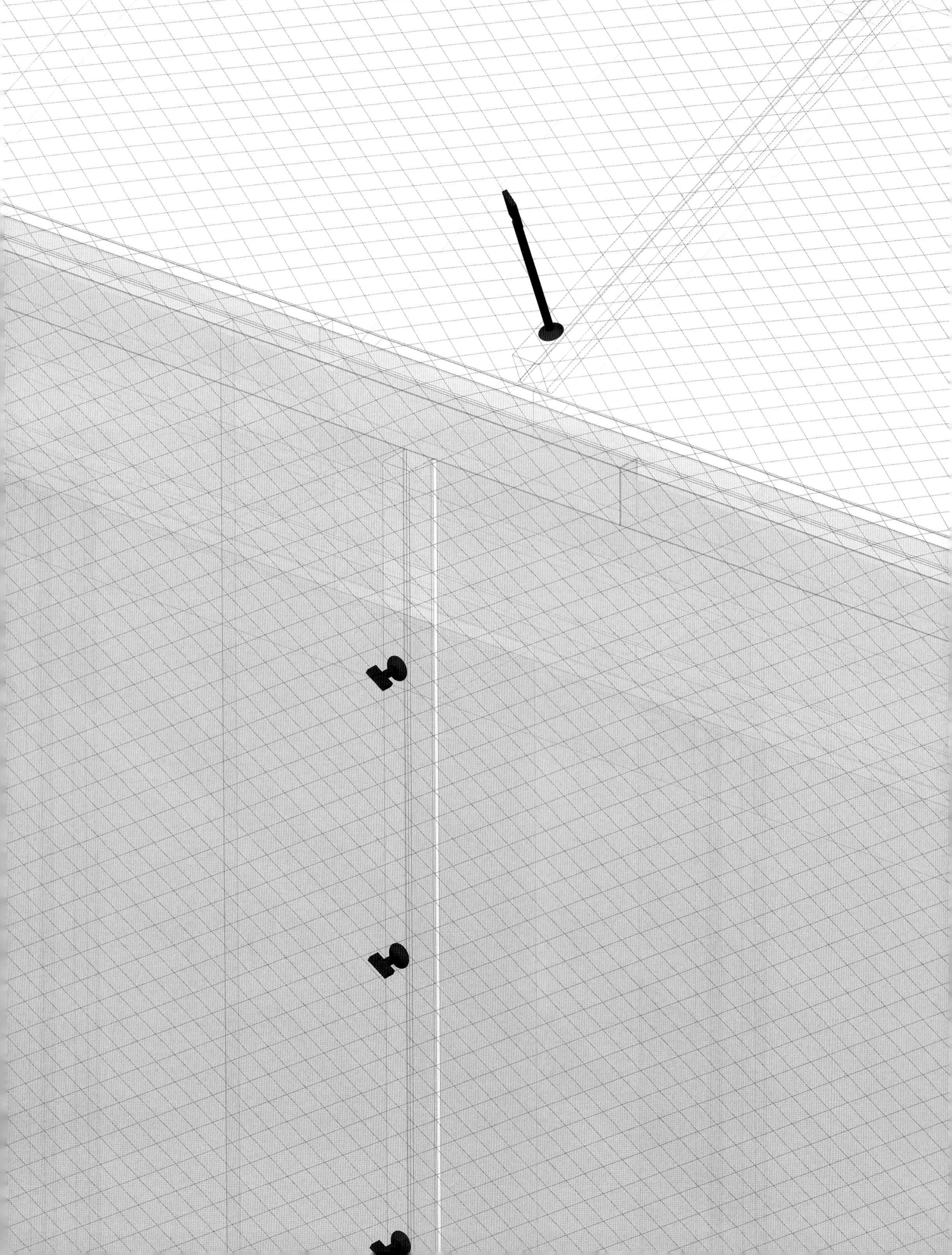

475m²

Lavoratory for Water Management in Neubiberg By Brune Architekten

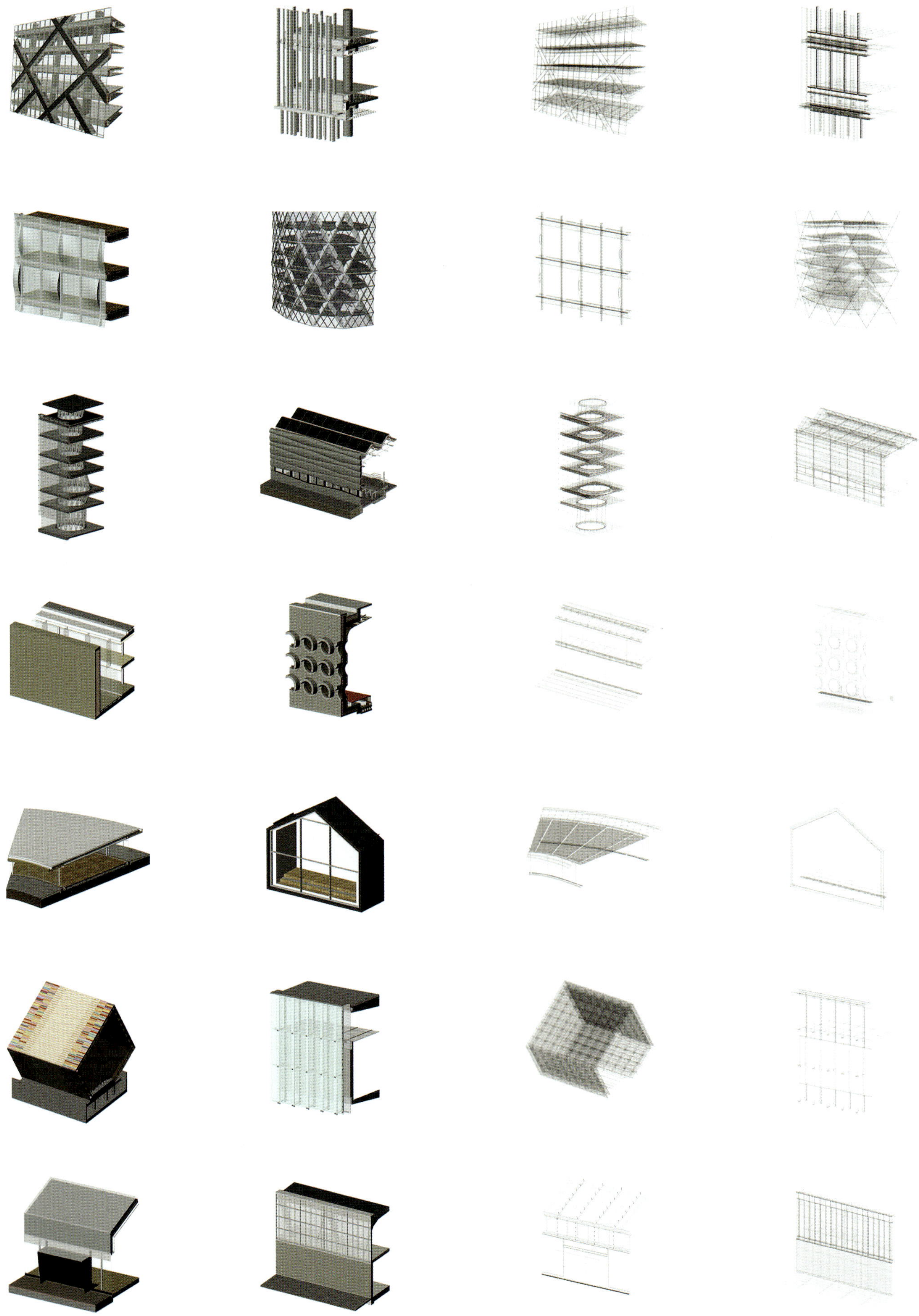

깊이, 너비, 부피…앞으로 여러 시리즈로 만들어 질 그 시작에서.

The depth, width, and volume…from the beginning
to be made into several series in the future.